HISTOIRE

DES

SCIENCES OCCULTES

PARIS

IMPRIMERIE DE L. TINTERLIN ET Cⁱᵉ

RUE NEUVE-DES-BONS-ENFANTS, 3.

HISTOIRE

DES

SCIENCES OCCULTES

DEPUIS

L'ANTIQUITÉ JUSQU'A NOS JOURS

PAR A. DEBAY

> Arts magiques, thaumaturgiques et divinatoires.
> Secrets, Mystères,
> Pratiques prestigieuses en usage dans les anciens temples.
> Évocations.
> Apparitions. — Fantasmagorie sacrée et profane.
> Mécanique. — Pyrotechnie. — Sorcellerie. — Sabbat.
> Sorciers. — Démonophiles.
> Possessions. — Obsessions. — Magnétisme. — Électricité, etc.

PARIS

E. DENTU, LIBRAIRE-ÉDITEUR

PALAIS-ROYAL, 13, GALERIE D'ORLÉANS

1860

AVANT-PROPOS

Donner aux curieux une histoire complète des
sciences occultes dans l'antiquité et le moyen
âge, était un immense travail que nous avions
entrepris avec le concours de plusieurs savants
versés dans les arts et les sciences. Il s'agissait
non-seulement de compulser les documents historiques de ces époques, d'en élaguer les puérilités, les absurdités; mais il fallait, en outre,
donner la raison physique des faits merveilleux,
des prodiges que pouvaient opérer les magiciens
et les thaumaturges. Nous avions péniblement
réuni une foule de matériaux pour édifier ce
grand ouvrage, lorsqu'une cruelle maladie est
venue interrompre nos recherches; dans la
crainte de ne pouvoir achever la tâche commen-
cée, nous publions un travail très-incomplet sans
doute, mais qui, néanmoins, donnera au lecteur
une idée de ce qu'étaient les sciences occultes

aux époques d'ignorance et de barbarie. Dans le présent ouvrage, de même que dans celui des *Mystères du magnétisme*, nous nous sommes appliqué à captiver l'intérêt du lecteur par une série de curieux détails, de descriptions animées et de situations dramatiques. A ceux qui nous reprocheront d'avoir traité légèrement une question sérieuse, nous opposerons la raison donnée plus haut et répondrons que les livres trop sérieux ne sont lus que d'un très-petit nombre ; tandis que nous, qui n'avons point la prétention d'obtenir le suffrage des savants, notre but est d'éclairer les gens du monde, les femmes surtout, et de saper, de détruire dans leur esprit, la crédulité, la superstition, sources de tant de malheurs. Pour être lu, il est absolument nécessaire d'intéresser le lecteur ; c'est le but que nous nous sommes efforcé d'atteindre dans cet ouvrage.

ORIGINE DES SCIENCES OCCULTES

De tous temps et chez tous les peuples, le merveilleux fut un sujet de curiosité, de crainte et de vénération. Par merveilleux, nous entendons les phénomènes naturels dont la cause reste cachée au vulgaire ; phénomènes plus ou moins frappants que beaucoup d'individus considèrent comme des manifestations surnaturelles.

Dans l'enfance des sociétés, quelques individus, plus intelligents, plus observateurs que les autres, étant parvenus à découvrir certaines lois astronomiques, quelques secrets de physique ou de chimie, voulurent passer aux yeux de leurs semblables pour des êtres privilégiés communiquant avec la divinité. Il ne leur fut pas difficile d'user de leurs découvertes pour s'attirer l'admiration et inspirer le respect à des hommes ignorants et superstitieux. Tels furent les principaux législateurs et conquérants de l'antiquité, Vichnou, Brahma, Moïse, Minos et autres grands hommes qui donnèrent des lois à leur pays.

La raison pure ne saurait être comprise des masses ; il faut au peuple du merveilleux, des prodiges, des phénomènes qui l'émeuvent, l'étonnent, le saisissent et l'effrayent. C'est pourquoi les ambitieux intelligents exploitèrent la crédulité publique comme une mine féconde, inépuisable de richesses, d'honneurs et de vénération pour eux et leurs affidés.

Pour l'homme éclairé tout est merveille dans les opérations de la nature ; mais rien n'est surnaturel. S'il est témoin d'un phénomène extraordinaire, loin d'en être effrayé, il en recherche la cause, et s'il ne peut la découvrir, il attend qu'une intelligence plus avancée que la sienne en trouve la raison. C'est ainsi que le flambeau des sciences, alimenté par le feu du génie humain, a, peu à peu, dissipé les épaisses ténèbres du moyen âge.

D'après les plus anciens documents historiques, l'Inde fut le berceau des premiers thaumaturges ou physiciens de ces lointaines époques. De là, cette science à son début, passa chez les Égyptiens où elle fit de très-rapides progrès. Ce fut encore la classe sacerdotale qui s'en empara et la tint cachée dans le sanctuaire des temples, avec menace de mort contre quiconque oserait la communiquer aux profanes (1). Accaparées par la race théocratique, les sciences occultes devinrent bientôt une puissance devant laquelle les Pharaons eux-mêmes durent s'incliner. Les fameux mystères d'Isis et les initiations pratiquées dans les temples des grandes villes égyptiennes, imposèrent un profond respect aux profanes; les castes populaires courbèrent servilement la tête sous la verge de fer de la caste privilégiée ou théocratique.

Non-seulement la peine de mort était lancée contre celui qui aurait eu la témérité de divulguer les mystères; mais le conseil des hiérophantes avait décidé que les secrets au moyen desquels on étonnait, on effrayait les initiés, ne seraient conservés ni par l'écriture vulgaire, ni par les caractères hiéroglyphiques; des signes particuliers, connus d'eux seuls, avaient été inventés pour en conserver la tradition.

Les secrets dont se composaient les sciences

______

(1) Le lecteur trouvera dans le curieux ouvrage intitulé : *Les Nuits Corinthiennes,* la description exacte de tout ce qui se passait dans les *Thesmophories* ou Mystères d'Éleusis. Ce document, d'après Aristophane de Byzance, est des plus intéressants à lire.

occultes de ces temps, dérivaient de la physique, de la chimie et de l'astronomie. La découverte en était due, soit au hasard, soit aux recherches des savants de cette époque. La caste sacerdotale attirait à elle tous les hommes remarquables par leur génie, leurs capacités, et les initiait avec empressement à ses mystères. Chaque fois qu'un secret découvert offrait le merveilleux qui éblouit le vulgaire, cette caste s'en emparait et s'en servait au besoin. Ce fut au moyen de ces secrets, habilement exploités, qu'elle dut son empire sur les autres castes, sa position privilégiée et ses immenses richesses. Mais, parmi ces secrets, s'il s'en trouvait quelques-uns d'utiles à la politique, aux sciences et aux arts, on en rencontrait une foule d'autres d'une puérilité naïve ou qui n'é-taient que le résultat de la superstition la plus profonde ; c'est ce que nous aurons occasion de démontrer dans le courant de cet ouvrage.

HISTOIRE

SCIENCES OCCULTES

CHAPITRE PREMIER.

SECTION PREMIÈRE.

MAGIE

SON ORIGINE ET SES PROGRÈS.

Ce mot, dans son acception primitive, signifiait *science des Mages.* — La science des mages se résumait dans la connaissance secrète de divers phénomènes physiques et dans l'art de les reproduire par imitation.

Nous ne nous égarerons point à la recherche du premier homme qui s'occupa de magie ; nous laisserons nos érudits discuter entre eux, si c'est à *Hermès Trismégiste*, à *Seth* ou à *Jarad*, son quatrième descendant, ou à *Cham*, fils de Noë, qu'il faut en attribuer la première étude, ou enfin à *Zoroastre*, fondateur de la religion des mages ; il nous suffira de dire qu'à ces époques lointaines, où le génie de l'homme n'avait encore pu pénétrer dans le sanctuaire des sciences physiques, les mages, prêtres répandus en Orient et particulièrement dans l'Inde, s'adonnaient à l'étude de la nature et de la philosophie. Minutieux observateurs de tous les phénomènes qui s'offraient à leurs regards, ils s'efforçaient de remonter des effets aux causes et de trouver, par ce procédé, l'explication de ces dernières. Chaque phénomène reconnu constant, invariable, était soigneusement enregistré dans leurs annales, à côté d'autres faits déjà expliqués. Ainsi marcha de siècle en siècle cette étude, qui n'embrassa d'abord qu'un amas de phénomènes physiques et de combinaisons chimiques, dont la découverte était le plus souvent due au hasard ; mais, qui, plus tard, devaient servir de matériaux pour construire cet admirable édifice des sciences physiques, une des gloires de la civilisation moderne.

De l'Inde la science des mages passa chez les Chaldéens, un des plus anciens peuples du monde, et de là chez les Égyptiens, nation superstitieuse et crédule, courbée sous un gouvernement essentiellement théocratique. Cachée au fond des temples, la magie se concentra dans le sein de la classe sacerdotale, qui fut, pendant si longtemps, la seule dépositaire des progrès de l'esprit humain ; l'histoire nous apprend quel immense parti elle sut en tirer pour dominer les peuples et contrebalancer la puissance des rois.

Le savant Mosès-Maimonidès, versé dans l'étude
des sciences, nous apprend que la magie des Chaldéens se divisait en deux parties : la première avait
pour but la connaissance des végétaux, des minéraux
et des métaux ; la seconde précisait le temps, la saison et l'état de température où les opérations physiques et chimiques pouvaient se pratiquer avec succès.
Ces études, première ébauche des sciences naturelles,
permettaient à l'homme qui les possédait de prédire
les phénomènes de la nature, toujours merveilleux
ou surnaturels pour le vulgaire ignorant.

La magie joue un très-grand rôle dans les tradi-
tions hébraïques : — Les Chananéens encoururent la
colère de Dieu parce qu'ils usaient d'enchantements.
— Balaam, assiégé par un roi d'Éthiopie, eut recours
à la magie pour se délivrer de son ennemi. —
L'épouse d'un Pharaon, versée dans la magie, en
communiqua les secrets à l'enfant célèbre exposé sur
les eaux du Nil, et Moïse, instruit par la reine, élevé
par les prêtres égyptiens, surpassa bientôt ses maîtres
dans les sciences occultes ; *il devint puissant en paroles et en œuvres.*

Les plus grands poëtes et philosophes de la Grèce,
Orphée, Homère, Pythagore, Platon, Lycurgue, Cal-
listhène, etc., parcoururent l'Inde, la Chaldée et
l'Égypte, où ils se firent initier à la science des
mages, et rapportèrent dans leur patrie les connaissances physiques, astronomiques et théogoniques

qu'ils y avaient puisées. Mais les prêtres égyptiens se bornaient à leur donner de simples notions, dénuées de toute théorie. Ce ne fut donc qu'à force de travail et d'observations que Thalès put prédire une éclipse. Ce ne fut aussi qu'à l'aide de son vaste génie que Pythagore trouva la démonstration de l'égalité du carré de l'hypothénuse à la somme des carrés des deux autres côtés du triangle rectangle. Rome, à son tour, emprunta à la Grèce ses arts et ses secrets et les répandit sur le reste de l'Occident.

Si l'on consulte les légendes du Nord, on y voit la magie également ancienne, également puissante. Les druides, dans leurs sombres forêts, les prêtres d'Odin, au fond de leurs antres glacés, employaient des moyens analogues à ceux des Indiens ou des Égyptiens pour opérer des prestiges, et se livraient comme eux à une foule de pratiques plus ou moins bizarres et superstitieuses. Doit-on en conclure que les prêtres gaulois et scandinaves avaient tiré leur science de l'Inde ou de l'Égypte ? Cette question a été résolue affirmativement par les uns, négativement par les autres. Malgré ce conflit d'opinions, il est aujourd'hui généralement admis que les premiers hommes versés dans les sciences furent appelés mages chez les Perses, — gymnosophistes chez les Indiens, — prêtres chez les Égyptiens, — philosophes chez les Grecs, — doctes, érudits chez les Romains, — druides chez les Gaulois... etc., etc.

Mais la magie perdit bientôt son caractère de pureté primitive ; les charlatans et jongleurs de toute espèce s'emparèrent de ce qu'elle offrait de merveilleux, de surnaturel en apparence et, sous le nom de *sciences occultes*, l'entourèrent d'une foule de pratiques secrètes plus ou moins prestigieuses, dans le double but d'accaparer le pouvoir et les richesses, et de se rendre maîtres, par la crainte, du vulgaire ignorant.

Arrêtons-nous ici un instant pour examiner la magie et ses immenses progrès dans la grande civilisation romaine. Si les Grecs s'adonnèrent publiquement à la magie après les conquêtes d'Alexandre, les Romains, sous le règne d'Auguste, les laissèrent bien loin derrière eux. L'érudit Brucker dit que pendant les dernières années du règne d'Auguste, vanté comme une période de lumières et de calme, plusieurs philosophes donnaient des leçons de magie. — Suétone avoue, à la honte des Romains, que plus de deux mille volumes de magie et de prédictions étaient alors dans les mains des particuliers. — Horace rapporte que les Romains erraient dans les tombeaux, ramassant les ossements et les herbes pour pratiquer des évocations. — Tibère proscrivit les magiciens ; mais il avait des astrologues à sa cour et ne faisait rien sans les consulter. — Néron fit venir à Rome le fameux magicien Tiridate, pour être initié aux secrets de son art. — Vespasien chassait les magiciens par des édits et les rappelait par ses largesses. — Le cruel Domitien en avait attaché plusieurs à sa personne. — Adrien leur accordait sa confiance. Cet empereur, ami des arts, et qui luttait d'éloquence avec les rhéteurs, de sophisme avec les sophistes, voulut aussi lutter de sorcellerie avec les sorciers. — Marc-Aurèle se faisait accompagner de l'astrologue Arnuphis, Égyptien d'origine. — Le père de Caracalla, aussi rusé qu'habile, ne put se défendre de cette folie ; il poussa la crédulité jusqu'à épouser une femme parce que l'oracle avait prédit que cette femme épouserait le souverain du monde. — Alexandre-Sévère, malgré les lumières de sa raison, institua des chaires publiques d'astrologie. — Dioclétien tua de sa propre main, sur la prédiction d'un druide, un malheureux dont le nom réalisait la prophétie qui l'appelait à l'empire. — Constantin, avant sa conversion, avait immolé, d'après les rites magiques, des lions amenés du fond de la Lybie.

Pendant toute cette période de temps, la magie fut la passion dominante. Les villes et villages étaient remplis de magiciens ; chaque localité avait sa statue, sa caverne miraculeuse ; et il n'était d'individus, qui ne possédât son talisman. Les philosophes ne pouvaient entrer dans les riches maisons comme précepteurs qu'en opérant des prestiges. La magie servait de base à toutes les sciences : la médecine n'était plus qu'un vil ramas de formules mystérieuses. Le méde-

cin Xénocrate, d'Aphrodisium, composa un traité sur
l'art de guérir, dans lequel il signalait les incantations
et les amulettes comme d'excellents remèdes. Les personnes à qui on avait dérobé des objets précieux
avaient recours aux magiciens plutôt qu'aux magistrats, pour découvrir les voleurs. Enfin, les chefs de
l'État, les gouverneurs, interrogeaient les devins et
devineresses sur le sort de l'Empire. Cette étrange
maladie, après avoir envahi la société entière, devint
féroce, homicide. On fit des sacrifices humains; on
tua des enfants, et leurs membres, dépecés selon les
rites magiques, servirent à évoquer les puissances
inconnues. Pendant tout le temps que dura cette
déplorable maladie, chez les Romains et les peuples
conquis, les égarements de la raison arrivèrent à leur
comble.

Aux siècles de barbarie, où la religion s'entourait
de fanatisme et de superstition, la magie dégénérée fit
une foule de dupes et servit parfaitement les projets
ambitieux d'une classe déjà puissante. Mais l'art
divinatoire ne pouvait rester constamment entre les
mains de quelques privilégiés; les énormes profits
qu'il rapportait tentèrent la cupidité, et l'on vit surgir,
de toute part une foule de prophètes, de devins, de
sorciers, d'enchanteurs et de charlatans qui se mirent à exploiter la crédulité publique avec une incroyable audace.

De ce moment, la magie avait atteint son apogée et

devait bientôt tomber en discrédit; car toutes les choses humaines ont leur degré suprême et leur déclin.
Ce fut surtout au moyen âge que la magie et la sorcellerie produisirent d'affreux ravages au sein des
sociétés imbues de fausses idées religieuses. Pendant
cette période, si fatale aux progrès de l'humanité, la
fantasmagorie infernale et la superstition portèrent de
tous côtés la terreur et l'effroi. Des hommes éminents,
soit par politique, soit par conviction, entretinrent
ces funestes idées par leur croyance irréfléchie, de telle
sorte que les populations timorées vivaient incessamment sous l'empire de la crainte des légions diaboliques,
des magiciens et des sorciers. On sait que la frayeur
enraye les forces vitales et rend l'homme pusillanime;
on sait aussi que la frayeur peut se propager épidé-
miquement et envahir une ville, une province entière;
c'est ce qui arriva sur plusieurs points de l'Europe.
Les faits les plus authentiques à ce sujet seront rela-
tés dans le courant de cet ouvrage. Fort heureusement
pour l'humanité, il se trouva quelques philosophes
qui attaquèrent ces abus et ne craignirent pas d'exposer leur vie pour saper et détruire cette absurde
croyance à la démonologie. Mais le langage et les
écrits de ces philanthropes de cœur et de raison n'é-
taient compris que de la portion intelligente de la société, tandis que la masse restait ignorante et brutale.
Il fallut une grande commotion sociale, une révolution
radicale dans les mœurs et les idées, pour extirper en

France cette croyance absurde et donner l'essor à la raison. Ce n'est guère qu'à dater de 1793 que la magie tomba complétement en discrédit, et, quoique le peuple soit aujourd'hui plus éclairé qu'autrefois, il existe encore dans les campagnes une foule de bonnes gens qui croient aux sorciers, aux revenants et aux loups-garous.

SECTION II.

ALTÉRATION DE LA MAGIE

TOMBÉE DANS LE DOMAINE PUBLIC, LA MAGIE SE DIVISE
EN DIFFÉRENTS GENRES.

La science des mages, fruit d'une longue, d'une incessante étude des secrets de la nature, franchit enfin, après bien des siècles, le sanctuaire des temples pour s'établir dans le domaine profane. Ce mouvement s'opéra le jour où quelques membres du collége sacerdotal, mécontents de leur position, cherchèrent à s'en créer une meilleure en tirant parti de leur savoir. Ces ambitieux se dispersèrent dans les cités populeuses, sous les différents noms de *magiciens, d'enchanteurs, goétiens, devins, astrologues,* etc., et, au moyen de leurs connaissances physico-chimiques et astronomiques, se firent passer, aux yeux du vulgaire, pour des êtres privilégiés à qui rien n'était impossible. Formés à leur école, une foule de charlatans plus ou moins audacieux, plus ou moins habiles se répandirent bientôt de tous côtés, annonçant avec effronterie qu'ils possédaient la clef des sciences occultes, que le livre du destin leur était ouvert et qu'ils pouvaient à leur gré opérer des miracles.

De ce moment, la science des mages avait perdu de sa pureté primitive et n'était plus qu'un grossier ramas de formules bizarres et de pratiques superstitieuses. Démocrite, qui avait été élevé à l'école des mages et passait pour avoir de profondes connaissances en histoire naturelle, s'engagea dans des luttes fréquentes contre les magiciens de son temps, en opposant à leurs prestiges des phénomènes prodigieux en apparence. Ce philosophe, d'après Lucien, ne croyait à aucun miracle et avait la persuasion que l'habileté des thaumaturges était de tromper les gens crédules; il professait que la vraie magie se renfermait tout entière dans l'application et dans l'imitation des ois et des créations de la nature.

Le savant Mosès-Maimonidès, qui vivait au douzième siècle, a également fait savoir que la science des vrais mages consistait dans la connaissance des métaux, des plantes et des animaux, c'est-à-dire, dans des notions d'histoire naturelle.

Les Chaldéens passent pour avoir été le premier peuple qui se soit adonné à la magie dégénérée. Ils se rendirent si fameux dans cet art puéril, que les noms de Chaldéens et de magiciens devinrent, plus tard, synonymes. Sous le règne de Nabuchodonosor, le nombre des magiciens s'accrut tellement que, dans l'intérêt du métier, il fallut établir quatre catégories dont chacune comprenait une spécialité.

Les *Khartumins* ou enchanteurs possédaient exclusivement l'art de fasciner les yeux et de produire des illusions fantasmagoriques.

Les *Ashaphins* interprétaient les songes : Joseph fut très-habile dans cet art; on sait qu'il dut sa haute position en Égypte à l'interprétation des songes d'un Pharaon.

Les *Khasdins* ou astrologues prétendaient lire l'avenir dans les astres; ils étaient particulièrement consultés dans les affaires majeures.

Enfin, dans la dernière catégorie se trouvaient relégués les *Meskhafins*, espèces de sorciers qui usaient de drogues composées d'herbes vénéneuses, de sang de cadavres et de matières dégoûtantes. On redoutait l'approche de ces êtres malfaisants parce qu'on les supposait en relation avec les divinités ténébreuses.

Les magiciens des trois premières catégories étaient, au contraire, en grande vénération et fréquentaient le palais des grands. Les rois avaient leurs astrologues qu'on regardait comme des personnages très-importants.

Au temps de Moïse, les Khartumins avaient acquis une habileté très-remarquable, et les différents tours qu'ils exécutaient ne seraient pas indignes de notre physique amusante. L'histoire sacrée dit : que les magiciens de Pharaon, *Jamnès* et *Membrès*, luttèrent de savoir-faire avec le législateur des Juifs, et qu'il fallut un miracle pour que Moïse remportât sur eux la victoire. On sait que ces magiciens, pour prouver leurs moyens occultes, jetèrent leurs baguettes sur le sable et qu'aussitôt elles commencèrent à se mouvoir comme des serpents. Moïse opéra le même prodige aux yeux de Pharaon et des Khartumins stupéfaits ; mais ce qui les étonna plus encore, c'est que, dit-on, sa verge dévora les deux autres.

Les prêtres de Memphis, voulant réduire ce fait thaumaturgique à un fait ordinaire, prétendirent que, Moïse ayant été instruit dans les sciences occultes par Jamnès et Membrès, sa victoire se réduisait à la vérité de cet axiome : *les disciples, très-souvent, en savent plus que les maîtres.*

Ainsi que nous venons de le dire, le jour où quelques-uns des secrets magiques sortirent des temples pour se répandre au dehors, ils furent accueillis avec empressement par des gens adroits qui en tirèrent profit. Alors la magie, déviant de sa route naturelle, ne fut bientôt plus qu'un amas de formules bizarres, extravagantes, selon le caprice ou l'intérêt de ceux qui l'exploitaient ; alors , la caste sacerdotale distingua la science occulte en deux catégories : la magie divine ou bienfaisante dont elle seule possédait les secrets , et la magie noire ou goétie, magie absurde et malfaisante. (De nos jours, on a donné le nom de *magie blanche* à l'art du prestidigitateur, dans lequel ont excellé Comte et surtout Robert-Houdin, homme de génie, qui pratiquaient avec succès la physique et la chimie amusantes.)

Ce fut donc à dater de l'altération de la magie, époque lointaine et fort reculée, que l'on donna le nom de *magiciens* aux individus qui s'adonnaient à la goétie, tandis que les noms de *mages* et de devins furent conservés aux savants de la classe sacerdotale. Plus tard, on désigna par les noms d'enchanteurs, nécromanciens, sorciers, démonomantiens, etc., ceux qui se livraient au vain art de la goétie. Nous allons passer en revue ces différents genres de magie, afin d'en donner une idée nette au lecteur.

SECTION III.

MAGIE DIVINE

THÉURGIE. — THAUMATURGIE.

Tous les peuples de l'antiquité ont eu leurs hommes inspirés, leurs magiciens.

L'histoire sacrée les nomma prophètes, c'est-à-dire hommes privilégiés prédisant les choses futures, sous l'inspiration divine.

L'histoire profane les désigna sous les divers noms

d'augures, aruspices, devins, horoscopistes, pythies ou pythonisses, sibylles, etc., etc.

Les devins, pythonisses et sibylles prédisaient également l'avenir sous l'inspiration divine. — Les augures et aruspices découvraient les choses cachées, par le vol, le chant, et la manière de manger des oiseaux ; par le murmure des brises à travers les arbres, et celui des eaux sur les cailloux ; par le passage des nuages, le cri des animaux, leur manière de porter la tête et la queue, etc., etc..., par l'inspection du foie et des entrailles d'une victime, etc.

Dans le but de satisfaire les amateurs d'étymologies, nous ferons les distinctions suivantes :

Prophète, mot tiré du grec, vient de πρό, avant, et de φημί, parler. — *Prophétie* signifie prédiction, fait annoncé avant le temps de son accomplissement ; c'est, enfin, la connaissance des choses à venir. Dans ce sens, Samuel prophétisa à Saül. — Le *prophète* parle sous l'inspiration divine, lorsqu'il prédit ce qui doit arriver.

Le *devin* découvre les choses cachées. — La divination regarde le présent et le passé, tandis que la prophétie a pour objet l'avenir.

Un homme d'intelligence et d'observation qui découvre les conséquences dans le principe et les effets dans la cause, pourrait être regardé comme prophète.

Un homme instruit qui connaît les rapports des

mouvements physiognomoniques avec les affections de l'âme, pourrait passer pour devin.

Aujourd'hui que le temps des prophéties est passé, que les oracles se sont tus devant les progrès des sciences physiques et morales, on ne donne plus que par métaphore le nom de prophète à l'homme d'intelligence et d'observation qui cherche la conséquence dans les principes et découvre les effets dans la cause.

Ainsi, l'homme mûri dans l'étude des sciences politiques et sociales peut prédire longtemps d'avance les événements qui doivent amener d'inévitables révolutions et changer la constitution d'un peuple. — Le médecin sage et versé dans son art pronostiquera, dès l'invasion d'une maladie, sa marche, sa durée, sa terminaison heureuse ou funeste. — Le vieux paysan qui, dès sa jeunesse, observe chaque jour l'état météorologique du ciel, se trompe rarement lorsqu'il annonce, pour le lendemain, du vent, de la pluie ou du beau temps. Ces prédictions, loin d'être surnaturelles, sont la conséquence logique de la science des probabilités.

Cependant, on a prétendu que certains êtres privilégiés avaient des intuitions, entendaient des voix intérieures qui leur annonçaient qu'un fait se passait loin d'eux et quelquefois à d'incroyables distances ; cette assertion est vraie jusqu'à un certain point ; mais ces intuitions et ces voix intérieures, qui nous

semblent d'abord s'éloigner du cours des choses naturelles, reconnaissent une cause purement physique,
et nous renvoyons le lecteur à notre petit ouvrage
des *Mystères du Sommeil et du Magnétisme*, où
cette intéressante question est traitée avec tous les
détails qu'elle exige.

SECTION IV.

THÉURGIE — THAUMATURGIE

Théurgie. — L'antiquité considérait la théurgie
comme une science divine, ainsi que l'indique son
étymologie (θεὸς ἐργόν, ouvrage de Dieu). Cette sorte de
magie consistait à recourir aux génies bienfaisants
pour produire des effets surnaturels ou supérieurs
aux forces de l'homme. Le but de la théurgie était de
perfectionner l'esprit et de rendre l'âme plus pure,
en développant les hautes facultés de l'intelligence au
détriment des instincts grossiers.

Aristophane attribue à Orphée les premières formules théurgiques dont il avait puisé la substance
dans les temples égyptiens. Ces formules enseignaient
comment il fallait servir les dieux et les apaiser lorsqu'ils étaient irrités ; comment on expiait les crimes,
comment on guérissait les maladies du corps et de
l'âme.

La formule suivante, conservée par Plotin, reste

comme preuve de la pureté des sentiments des théurgistes :

« Marchez dans la voie de la justice ; adorez le seul maître de l'univers ; il est un, il est seul, il existe par lui-même ; tous les êtres lui doivent leur existence ; il agit dans eux et par eux ; il voit tout et n'a jamais été vu par des yeux mortels. »

Le prêtre théurgiste devait être irréprochable dans ses mœurs et sa conduite ; avant d'entrer en fonctions, il était nécessaire qu'il s'y préparât par des jeûnes, des prières et diverses mortifications ; alors seulement il lui était permis d'entrer dans le sanctuaire du temple, où son esprit, dégagé de toute idée terrestre, s'éclairait aux lumières de la science divine.

Mais à mesure que l'initiation théurgique s'éloignait de son berceau, la pureté des formules primitives s'altérait par la substitution de mots nouveaux qu'on ajoutait pour remplacer ceux qu'on retranchait ; de telle sorte que les formules théurgiques des Grecs différaient notablement de celles des Égyptiens, et que celles des Romains, selon Jamblique, n'étaient plus qu'un monstrueux mélange de mots égyptiens, grecs et latins formant un langage bizarre que les initiés seuls pouvaient comprendre ; plus tard, ces formules devinrent inintelligibles.

THAUMATURGIE. — Le nombre toujours croissant des faits prodigieux que les païens opposaient aux

néo-croyants, obligèrent ceux-ci d'établir une distinction entre les prodiges opérés par leurs antagonistes et les prodiges faits par eux, œuvre toute
divine. Le mot théurgie ne pouvait plus leur convenir, puisque les païens s'en servaient; ils créèrent
donc celui de thaumaturgie (θαῦμα, miracle, et ἐργόν,
ouvrage), qui devait désormais s'opposer à une con-
fusion entre les prodiges des uns et les miracles des
autres. En conséquence, il fut démontré que les
païens n'avaient que des *prestidigitateurs* ou magiciens opérant par prestiges, tandis que les Nazaréens
seuls possédaient des thaumaturges, ou êtres privilégiés opérant par miracles. Le *prestige* n'était qu'une
illusion des sens produite par l'habileté du jongleur;
— le *miracle*, au contraire, ne pouvait s'opérer que
par l'intervention d'une puissance surnaturelle; ce dernier était, en un mot, le bouleversement des lois de la
nature, ou, pour le moins, une suspension de ces
lois pendant un temps plus ou moins long. Ainsi, le
retour à la vie d'un cadavre en pleine putréfaction;
— le soleil arrêté dans sa course; — Jonas avalé par
une baleine dont l'étroit gosier ne peut donner passage qu'à de très-petits poissons; son séjour pendant
soixante-huit heures dans le ventre du cétacé, qui,
après ce temps, le rend plein de santé à ses amis; —
l'histoire de la fournaise ardente dont trois jeunes
hommes sortirent, après une heure d'épreuve, aussi
frais que s'ils étaient sortis d'un bain froid; — le

passage de la mer à pied sec, etc., tous ces faits sont des miracles; car ils nécessitent un bouleversement dans l'ordre de la nature, une suspension des lois éternelles.

Nous ne discuterons point sur l'impossibilité de ces faits; de plus savants que nous ont déjà traité cette question, qui, d'ailleurs, n'entre point dans notre sujet. Nous ferons observer seulement que l'histoire de tous les peuples renferme de nombreux exemples de magie divine; et l'on pourrait peut-être avancer que l'ancienne théurgie fut plus féconde en miracles que notre thaumaturgie.

Les Chaldéens disaient aux mages de l'Inde : «Nos prodiges surpassent les vôtres. » —Les prêtres égyptiens tenaient le même langage aux Chaldéens. — Les Grecs répondaient aux Égyptiens, qui vantaient leurs miracles : « Nous avouons que nous tenons de vous la science théurgique, mais vous ne pouvez nier que nous vous ayons surpassés de beaucoup à cet égard. En effet, si vos dieux se montrent de temps à autre à vos regards, les nôtres, plus familiers sans doute, nous visitent tous les jours.— Si vous nous offrez quelques résurrections, nous autres Grecs nous les comptons par centaines. — Quant aux métamorphoses, vous n'oseriez les comparer aux nôtres, ni pour le nombre ni pour la variété. »

Du reste, si l'on soumet à l'examen la plupart des prodiges opérés par les thaumaturges des différents

2

peuples, on s'aperçoit bientôt qu'ils sont les mêmes ou qu'ils offrent une grande analogie entre eux. Ainsi, la source que fait jaillir Moïse d'un coup de sa baguette du rocher d'Horeb, n'était que la répétition de ce que Bacchus avait fait avant lui, en frappant la terre de son thyrse. Atalante avait également fait jaillir une fontaine d'un rocher en le frappant de sa lance. — La verge du législateur des Hébreux, fichée en terre et prenant racine ; — le bâton de Polycarpe, prenant racine et devenant un superbe cerisier, ne sont aussi que des copies de la massue d'Hercule, qui, plantée sur un coteau, s'était transformée en un olivier superbe. Ainsi donc, tous les prodiges des temps anciens se ressemblaient. Si nous passons aux temps plus modernes, nous voyons à peu près les mêmes choses. Les statues qui pleurent, qui suent ; les ânes qui parlent, les âmes des trépassés qui reviennent demander des prières, le sang coagulé qui se liquéfie sans qu'on y touche, etc., etc., ne sont plus aujourd'hui que des tours de physique amusante ; tandis qu'autrefois, et ce temps n'est pas très-éloigné de nous, la foule acceptait tous ces faits avec crédulité.

Pendant le temps qu'il faisait subir à son peuple d'importantes réformes, Pierre le Grand, ayant appris qu'une image, peinte sur bois, versait de grosses larmes pour témoigner de son mécontentement des réformes qu'il opérait, fit signifier aux moines possesseurs de l'image qu'ils eussent à faire cesser le miracle, sous peine d'être tous pendus. Les moines savaient que le czar était homme de parole; ils craignirent pour leur vie, et l'image ne pleura plus.

Sous le premier Empire, le général Championnet occupait la ville de Naples avec un faible corps de troupes. A l'instigation anglaise, une conspiration se trama contre la vie des Français, et devait éclater le jour de Saint-Janvier. Le prétexte était celui-ci : — Tous les ans, à la même époque, le sang de saint Janvier, recueilli dans une fiole, est exposé, complétement figé, aux yeux de la multitude. Tous les regards sont fixés sur la fiole; on attend dans un profond silence..... Soudain, le sang se liquéfie sans qu'on y touche, et la foule pousse des cris de joie, car c'est bon signe. Lorsqu'au contraire la liquéfaction n'a pas lieu, c'est mauvais signe; le ciel est irrité. Or, cette année-là, le saint devait se montrer irrité contre les Français, en laissant son sang congelé. Championnet éventa fort heureusement la conspiration; il se rendit sur-le-champ au lieu où le sang devait être exposé, et dit tout bas à l'exposant, en lui montrant la gueule d'un pistolet : « Si le sang tarde à se liquéfier, je te brûle la cervelle sur place. Tu m'as entendu?... »

Le sang se liquéfia presque aussitôt, parce que le général ne parlait jamais en vain, et la conspiration avorta.

Le liquide contenu dans la fiole, passant pour le

sang de saint Janvier, est un mélange d'éther sulfurique et de spermaceti coloré en rouge avec de l'orcanette. Ce liquide reste figé à dix degrés au-dessus de zéro ; il se liquéfie à quinze et bouillonne à vingt degrés.

On ferait des volumes fort amusants, si l'on réunissait tous les faits de cette nature ; car, en tous temps et chez tous les peuples, on les retrouve plus ou moins bien habillés. La passion des hommes pour le merveilleux, et les fripons qui s'empressent d'exploiter ce côté faible de l'humanité, ont existé partout et toujours ; ce qui a donné lieu au proverbe : « Les prodiges et miracles modernes sont renouvelés des anciens. »

« Le charlatanisme, l'escamotage, si l'on me permet d'employer ce mot, dit Eusèbe de Salverte, ont certainement joué un grand rôle dans les œuvres thaumaturgiques. Les tours d'adresse quelquefois très-surprenants que font sur nos théâtres nos habiles prestidigitateurs modernes, ont souvent pour principe des faits physiques et chimiques. Pour le grossier charlatan, le secret de ces prestiges n'est qu'une série de recettes ; pour les hommes instruits, ces recettes dérivent d'une vraie science : voilà ce que nous rétrouvons dans les temples aussitôt que les lumières historiques nous permettent d'y pénétrer..... »

Tous les miracles qui n'appartenaient pas à l'adresse ou à l'imposture étaient les fruits de cette science occulte; c'étaient, en un mot, de véritables expériences de physique. Les formules au moyen desquelles on en assurait le succès durent faire partie de l'enseignement sacerdotal. Si les thaumaturges modernes, entourés de spectateurs trop éclairés, se refusent à opérer des miracles, c'est qu'ils savent que le temps des miracles est passé. Nous sommes aujourd'hui trop éclairés pour y croire. En d'autres termes : ce qui formait une science secrète, uniquement réservée à une classe privilégiée, est rentré dans le domaine des sciences accessibles à tous les esprits.

Enfin, le dernier résultat de la thaumaturgie fut qu'à force de voir et d'entendre raconter des choses merveilleuses, les peuples finirent par s'y habituer et à les regarder comme des choses ordinaires : l'habitude use tout. Alors, les prodiges, les miracles, si fréquents chez les anciens, diminuèrent peu à peu, tombèrent en discrédit, devinrent de plus en plus rares, et la thaumaturgie, qui avait jeté tant d'éclat, s'éclipsa sans retour devant les lumières de la civilisation moderne.

2.

CHAPITRE II.

MAGIE NOIRE OU GOÉTIE

Les philosophes Plotin, Porphyre et Jamblique définissent la goétie : l'art d'évoquer les esprits infernaux pour porter la désolation parmi les hommes. Mais on peut embrasser sous cette dénomination tout ce qui se rattache à l'art chimérique des magiciens de tous les âges, de tous les peuples, espèces de fous ou de gens mal intentionnés qui prétendaient tenir léur savoir d'une puissance occulte.

En compulsant les annales des superstitions humaines, on rencontre sur tous les points du globe cette classe de fous, d'illuminés et d'imposteurs dont les pratiques mystérieuses, bizarres, quelquefois infâmes, imposaient au vulgaire ignorant. Selon les époques et les peuples, le nom de ces magiciens change, mais les pratiques et le but sont constamment les mêmes :

inspirer la crainte, tromper pour s'enrichir, dominer les hommes en les abrutissant.

C'était pendant les nuits profondes et orageuses, dans les lieux retirés auxquels s'attachaient d'effrayants souvenirs, que les goétiens opéraient leurs incantations. Ils s'entouraient d'un appareil lugubre, propre à inspirer la terreur, et poussaient des cris lamentables ; ils violaient les tombeaux, s'emparaient des cadavres et fouillaient dans leurs viscères pour prendre les ingrédients qui entraient dans la composition de leurs charmes, de leurs maléfices. Ils se servaient d'herbes vénéneuses, de substances plus ou moins dégoûtantes, et allaient même jusqu'à égorger des enfants dont le sang donnait plus de force à leurs incantations. On leur supposait le pouvoir de jeter des sorts sur les hommes et les animaux, de les frapper de maladies ou de mort, d'intervertir l'ordre de la nature, de bouleverser les éléments, les saisons, d'intercepter ou de refroidir les rayons du soleil, de faire sécher sur pied les moissons, de s'opposer à la maturité des fruits, etc., etc., etc.

Où placer le berceau de la magie noire ? Nous pensons, avec l'érudit Tiedemann, que cette magie a pu se développer isolément au sein de toutes les sociétés, par la raison qu'il y eut toujours des ambitieux, d'adroits jongleurs et des gens superstitieux, autrement dit des fripons et des dupes.

Qu'induire de cette croyance générale à la magie,

à la sorcellerie, sinon que le consentement unanime des peuples n'est point une preuve infaillible de vérité. Ces êtres étaient profondément redoutés, on craignait leur approche et on satisfaisait à l'instant à leurs exigences dans la crainte d'encourir leur colère.

Nous avons déjà relaté le fait historique signalant, parmi les anciens peuples, les Chaldéens comme particulièrement adonnés à la goétie ; les Égyptiens l'apprirent d'eux et, en peu de temps, devinrent fort habiles dans l'art des évocations et des prestiges. Esclaves des Égyptiens, les Hébreux reçurent des leçons de leurs maîtres, et bientôt la magie fit de tels progrès parmi le peuple d'Israël, que Moïse, effrayé de son extension et pour en arrêter les progrès, ordonna qu'on lapidât hommes et femmes qui se livreraient à cet abominable métier. (Lévitique, chap. xx.)

La Grèce, l'Italie et les Gaules reçurent de l'Égypte leurs sciences, leurs arts, leur religion, et par conséquent les superstitions qui y étaient attachées. Nous allons voir que l'art divinatoire fit, en Grèce, d'immenses progrès ; le nombre des oracles, des devins, pythies et magiciennes fut réellement prodigieux. On croyait alors que certains hommes privilégiés pouvaient faire violence aux dieux et que le mortel peut châtier l'idole qui refuse d'exaucer sa prière. Lorsque les sacrifices étaient d'un sinistre augure, les Grecs les recommençaient pour contraindre les dieux à leur être favorables. Les Orphiques prétendaient qu'on pouvait non-seulement obtenir du ciel le pardon de tous ses crimes, mais encore contraindre les immortels aux volontés humaines. La même croyance existait chez les Romains : Pline, Tite-Live et Denys d'Halicarnasse ont transmis plusieurs anecdotes qui prouvent que les décrets divins pouvaient être changés ou éludés par le savoir-faire des prêtres. La ruse d'un augure arrêtait ou changeait la volonté des dieux ; c'est ce que Pline démontre, en représentant Jupiter contraint, par les conjurations puissantes de Picus et de Faune, à quitter l'Olympe pour venir sur terre enseigner à Numa Pompilius l'art des prodiges. — Dans Lucain et Stace, on trouve des menaces adressées aux mânes pour accélérer leur obéissance. — Sous le règne de l'empereur Julien, Chrysanthe et Maxime sont invités par ce prince à se rendre à sa cour ; mais, comme ils ne rencontrent que des présages sinistres, obligeons, disent-ils, obligeons les dieux à vouloir ce que nous voulons ; et ils recommencent les opérations théurgiques. Ces idées étaient tellement enracinées dans l'ancienne civilisation, que les hommes les plus éminents y croyaient de bonne foi.

La persuasion que la volonté des dieux peut être brisée par l'énergique volonté de certains hommes, se trouve aussi chez les Perses, les Gaulois, les Germains, les Celtes, les Armoricains et autres anciens peuples. Les druides se servaient de paroles magiques pour se rendre invulnérables, pour arrêter les progrès d'un incendie, pour exciter ou calmer les tempêtes, pour troubler la raison de leurs ennemis. — Les drottes ou magiciens de l'Armorique prétendaient ressusciter les morts au moyen de paroles mystérieuses ; ils assuraient pouvoir donner ou guérir toutes sortes de maladies. On trouve dans l'*Havamaal* scandinave ce curieux passage :

« Savez-vous, y dit Odin, comment on doit écrire les runes, les expliquer, éprouver leurs vertus ? Je sais des paroles que nul enfant des hommes ne connaît ; des paroles qui chassent la plainte, les souffrances et les chagrins. J'en sais qui émoussent le tranchant des armes, qui brisent les plus fortes chaînes, qui apaisent l'orage et ramènent la sérénité au ciel ; j'arrête les vents qui poussent les nuages, et d'un regard je puis calmer la mer irritée. Quand je trace des caractères sacrés, les habitants des tombeaux se réveillent et viennent à moi. Si je répands de l'eau sur l'enfant nouveau-né, le fer ne peut plus rien contre lui. Je dévoile la nature des dieux, des génies et des hommes ; j'éveille le désir dans le cœur de la vierge la plus chaste ; je sais inspirer l'amour ou la haine ; rendre les femmes fécondes ou stériles ; je puis redoubler ou abattre le courage des guerriers..... »

Chez les peuples du Latium, les augures prétendaient aussi, en se servant de paroles magiques, pouvoir enchaîner les vents, calmer la tempête, diriger la foudre, enlever aux serpents leur venin, et, ce qui est plus fort, décrocher la lune du firmament pour la faire descendre sur terre.

Les Scythes avaient aussi leurs magiciens qui opéraient les mêmes prodiges que ceux des autres peuples ; néanmoins, il faut le dire à leur louange, ces enchanteurs étaient bien moins nombreux chez eux que chez les autres nations.

Si nous remontons les âges, nous voyons, aux temps héroïques de la Grèce, la magicienne Circé composer des breuvages dont le pouvoir métamorphose les compagnons d'Ulysse en animaux immondes ; fait allégorique, dont le vrai sens signifie que Circé composait, avec certaines plantes, un breuvage dont l'action sur le cerveau avait pour résultat la suspension momentanée de la raison et de la volonté (1). Mais ce fut surtout dans l'art des empoisonnements qu'excella cette magicienne. Le premier essai qu'elle fit de ses compositions fut sur son mari, ce qui la rendit si odieuse dans sa contrée, qu'elle se vit forcée de prendre la fuite. Elle changea, dit-on, Scylla en monstre marin, et Picus, roi d'Italie, en pivert.

---

(1) Voir l'ouvrage intitulé : *Mystères du Sommeil et du Magnétisme*, où se trouvent les pratiques au moyen desquelles on arrive à enlever à un sujet son individualité.

Ulysse lui-même, plus heureux que ses compagnons, n'échappa aux enchantements de la magicienne qu'au moyen d'une plante nommée *moly* que Minerve lui avait donnée comme préservatif.

Médée était aussi très-savante dans la connaissance des plantes ; elle parvint à rajeunir Éson, ou du moins à prolonger son existence au delà du terme naturel. De même que Circé, elle devint une célèbre empoisonneuse. Euripide lui attribue différents meurtres, entre autres ceux de Créon, d'Absyrte et de Pélias ; il l'accuse, en outre, d'avoir empoisonné sa propre fille. L'historien Diodore de Sicile nous dépeint Circé et Médée comme deux goétiennes redoutables, inspirant l'épouvante et l'horreur.

Les Romains eurent aussi leurs goétiens et leurs magiciennes taillées sur le modèle de ceux des Grecs, et il n'y avait pas que le vulgaire ignorant qui crût à leur pouvoir : car si Caton, Lucrèce et Cicéron s'en moquaient, Virgile, Ovide, Horace et d'autres poëtes semblent y avoir ajouté foi. Horace surtout reproche très-amèrement aux magiciennes Hermonide, Sagane et Canidie leurs odieux maléfices. Il fut un moment où les premières têtes de l'empire se montrèrent saisies de cette singulière folie. L'on reproche à Sextus, fils du grand Pompée, d'avoir immolé un enfant dans une de ces horribles incantations. L'empereur Claude eut recours à l'art d'une magicienne pour éteindre la honteuse passion qui s'était allumée dans le sein de son épouse (1).

Au milieu de leurs sombres forêts, dans les Gaules et les Iles-Britanniques, une certaine classe de druides, surtout de druidesses, se livraient à la divination et à la magie noire ; leurs pratiques étaient à peu près les mêmes que celle des magiciens des autres peuples, c'est-à-dire entachées de superstitions barbares.

La récolte du *gui*, de la *verveine*, du *selage* ou pulsatille, la recherche de *l'œuf serpentin* auxquels ils attribuaient de grandes vertus, se faisaient d'une manière mystérieuse et bizarre. Les druides arrachaient le selage avec la main droite recouverte de leur robe, et passaient furtivement cette plante dans la main gauche, comme s'ils faisaient un vol. Il était nécessaire d'avoir la tête et les pieds nus en la cueillant. L'œuf serpentin, selon eux, se formait de la bave des reptiles, pendant la saison de leurs amours. La recherche de cet œuf offrait de grands dangers, car les reptiles poursuivaient à outrance l'audacieux qui la tentait ; c'est pourquoi on ne s'y aventurait que monté sur un coursier rapide, et, aussitôt qu'il s'en était saisi, le cavalier s'enfuyait au galop. Le possesseur d'un œuf serpentin devenait un être privi-

____

(1) Voyez l'*Hygiène du Mariage*, où se trouve un chapitre consacré aux breuvages aphrodisiaques, aux spermatopées, philtres, etc., propres à inspirer l'amour.

3

légié ; il pouvait tout entreprendre, tout lui réussissait ; ce rare talisman jouissait d'un si merveilleux pouvoir, qu'il suffisait de le toucher pour éprouver son heureuse influence ; il guérissait les maladies, donnait la force et le courage, rétablissait les fortunes endommagées, effaçait les haines, ramenait la concorde parmi les ennemis les plus acharnés, etc., etc.

Le don de la divination et des prodiges étaient particulièrement dévolu aux druidesses ; elles avaient leur temple, leur collége et leurs assemblées où personne qu'elles ne pouvait pénétrer sous peine de mort. Respectées et vénérées des Gaulois, ces femmes jouissaient d'un pouvoir illimité. On croyait qu'elles connaissaient tous les secrets de la nature ; qu'elles pouvaient dispenser le bonheur dans les familles ou les accabler de malheurs ; aussi l'on redoutait leur haine et l'on cultivait leur amitié par des présents et des honneurs. A leur voix, les vents se déchaînaient ou se calmaient ; le ciel se couvrait de nuages et se rasserénait ; elles tiraient des présages du murmure des eaux et des feuillages ; mais elles interrogeaient plus fréquemment, à l'exemple des druides, les entrailles sanglantes des victimes. Enfin, elles avaient le don de lire dans les astres la destinée des hommes, et traçaient l'horoscope des rois et des grands qui venaient les consulter.

Les druidesses adonnées à la magie noire se servaient du sang de hibou, de chauve-souris, d'agneau et de chat noirs pour donner plus de force à leurs enchantements. Comme les magiciennes de Thessalie, elles opéraient dans des lieux sombres et retirés ; les prédictions qu'elles faisaient se réalisaient assez souvent à cause de la terreur qu'elles savaient inspirer. Leur réputation dans les arts magiques et divinatoires eut tant de retentissement, que les empereurs romains, après la conquête des Gaules, les firent souvent consulter de préférence aux sibylles. On dit qu'à l'exemple des druides, qui immolaient des hommes dans leurs sacrifices, les druidesses égorgeaient des enfants et arrosaient le sol de leur sang, pour rendre encore plus terrible l'appareil lugubre dont elles s'entouraient.

Ces sacrifices et ces incantations où figuraient des victimes humaines, avaient encore lieu dans les Gaules au cinquième siècle de notre ère, et ce ne fut que longtemps après la destruction des idoles et des cérémonies druidiques par le Christianisme, qu'ils furent entièrement abolis.

Les civilisations anciennes, admirables sous d'autres rapports, ne furent point assez fortes pour extirper cet amour du merveilleux, véritable maladie qui sévissait sur la presque totalité des nations. Cependant, on s'aperçoit que, pendant la période appelée les beaux temps de Rome, le nombre des magiciens diminuait au fur et à mesure que les esprits s'éclairaient et devenaient moins crédules ; malheureusement l'invasion des barbares et la ruine de l'empire romain arrêtèrent les progrès de la raison humaine ; de profondes ténèbres étouffèrent les lumières naissantes, un immense désordre régna de toutes parts.

Ce fut à ces époques, pleines de dévouements sublimes et rouges du sang des martyrs, qu'une lutte terrible s'engagea entre les sectateurs du paganisme et les apôtres d'une religion nouvelle qui devait changer la face de l'humanité. Les uns et les autres firent des choses si extraordinaires, si prodigieuses, qu'on serait tenté de les nier, si l'histoire n'avait établi ces faits d'une manière authentique. Pendant de longs siècles encore, l'ignorance et les superstitions étendirent leur sombre linceul sur les sociétés, et les magiciens, sous le nom de *sorciers*, recommencèrent leurs tours et leurs étranges folies.

SECTION II.

PRATIQUES ET CÉRÉMONIES RELIGIEUSES.

Les pratiques et cérémonies magiques s'entouraient toujours d'un appareil bizarre et lugubre, afin de frapper l'imagination des consultants et leur inspirer une espèce de crainte, dans l'attente de ce qui allait arriver. Les magiciens et surtout les magiciennes prétendirent que le pouvoir de leurs incantations forçait les âmes des morts à paraître à leur voix, et ils exploitèrent largement cette branche d'industrie.

Ce fut surtout en Thessalie que la magie noire ou *goétie* établit son empire. Mycale, une des plus fameuses magiciennes de ce pays, était si profondément versée dans son art, qu'elle pouvait, d'après la croyance vulgaire, opérer, à son gré, les plus étranges métamorphoses ; on prétendait même que son pouvoir allait jusqu'à faire descendre la lune sur terre. Du reste, la Thessalie jouissait d'une telle renommée, à cet égard, que souvent les auteurs de l'antiquité emploient le mot Thessalienne pour désigner une habile magicienne.

La description suivante donnera au lecteur une idée des ridicules et dégoûtantes pratiques de ces magiciennes, ainsi que de leur puissance sur l'imagination timorée des sots qui les consultaient. On trouve dans une vieille chronique thessalienne, la préparation suivante dont usait Mycale pour opérer ses enchantements :

La magicienne faisait bouillir dans une chaudière : — trois têtes de hiboux, — trois têtes de chats noirs, — une tête de vipère, — deux crapauds entiers et autant de salamandres, — neuf scorpions et dix-sept araignées, — le fiel d'un bouc, — le placenta d'une hyène, — le cordon ombilical d'une panthère, — l'urine d'une tigresse, — le sang fraîchement tiré des veines d'un enfant de trois ans, — le crâne et les clavicules d'un squelette humain ; elle ajoutait à ces divers ingrédients des herbes plus ou moins vénéneuses, telles que la ciguë, le pavot noir, la jusquiame, l'euphorbe, la mandragore-atropos, etc... Lorsque le liquide avait été suffisamment épaissi par le feu, la magicienne le versait dans des vases qu'elle fermait hermétiquement et s'en servait dans l'occasion pour opérer ses abominables maléfices. La chronique ajoute qu'une troupe d'enfants, passant d'aventure près de la caverne où Mycale préparait ses breuvages, et ayant eu l'imprudente curiosité de la regarder, l'œil de la Thessalienne flamboya de colère, un râle sourd sortit de sa gorge, et les pauvres enfants, aspergés par elle de la liqueur qu'elle composait, furent soudainement métamorphosés en oursons.

Un fait d'autant plus important qu'il a pu passer inaperçu est celui-ci : Lorsqu'après avoir franchi le seuil des temples, la science occulte fut tombée dans le domaine public, les prêtres qui, dans le principe, s'honoraient du titre de *mages*, de *magiciens*, décrièrent alors cette science, la poursuivirent et la condamnèrent ; le nom de magicien devint bientôt une injure, un sujet d'accusation. Le collége des pontifes fit poursuivre, comme sacriléges, plusieurs individus accusés de magie et obtinrent leur condamnation à mort. — Démosthène rapporte que les Athéniens donnèrent la ciguë à la magicienne Théoride, convaincue d'affreux maléfices ; sa fille, versée dans son art, fut bannie et la maison qu'elle habitait démolie de fond en comble.

Nous ne vivons plus, fort heureusement, dans ces temps de ténèbres où les hommes croyaient à de semblables folies ; le bon sens se trouve aujourd'hui chez les enfants même, grâce aux lumières du siècle. Le commentateur de la chronique thessalienne ajoute, par comparaison, que la goétienne Mycale se montra moins impitoyable que le thaumaturge Élysée qui, pour punir une troupe d'enfants moqueurs, les fit dévorer par des ours sortis des forêts à sa voix. Ces deux fables sont une peinture fidèle du caractère des peuples où elles ont été inventées.

CHAPITRE III.

§ 1er. — DES ORACLES, DE LEUR NOMBRE ET DE LEUR IMPORTANCE
CHEZ LES ANCIENS.

La réponse des oracles était, chez les anciens, la volonté des dieux, énoncée et transmise par une bouche humaine. Les oracles se rendaient dans les temples ou dans certains lieux sacrés, comme au sommet d'une montagne, au fond d'un bois, d'un vallon et surtout dans les cavernes. L'oracle prenait indistinctement le nom du dieu, de la déesse qu'on invoquait, ou celui de la ville dans laquelle il se trouvait.

Les énormes profits que rapportaient les oracles en multiplièrent extraordinairement le nombre; on en fit un objet d'industrie et chaque pays voulut avoir le sien. Parmi les oracles les plus fréquentés on citait ceux de :

Jupiter, à Dodone et à Ammon, en Lybie.

Apollon, à Delphes, à Claros, à Didyme, à Héliopolis.

Junon, à Corinthe, à Nysa, à Égine.

Diane, à Éphèse.

Vénus, à Paphos, à Corinthe, à Aphaca, à Byblos.

Esculape, à Épidaure, à Pergame.

Minerve, à Mycènes.

Mars, en Thrace.

Mercure, à Patras.

Hercule, à Athènes, à Cadès.

Pan, en Arcadie.

Sérapis, à Alexandrie, à Babylone, à Canope.

Trophonius, en Béotie.

Amphiaraüs, à Argos.

Amphilochus, à Orope.

De Patare, en Lybie.

De Cumes, en Italie, etc., etc.

Mais les plus fameux étaient les oracles d'Apollon, à Delphes ; — de Jupiter-Ammon, en Lybie ; — d'Esculape, à Épidaure ; — de Trophonius, en Béotie, — et de Cumes, en Italie. — L'oracle de Delphes surtout éclipsa tous les autres ; on venait le consulter de tous les points du monde ; son immense réputation traversa l'antiquité et ne s'éteignit que dans les premiers siècles du Christianisme.

ORACLE DE DELPHES.

La ville de Delphes, si célèbre dans les annales de l'histoire, n'était qu'un chétif hameau avant l'installation de son oracle ; ce fut à lui qu'elle dut son développement, ses richesses et la magnificence de son temple. Diodore de Sicile s'exprime, à ce sujet, à peu près en ces termes :

« La ville de Delphes, située sur une colline du mont Parnasse, est entourée d'affreux précipices et de rochers ; la partie du mont qui la domine s'élève en amphithéâtre, et les excavations qu'elle renferme produisent un grand nombre d'échos qui se renvoient l'un à l'autre le bruit des trompettes et des voix humaines, de façon à étonner et même à effrayer les étrangers. »

Au fond de la vallée qui, d'un côté, limite la ville, existait une crevasse à laquelle personne n'avait fait attention. Des chèvres qui paissaient aux environs s'en étant approchées, se mirent soudainement à bondir d'une manière étrange, et à pousser des bêlements tout à fait singuliers. Le pâtre *Corétas*, leur gardien, étonné de ce qu'il voyait, crut d'abord que l'excavation cachait quelque hideux animal dont l'aspect avait effrayé ses chèvres. Poussé par la curiosité, il voulut regarder au fond de la crevasse ; mais, à peine y eut-il engagé sa tête qu'il fut saisi d'un délirant enthousiasme, se mit à sauter follement comme ses chèvres, et finit par tomber sur le sol, couvert de sueur, épuisé de fatigue. Alors, il se crut transporté dans les cieux ; tout ce qu'il voyait lui semblait merveilleux ; le livre du destin s'ouvrit devant lui, et il y lut l'avenir.

Les paysans du voisinage, accourus en foule pour entendre Corétas, ne manquèrent pas d'attribuer son langage à l'esprit divin sortant de la crevasse ; et chacun voulut éprouver la vertu prophétique des exhalaisons. Tous ceux qui approchèrent de la crevasse furent saisis d'enthousiasme et de transports semblables à ceux du pâtre Corétas. La renommée publia ces prodiges, et la foule accourut de toutes parts pour en être témoin. Plusieurs fanatiques se précipitèrent dans le gouffre, afin de voir de plus près le dieu qui s'y tenait caché. Ces excès se renouvelant assez fréquemment, l'autorité intervint et fit fermer l'ouverture par un grillage de barres de fer, supporté par trois pieds, ce qui lui fit donner le nom de trépied ; c'est sur ce fameux trépied que s'asseyait la Pythie, lorsqu'elle rendait ses oracles.

Les prêtres de Delphes accréditèrent de plus en plus la fable du pâtre Corétas ; ils persuadèrent aux hommes qu'Apollon était caché au fond de la crevasse, et qu'il passait dans le corps de ceux qui en recevaient les exhalaisons. De ce moment, le succès de l'oracle fut assuré ; on se hâta de construire un temple magnifique sur l'antre sacré. Un collége de prêtres s'organisa pour exploiter ce genre d'industrie, qui leur valut d'immenses richesses, et l'on choisit une jeune fille pour transmettre aux hommes les réponses d'Apollon pythien.

Cette jeune fille fut nommée Pythie ou Pythonisse,

en mémoire du fameux combat qu'Apollon livra au serpent Python, qui désolait la campagne de Delphes. La peau de ce monstrueux reptile était suspendue dans le temple comme trophée de la victoire, et servait à entourer le trépied sur lequel venait s'asseoir la Pythonisse.

§ II. — ORACLE DE DODONE (EN ÉPIRE).

Cet oracle, un des plus anciens de la Grèce, ne fut d'abord que la simple interprétation du murmure d'une fontaine qui sourdait au milieu d'un bois de chênes. Une vieille femme nommée Pélias habitait une cabane près de la fontaine, et dévoilait l'avenir à ceux qui venaient la consulter, au moyen de l'*hydromancie*. Plus tard, un temple superbe s'éleva sur la place qu'occupait la chétive cabane de la sibylle; on environna le temple de colonnes de marbre sur lesquelles on plaça des vases d'airain. Les branches de chêne agitées par le vent frappaient ces vases et rendaient différents sons que les prêtres interprétaient à leur manière.

§ III. ORACLE DE JUPITER-AMMON (EN LYBIE).

Cet oracle, aussi célèbre que celui de Dodone, se rendait de la manière suivante :

Quatre-vingts prêtres plaçaient sur leurs épaules un

immense navire, dans lequel était assise la statue de
Jupiter, couverte d'or et de pierreries ; ils sortaient
du temple et marchaient dans la campagne sans
suivre de route tracée, comme conduits par l'esprit
divin. Une troupe de jeunes filles accompagnait
cette procession, les unes dansant au son des cym-
bales, les autres chantant des hymnes en l'honneur
de Jupiter-Ammon. Au bout d'une heure de marche, la statue fronçait les sourcils ; alors les prêtres
s'arrêtaient, et une voix sourde, partant de l'intérieur de la statue, rendait l'oracle. Si les sourcils restaient immobiles jusqu'à la fin de la procession, c'est
que Jupiter n'avait pas reçu une offrande digne de
lui, et l'oracle restait muet.

Dans cette voix mystérieuse sortant de la statue,
il n'est pas difficile de reconnaître un effet de ventriloquie. Parmi les prêtres, il se trouvait un ventriloque et un mécanicien ; le premier faisait parler
Jupiter et le second faisait mouvoir les sourcils.

§ IV. — ORACLE DE TROPHONIUS (EN BÉOTIE).

Trophonius était un héros selon quelques historiens, et un brigand selon les autres. Ses talents pour
l'architecture et la magie le rendirent célèbre, et
après sa mort il fut déifié.

L'oracle de Trophonius se rendait sur une montagne de Béotie. Avant de le consulter, il fallait passer

trois jours dans les jeûnes et les expiations de toutes sortes, puis on sacrifiait aux dieux et à Trophonius. Le quatrième jour, deux enfants venaient frotter le consultant avec des huiles préparées et lui faisaient boire deux breuvages, l'un semblable aux eaux du Léthé, pour effacer de son esprit toutes les pensées profanes ; l'autre, appelé l'eau de Mnémosyne, ayant la vertu de lui faire retenir tout ce qu'il allait voir et entendre dans l'antre sacré.

Une fois ces préparatifs terminés, on le conduisait à une excavation où se trouvait un trou large comme la bouche d'un four ; il descendait dans ce trou au moyen d'une échelle, et, arrivé au bas, il se trouvait au milieu d'une vaste salle où se dressait la statue colossale de Trophonius. Là, le consultant prenait sur un autel deux pains de miel et se couchait sur le dos : soudain, il se sentait entraîné par les pieds avec une effrayante vitesse. Pendant ce voyage dans les ténèbres, des bruits affreux, des voix étranges se faisaient entendre ; le tonnerre grondait et la foudre illuminait ces sombres demeures. Enfin, les bruits diminuaient peu à peu, un morne silence succédait à cet affreux tapage, et l'homme se retrouvait dans le temple, sans savoir comment il y avait été ramené. On l'asseyait sur la chaise de Mnémosyne ; on l'interrogeait sur ce qu'il avait vu, entendu, et, sur ses réponses, les prêtres établissaient l'oracle.

Il est assez curieux, à plus de deux mille années

l de distance, de rencontrer, chez un peuple éloigné,
les mêmes pratiques. les mêmes superstitions, sous
une autre forme religieuse; c'est ce que le purgatoire de saint Patrice va nous démontrer.

§ V. — LE TROU, OU PURGATOIRE DE SAINT-PATRICE.

Patrice était un dévot enthousiaste d'une petite
ville d'Irlande ; il vécut pendant la première moitié
du cinquième siècle, et se rendit fameux par ses miracles. A l'exemple de saint Paul, qui délivra l'île de
Malte des serpents dont elle était désolée, Patrice
chassa ou fit périr toutes les bêtes vénimeuses cachées
dans les forêts de son pays. Après sa mort, ses reliques guérissaient toutes les maladies et faisaient des
choses si merveilleuses, que les Irlandais en firent
l'objet d'un culte superstitieux. Cependant, comme
chaque pays a ses incrédules, il paraîtrait que beaucoup de ses compatriotes doutaient des miracles de
Patrice et les taxaient de tours de passe-passe. Un
jour que le saint se trouvait dans une des îles du
lac de Derg, pour confondre les incrédules, il étendit
la main, et un abîme se creusa aussitôt à ses pieds.
Alors il les invita à y descendre ; plusieurs s'y décidèrent, et, après en être sortis, racontèrent des choses
incroyables. Voici la narration, conservée par Denis
le Chartreux, d'un de ces individus nommé Agnéius :

« Agnéius, qui doutait encore de la sainteté de

Patrice, entra courageusement dans le trou et descendit en purgatoire. Les démons le reçurent assez mal et le jetèrent dans un brasier d'où il ne put s'échapper qu'en invoquant le nom de Patrice. Il vit ensuite, dans une grande plaine, des hommes et des femmes nus, couchés sur le ventre et fouettés vigoureusement par des démons ; plus loin, c'étaient des dragons qui déchiraient de pauvres pécheurs, et d'énormes crapauds qui cherchaient à les avaler. Il vit encore des hommes percés de grands clous et pendus la tête en bas ; d'autres qu'on mettait frire à la poêle ou rôtir sur le gril, et d'autres encore que l'on forçait de boire du plomb fondu, après les avoir baignés dans des muids de soufre bouillant.

« Agnéïus eut une frayeur terrible, mais il se sauva de toutes les malices de Satan par des signes de croix et en invoquant saint Patrice. »

Les moines bâtirent un couvent près du trou de Saint-Patrice et le bruit se répandit que les pécheurs qui y entreraient pour vingt-heures seulement, pourraient, à l'aide de leurs prières, faire leur purgatoire dans cette vie, et, à leur mort, aller tout droit au ciel.

Les pèlerinages au trou de Saint-Patrice devinrent bientôt aussi nombreux que lucratifs ; les dévots s'y rendaient en foule. Voici comment on procédait à l'entrée en purgatoire : les moines enfermaient le pèlerin, pendant neuf jours, seul, dans une cellule du couvent; ils le mettaient à un régime débilitant, lui faisaient prendre des boissons narcotiques, et l'affaiblissaient encore par des macérations prolongées. Le neuvième jour, il était privé d'aliments; on le confessait, on le prêchait; on le prévenait de ce qu'il allait voir, puis on le descendait dans l'abîme, où il s'endormait et éprouvait un affreux cauchemar qui lui retraçait toutes les circonstances effrayantes qu'on lui avait débitées. On le ressortait du trou pâle, défait, presque hébété, et pour jamais frappé de terreurs superstitieuses. S'il ne reparaissait plus, on publiait qu'il n'avait pas eu la foi nécessaire à l'épreuve et qu'il était damné.

En 1491, un Français peu crédule visita ce purgatoire, y passa la nuit et en sortit sans avoir rien vu; il rapporta que ce n'était tout simplement qu'une caverne longue de soixante pieds sur trente de largeur, et que tout ce qu'on prétendait y voir n'était que le résultat d'une imagination préalablement effrayée par les récits des moines. Au dix-septième siècle, ce trou avait encore une réputation formidable, mais Henri VIII le fit fermer comme un lieu profané par d'abominables superstitions.

Enfin, au dix-huitième siècle, on détruisit de fond en comble cette caverne, et le trou de Saint-Patrice, qui avait joui, pendant si longtemps, d'une immense renommée, fut oublié pour toujours.

§ VI. — ORACLE DE CUMES (EN ITALIE).

L'oracle de Cumes jouissait, chez les Romains, de la plus haute réputation ; on le consultait dans les affaires les plus importantes, et ses réponses passaient pour n'avoir jamais failli. Voici la description qu'en donne Virgile :

« Au fond d'une grotte, près le port de Cumes, est la sibylle qui dévoile aux humains les secrets de l'avenir. Elle écrit ses oracles sur des feuilles volantes qu'elle arrange elle-même sur le sol de sa caverne ; ces feuilles doivent rester dans l'ordre qu'elle a jugé convenable de leur donner. Mais il arrive parfois que le vent, lorsqu'on ouvre la porte, dérange les feuilles, et la réponse de l'oracle est perdue ; car la sibylle dédaigne de les arranger de nouveau. »

Rien n'était plus célèbre, en Italie, que cette caverne ; la superstition y avait construit un temple, et le peuple regardait les sibylles qui y prophétisaient comme des êtres d'une nature tenant le milieu entre les hommes et les dieux.

L'on ne s'étonnera plus de l'aveugle confiance que les anciens accordaient aux oracles, si l'on tient compte de l'appareil religieux dont on les entourait et de l'immense besoin que les peuples avaient de connaître leur destinée. On consultait les oracles, les devins, les sibylles dans toutes les circonstances, pour

les plus grandes affaires comme pour les plus petites ;
c'était une manie de ces temps comme notre siècle a
les siennes. Ce désir insurmontable de connaître
l'avenir et les gros profits que rapportait l'art divinatoire, portèrent le nombre des oracles et des charlatans qui les servaient à un nombre très-élevé.

Mais, comment les oracles pouvaient-ils connaître
les diverses circonstances de la vie des consultants,
les motifs qui les amenaient et jusqu'à leurs moindres
désirs ; quels moyens employaient-ils ? Le voici :

Les prêtres des temples à oracles avaient une foule
d'affidés, de compères sur leur territoire et dans les
villes voisines. Lorsqu'on arrivait pour consulter l'o-
racle, on rencontrait, à plusieurs stades du temple,
des émissaires des prêtres, des cicérones, des compagnons de voyage, auxquels il était difficile de ne pas
laisser pénétrer son secret. Tout le personnel des hô-
telleries où l'on s'arrêtait, tirant ses profits des nombreux consultants, était naturellement aux ordres
de l'oracle ; les artistes, les marchands travaillaient
aussi dans l'intérêt commun. L'oracle se ménageait,
d'ailleurs, tout le temps nécessaire pour être instruit ;
il avait à sa disposition les jours néfastes, les jours ex-
piatoires, etc., etc. Pendant ces délais, les consultants
faisaient des promenades pour se distraire, visitaient
les monuments et curiosités du pays. Les cicérones,
aux gages des prêtres, leur faisaient des descriptions
propres à les impressionner. Ici, par exemple, ce ta-

bleau rappelait une punition infligée à des incrédules, à des avares. Là, des dons magnifiques témoignaient de la reconnaissance de quelques grands personnages pour l'oracle. Les leçons de ce genre se renouvelaient à chaque instant, et imprimaient dans le cœur des étrangers une grande vénération pour la divinité du lieu.

Lorsque les prêtres étaient suffisamment instruits, par leurs émissaires, des intentions et de la demande des consultants, on leur faisait savoir que l'oracle, satisfait des expiations, sacrifices et offrandes qu'ils avaient faits, écouterait leur demande, tel jour, à telle heure, et leur donnerait sa réponse. C'est ainsi que cela se pratiquait pour tous les oracles, sans distinction de dieu ni de nation.

Voici une anecdote, rapportée par Athénée, qui donne une faible idée de l'avidité des desservants d'oracles :

« Des matelots, après une tempête, débarquèrent heureusement ; leur premier soin fut d'offrir un chevreau pour remercier les dieux. Le chevreau était maigre ; les prêtres qui présidaient au sacrifice firent la grimace devant une si chétive offrande. Le victimaire immola le chevreau, et, tandis que ses collègues et les matelots examinaient le foie de la victime, il retira fort adroitement le rein et le jeta dans un trou. Une victime sans rein !... c'est d'un fort sinistre augure... Les matelots s'empressèrent de fournir un

autre chevreau moins maigre que le premier. Cette
fois, le cœur était absent!... Épouvantés d'un pareil
prodige, ils offrirent un troisième chevreau, d'une
beauté remarquable, gras, dodu, tel que les prêtres
le désiraient. Cette troisième offrande fut agréable à
la divinité, car tous les viscères s'y trouvèrent en fort
bon état, et la chair rôtie devait être succulente. »

Il reste aujourd'hui démontré que la grande quantité d'oracles et de demi-oracles qui s'établirent sur
la totalité de l'ancien monde, furent presque tous cal-
qués sur l'oracle de Delphes. Les mages ou physiciens du collége sacerdotal constatèrent, après de longues observations, que la vapeur léthifère qui sortait
de l'antre de Delphes agissait puissamment sur le
système nerveux des pythies exposées à son action, et
ils parvinrent, à force de tâtonnements, par la combinaison de diverses substances, à produire un gaz
ayant les mêmes propriétés que celui de l'antre del-
phien. Cette importante découverte resta mystérieu-
sement ensevelie dans le sanctuaire du temple, mais
des initiés ambitieux en profitèrent pour aller établir
des oracles sur d'autres points. L'oracle de Delphes
servit de modèle, seulement on y adapta, dans la
suite, selon les mœurs, les lieux et les circonstances,
des pratiques plus ou moins mystérieuses et un attirail fantasmagorique propre à fasciner les sens, à
exalter l'imagination au détriment de la raison.

Tels furent, à peu près, les moyens auxquels les

oracles durent l'immense réputation dont ils jouirent si longtemps; le jour où la raison parla et fut écoutée, les prestiges s'évanouirent et les oracles tombèrent pour ne plus se relever.

Ainsi finit cette longue comédie de la théocratie païenne qui, pendant tant de siècles, capta la confiance des peuples et abusa de leur crédulité. Les lecteurs qui désireraient s'instruire plus amplement sur cette matière, devront lire l'ouvrage de Van Dale, philosophe hollandais, esprit profond et hardi, dont les savantes recherches ont démontré que les oracles ne furent jamais que des friponneries de charlatans. La traduction libre qu'en a fait notre célèbre Fontenelle est la meilleure qu'on puisse consulter.

CHAPITRE IV.

DES PYTHIES ET DES SIBYLLES.

Le nom de Pythie ou Pythonisse paraît avoir été exclusivement réservé à la prêtresse du temple de Delphes, chargée de transmettre aux hommes les réponses du divin Apollon.

Ce fut en mémoire du fameux combat qu'Apollon livra au monstrueux serpent *Python*, qui désolait la campagne de Delphes, que ce nom lui fut donné. La peau de ce serpent, ainsi que je l'ai déjà dit, était suspendue dans la nef du temple comme trophée de la victoire du fils de Jupiter, et servait à entourer le trépied sacré lorsque la Pythie devait y monter.

Le nom de Sibylle se donnait indistinctement à toutes les femmes inspirées qui desservaient les autres oracles, dans les temples, ou qui erraient de pays en pays et prédisaient l'avenir pour leur propre compte.

Le choix d'une **Pythie** exigeait, dans les premiers temps, de grandes précautions et diverses qualités physiques : jeunesse, beauté, virginité, regardées comme indispensables; en outre, elle devait offrir cette constitution nerveuse et impressionnable que nous appelons *hystérique*, afin qu'elle ressentît plus vivement les communications de l'esprit divin. Mais, dans la suite, un riche Thessalien s'étant passionnément épris de la jolie **Pythonisse** de Delphes, corrompit le gardien du temple et l'enleva. Le collége des prêtres s'émut à cet enlèvement sacrilége, et, après avoir tenu conseil, décida que la **Pythie** serait, à l'avenir, choisie parmi les femmes âgées de cinquante ans, mais qu'elle continuerait à porter les vêtements et emblêmes de la jeune fille.

Les oracles ne se rendaient qu'une fois l'an, pendant la première quinzaine d'avril. Ces jours-là une foule compacte encombrait la ville et payait fort cher les réponses ambiguës de la **Pythie**.

Le temple était toujours fourni de plusieurs **Pythies**, afin que si l'une d'elles venait à être frappée de maladie ou de mort, pendant le violent exercice de ses fonctions, les autres pussent immédiatement la remplacer. Ces doublures étaient nécessaires pour éviter le chômage, préjudiciable aux intérêts du temple, qu'aurait entraîné un semblable accident.

Voici les règles préparatoires auxquelles les prêtres soumettaient la **Pythie** avant de l'asseoir sur le trépied

² sacré : — Pendant trois jours, elle était astreinte à
un jeûne sévère et onctionnée avec des huiles composées de drogues excitantes ; chaque soir elle allait
se baigner dans un bassin de la fontaine Castalie,
où l'on avait mis macérer des branches de laurier
cerise ; au sortir du bain, elle buvait plusieurs coups
de cette eau. Alors, les prêtres la reconduisaient au
temple où on lui faisait boire une autre liqueur
prophétique. Ce régime exaltait le cerveau de la Pythonisse et la poussait à un état voisin du délire.

Le jour où la Pythie devait rendre ses oracles, le
temple et ses abords étaient encombrés d'une foule
immense ; tout le monde attendait avec impatience son
arrivée. Bientôt un grondement sourd se faisait entendre au fond de l'antre sacré ; ce bruit grandissait peu
à peu et ressemblait aux grondements du tonnerre ;
le sol frémissait, le temple semblait ébranlé jusque
dans ses fondements... Tout à coup, on voyait une
femme échevelée que les prêtres entraînaient vers le
trépied ; à peine s'y était-elle assise qu'elle éprouvait
les terribles effets de la vapeur prophétique. Ses cheveux se hérissaient, ses yeux tantôt roulaient avec
rapidité, en lançant des éclairs, et tantôt gardaient
une effrayante fixité. Son visage devenait livide, sa
bouche écumait, ses membres couverts de sueur se
tordaient, tout son corps devenait la proie d'une horrible convulsion. Enfin, ne pouvant plus résister au
Dieu qui la possédait, elle poussait des cris aigus,

entrecoupés de quelques paroles sans suite que les prêtres recueillaient avec soin. C'était l'oracle ! Après une heure de cette fièvre prophétique, on reconduisait la Pythie dans sa cellule où elle restait plusieurs jours à se rétablir de ses fatigues. Quelquefois, une mort subite était le prix de son enthousiasme, c'est ce que nous fait savoir le bon Amyot dans le naïf langage de son époque : « La Pythonisse étant montée sur le trépied on lui voyoit trembler tout le corps, et à mesure qu'on l'effusionnoit d'eau lustrale, ce tremblement redoubloit à faire frissonner les spectateurs. De telle sorte qu'il advint un jour que les prêtres ayant voulu la trop presser pour lui faire rendre son oracle, elle entra dans une telle rage et forcènerie, que ne pouvant supporter l'esprit qui s'étoit trop impétueusement fourré en elle, un cri terrible partit de son gosier et elle expira toute convulsionnée. »

Aussitôt après avoir recueilli les mots convulsifs sortis de la bouche de leur Pythie, les prêtres se retiraient dans un lieu secret pour délibérer, et leur donnaient une interprétation en rapport avec les renseignements qu'ils s'étaient procurés sur le compte du consultant. Dans les cas, très-rares, où ils n'avaient pu se procurer d'informations précises, ils fabriquaient des réponses embrouillées, à double sens.qui se prêtaient aux diverses interprétations qu'on voulait leur donner.

SIBYLLES.

Le nom de Sibylle viendrait, selon quelques étymologistes, de deux mots grecs, Σιός pour Θεός, Dieu et de βουλή, conseil, c'est-à-dire conseil divin, parce qu'on croyait les Sibylles inspirées par quelque divinité au nom de laquelle elle rendait des oracles. D'autres étymologistes prétendent que la première devineresse connue, dont on fait remonter l'existence à plusieurs siècles avant la guerre de Troie, se nommait *Sibylla*, et que toutes les femmes qui, dans la suite, exercèrent ce métier, portèrent le nom de Sibylles.

Les plus célèbres furent Sibylla, Mante, fille de Tiresias ; Démophile, Athénaïs, Nysa, Melanchrène, Deïphobe, Tiburtine, etc. Les réponses qu'elles donnaient étaient généralement tortueuses, obscures, et non-seulement pouvaient s'interpréter de plusieurs manières, mais s'adaptaient aux événements les plus opposés. Cette forme ambiguë était de toute nécessité pour que l'oracle ne fût point sujet à erreur ; aussi, avait-il presque toujours raison. On en jugera par les exemples suivants :

Les Mèdes voulant connaître le résultat de la guerre qu'ils faisaient aux Babyloniens, consultèrent l'oracle de Jupiter Ammon, et reçurent cette réponse : —

« La victoire appartiendra à ceux qui honoreront le plus les Dieux. »

Les Babyloniens, de leur côté, reçurent l'assurance de la victoire aux mêmes conditions ; cependant, ils perdirent la bataille. Alors, ils en attribuèrent la cause à quelques fautes commises envers les dieux.

Philippe de Macédoine eut la curiosité de consulter l'oracle de Trophonius sur le temps qu'il avait encore à vivre ; l'oracle lui répondit :

« Mon fils, si tu veux vivre longtemps, garantis-toi des chars. »

Du jour de cet avertissement, Philippe ne monta plus en char. Assassiné, quelques années après, par le traître Pausanias, on fit courir le bruit par toute la Grèce que l'oracle avait eu son accomplissement, puisqu'un char était sculpté sur la poignée de l'épée qui lui avait traversé la poitrine.

Un riche marchand de Corinthe, amoureux d'une jeune *Eupatride* qui se moquait de ses soupirs, alla consulter l'oracle de Delphes pour savoir si la jeune fille l'aimerait un jour ; ou, dans le cas contraire, s'il devait tenter le saut de Leucade. L'oracle, qu'il avait largement payé, lui répondit : — « Le caméléon est changeant, la femme lui ressemble ; — le sage ne doit jamais désespérer. »

Auguste, éperdûment amoureux de Livie, enceinte de six mois, l'enleva à son mari ; mais avant de l'épouser il questionna l'oracle, et obtint de lui cette réponse : — « L'homme qui épouse une femme enceinte est sûr d'avoir au moins un enfant d'elle. Le mariage de César réussira. »

Avec de semblables réponses il est évident que l'oracle ne pouvait se tromper.

D'autres fois les prédictions ressemblaient littéralement à celles de l'almanach de Liége, ainsi que le fait judicieusement observer Voltaire : *Un grand mourra cette année. — Il y aura des naufrages*, etc. En effet, il est rare que dans le cours d'une année il n'y ait quelque décès parmi les grands ou quelque navire qui échoue. Et les oracles avaient raison à la façon de Mathieu Lænsberg.

Il est bon de faire observer que les oracles répondaient toujours selon les désirs de l'homme puissant qui les consultait. Les prêtres de Delphes, craignant que Philippe de Macédoine ne vînt piller leur temple, faisaient toujours parler leur oracle en faveur de ce roi; ce qui fit dire à Démosthène. — « *La Pythie philippise*. »

Alexandre le Grand voulant à toute force être fils de Jupiter Ammon, fit prévenir l'oracle qu'il viendrait bientôt pour le consulter. Mais, étant arrivé à une époque de l'année où l'oracle ne parlait plus, il ne put obtenir de réponse. Alors, il entra dans le temple et, saisissant la Sibylle par le bras, il la força de s'asseoir sur le trépied. A cet acte de violence et sachant à qui elle avait affaire, la Sibylle s'écria : —

« *Nul ne peut te résister, ô mon fils !* » Cette exclamation suffit à Alexandre pour lui présager ses conquêtes futures.

SECTION II.

LIVRES SIBYLLINS.

Ces livres, qui passaient pour être le recueil des oracles et des prophéties de toutes les Sibylles, furent en grande vénération dans l'antiquité ; ils étaient rédigés en vers et précieusement gardés au fond des temples, avec tout le respect dû aux choses sacrées.

Sous le règne de Tarquin l'Ancien, une vieille inconnue apporta à Rome les livres sibyllins et proposa au roi de les acheter ; mais, comme elle en exigeait un prix exorbitant, celui-ci se mit à sourire. Alors la vieille, qu'on reconnut plus tard pour être la Sibylle Démo, jeta au feu les trois premiers livres et demanda la même somme pour les six autres. Comme le Tarquin hésitait encore, Démo livra aux flammes trois autres livres et, lui présentant les trois qui restaient, exigea fièrement le prix fixé, sinon elle anéantissait ce qui restait de ce précieux recueil. Étonné de cette ténacité, le roi convoqua le conseil des augures, et tous décidèrent, d'un commun accord, qu'il fallait souscrire aux conditions de la Sibylle et retirer de ses mains ces livres précieux.

Les livres sibyllins furent immédiatement achetés ; on les enferma dans un coffre de bois de cèdre ; les augures les portèrent en grande pompe au Capitole et un collège de prêtres fut créé pour les garder; car un oracle avait prédit que le salut de Rome dépendait de leur conservation.

Lors de l'incendie du Capitole, sous la dictature de Sylla, les livres sibyllins devinrent la proie des flammes; ce fut une grande calamité; la République se crut à deux doigts de sa perte. On se hâta de nommer des députés qui se rendirent à Erythrée, à Delphes, à Cumes et dans tous les lieux où existaient des oracles, afin de recueillir tous les vers sibyllins que débitaient les prêtres ou que la tradition y perpétuait. Une fois que la rapsodie en eût été faite, Auguste les fit déposer dans une boîte d'or et les cacha sous la statue d'Apollon, au temple palatin qu'il faisait bâtir. Ils y restèrent jusqu'au quatrième siècle de notre ère, époque à laquelle, un violent incendie ayant dévoré le temple, les livres sibyllins furent brûlés et perdus pour jamais.

CHAPITRE V.

Les hommes qui portaient ces titres vénérés passaient, chez les anciens, pour posséder la science de l'avenir, soit comme don direct de la divinité, soit par l'étude approfondie des différents signes que leur offraient les quatre éléments et les trois règnes de la nature, surtout le règne animal.

L'origine des premiers devins remonte aux premières époques de la généalogie humaine; Hésiode, Pindare, Homère, Pythagore, Platon, Hérodote, etc., nous apprennent que les peuples des temps héroïques étaient aussi fiers de leurs devins que nous le sommes de nos savants, et qu'ils ajoutaient une aveugle confiance à toutes leurs prédictions. On ne rencontrait point d'armée qui n'eût ses devins, ni de général qui eût osé livrer bataille sans les consulter. Cette folle crédulité, cet amour du merveilleux, se font également sentir dans les trois civilisations égyptienne, grecque et romaine. On ne peut s'empêcher d'être étonné en voyant les plus beaux génies de ces époques respecter et même autoriser ces absurdes croyances. La civilisation moderne, si supérieure aux civilisations anciennes pour les sciences, a été presque aussi crédule que ses sœurs aînées, et le temps n'est pas très-éloigné de nous où l'astrologie, la cabale, la sorcellerie et les diverses branches de la magie noire, étaient accréditées parmi les hommes du premier mérite ; telle était alors l'ignorance des masses et la tendance de l'esprit humain vers le merveilleux.

SECTION PREMIÈRE.

DEVINS.

TYRÉSIAS. — A la tête des nombreux devins de l'antiquité, on place Tyrésias, fils de *Chariclo*, que Pindare surnomma le *sublime interprète des dieux*. Ce Tyrésias fut doublement célèbre, d'abord comme *devin*, puis comme *hermaphrodite* et juge dans cette singulière question que lui proposèrent Jupiter et Junon : à savoir lequel, de l'homme ou de la femme, était le plus enclin au plaisir du mariage, et chez lequel des deux ce plaisir était le plus vif? — Tyrésias, dont le corps réunissait les deux sexes, avoua que la femme l'emportait de beaucoup sur l'homme, quant au dernier point. — Junon, irritée de cette réponse, rendit Tyrésias aveugle; mais Ju-

piter, pour consoler le fils de Chariclo de ce malheur, lui fit don de l'art divinatoire et d'une longévité
de plusieurs siècles.

Tyrésias comprenait le langage de tous les animaux, depuis le bourdonnement des insectes jusqu'au
rugissement du lion; mais c'était particulièrement
dans le murmure des brises, le sifflement des vents,
le vol et le cri des oiseaux, qu'il fondait son art divinatoire. Pendant le cours de sa longue carrière, **Tyrésias** fit un grand nombre de prédictions qui eurent
toutes, dit-on, leur entier accomplissement. Plusieurs de ces prédictions dépeignent la barbare ignorance des temps héroïques, entre autres celle qui
exigea le sacrifice de MÉNÉCÉE, fils du roi de Thèbes, pour assurer la victoire aux Thébains contre
les Argiens. Ménécée, ayant appris les terribles paroles du devin, n'écouta que son patriotisme et se
laissa égorger volontairement. Aussitôt après cet assassinat, les Thébains donnèrent la bataille et furent
vainqueurs.

CALCHAS. — Grand-prêtre et devin de l'armée
grecque rassemblée autour de Troie, passait pour le
plus habile des devins de son époque. Son œil pénétrant voyait à la fois le présent, le passé et l'avenir. Il
annonça, dit-on, que le siége de Troie durerait dix
ans, et que la présence d'Achille, fils de Pélée, était
une des conditions fatales de la prise de cette ville.

— Ce fut Calchas qui imposa le sanglant sacrifice

d'Iphigénie à Diane, comme seul moyen de sauver la flotte grecque retenue par des vents contraires, dans un des ports de l'Aulide. Il prédit aussi sa mort pour le jour où il se trouverait un devin plus habile que lui; ce qui arriva, en effet; car, ayant rencontré le devin *Mopsus* et fait assaut de savoir avec lui, il se noya de désespoir d'avoir eu le dessous.

MOPSUS. — Cet homme s'acquit une immense réputation dans l'art divinatoire : les rois, les princes venaient le consulter sur leurs affaires, et les généraux sur l'issue des batailles qu'ils voulaient livrer. Les peuples, enthousiasmés de sa science, le divinisèrent, et un oracle, en Cilicie, porta son nom. Une chronique grecque raconte les deux traits suivants de sa lutte contre Calchas :

Un jour que les deux devins, accompagnés d'une foule nombreuse, s'étaient arrêtés sous un épais figuier, Mopsus dit à son confrère :

— « L'esprit divin qui vous éclaire pourrait-il, vénérable confrère, vous faire soudainement dénombrer les fruits que porte cet arbre ? »

— « 6,727 figues, répondit aussitôt Calchas. »

— « Vous ne vous êtes trompé que d'une, car le chiffre est de 6,728. Mais la connaissance des nombres n'est qu'une bagatelle pour des hommes tels que nous; il s'agit de déterminer combien de figues vertes, combien de mûres et de gâtées ? »

A cette question imprévue, Calchas hésita, et, sans

lui donner le temps de se recueillir, son rival
ajouta :

— « J'affirme, en ma qualité de petit-fils d'Apollon, que cet arbre porte 2,627 figues vertes, 3,736
mûres et 365 gâtées. »

Aussitôt, les assistants se mirent à cueillir les fruits
et, après les avoir triés et comptés, restèrent muets
d'admiration. Les chiffres annoncés par Mopsus
étaient complétement exacts. De ce moment, la réputation de Calchas éprouva une atteinte dont elle ne
pouvait se relever que par un prodige.

Le lendemain, les deux devins se promenant ensemble, suivis, comme la veille, de nombreux admirateurs, aperçurent une laie sur le point de mettre
bas. Calchas, voulant prendre sa revanche, adressa
cette question à Mopsus :

— « Vous, mon confrère, qui possédez si bien la
science des nombres cachés, veuillez me dire combien de petits donnera cette femelle ? »

— « Sa portée sera de 17 petits, ni plus ni moins,
répondit Mopsus ; mais, à votre tour, Calchas, sau-
riez-vous distinguer combien, dans ce nombre, il se
trouvera de mâles et de femelles, et quelle sera leur
couleur ? »

Calchas hésita encore, et le trouble qui s'empara
de lui, l'empêcha de trouver une réponse. Alors,
Mopsus s'écria d'une voix triomphante :

— « Cette nuit, la laie mettra bas 17 petits ; 13 de

sexe mâle et de couleur noire ; les 4 derniers seront des femelles et de couleur blanche. »

La prédiction s'accomplit strictement, et le devin Calchas, dont l'astre avait pâli, se noya de désespoir.

Ces exercices vulgaires n'étaient, à proprement parler, que les hors-d'œuvre du métier ; le devin, presque toujours membre d'un collége sacerdotal, exerçait son art sur une plus haute échelle. On le consultait dans les calamités publiques, afin de les conjurer en se rendant les dieux favorables ; on le consultait aussi dans les affaires publiques et privées pour en connaître l'issue. Attachés à la personne des rois et des grands de la terre, auxquels ils avaient su se rendre indispensables, les devins jouissaient, dans l'antiquité, d'une telle considération, que rien d'important ne s'entreprenait sans leur participation.

La liste des hommes qui, à l'exemple de Tyrésias, de Calchas et de Mopsus se rendirent célèbres dans l'art divinatoire, serait beaucoup trop longue pour être déroulée ici, nous ne citerons que les noms les plus remarquables :

Hellénus, fils de Priam ; — Amphilocus ; — Amphiaraüs ; — Epiménide de Crète ; — Bacchis de Béotie ; — Branchus, à qui l'on éleva un temple à Milet et qui fonda l'oracle des Branchides ; — Phyné ; —Théoclimène ; — Agias ; — Thisis ;—Éphébolus ; — Ophymé ; — Aristandre, consulté par Alexandre de Macédoine, — Læmpon ; — Mérops ; — Abas ; —

Abaris le Scythe ; — Hérophile, qui prédit que la belle Hélène serait cause de la ruine de Troie ; — Thellias, et beaucoup d'autres encore dont les noms nous échappent.

Les femmes ne furent pas exclues de l'art divinatoire ; leur nombre, quoique inférieur à celui des hommes, ne laisse pas que d'être assez considérable. Parmi les devineresses qui eurent une brillante renommée, on cite :

Chariclo, mère de Tyrésias, et Mantho, sa fille ; cette dernière figura comme Pythie de l'oracle de Claros ; — Cassandre, fille de Priam, qui annonça la ruine de Troie et prédit le meurtre d'Agamemnon ; — Daphné ; — Aglaonice ; — Phyto ; — Phennis ; — Erychtho ; — Carmenta, qui fit de si étonnantes prédictions, qu'on lui éleva un temple à Rome ; — Débora, la Pythonisse d'Endor ; — Marthe, la prophétesse, qui vint de Syrie à Rome pour effrayer les Romains par ses tristes prédictions, et qui annonça à Marius sa fin tragique, etc., etc. On doit aussi ranger dans la classe des devineresses toutes les Pythies qui desservaient les nombreux oracles de l'antiquité.

SECTION II.

AUGURES.

Regardés comme interprètes de la volonté des

dieux, les augures occupaient un rang élevé chez les anciens peuples ; leurs fonctions étaient considérées comme une des premières dignités de l'État. A Rome, les augures furent d'abord créés au nombre de trois et pris parmi les familles les plus distinguées ; dans la suite, on en porta le nombre jusqu'à quinze. Voici la manière dont ils opéraient :

L'augure, vêtu d'une robe de pourpre et couronné de lauriers, se tournait gravement du côté de l'Orient ; il levait le bras, circonscrivait une partie du ciel avec le bâton augural dont sa main était armée, puis attendait en silence le passage d'un oiseau dans l'espace circonscrit. Alors, il examinait par quel point du firmament l'oiseau était entré, comment il volait, et par quel autre point il sortait. Les signes aperçus à gauche étaient réputés de *bon augure*, ceux que l'on voyait à droite de *mauvais augure*. Parmi les oiseaux dont le vol servait à établir les pronostics : l'aigle, le vautour, l'épervier, le milan, le corbeau, la corneille, le hibou, la colombe, tenaient le premier rang.

L'observation météorologique faisait une partie essentielle de la science des augures ; les brises, les vents, les bruits de l'orage, les nuages, les éclipses et l'apparition des comètes fournissaient des indices plus ou moins sûrs. La foudre et le tonnerre offraient des signes toujours certains : si l'éclair sillonnait la nue à droite, *mauvais augure ;* le présage, au contraire, était *heureux* si la foudre éclatait à gauche ; parce qu'alors elle était censée partir de la main droite du maître des Dieux.

Les poulets sacrés jouaient un rôle important dans les cérémonies augurales; on les faisait venir à grands frais de l'île d'Eubée, et les prêtres les nourrissaient soigneusement dans une vaste cour attenant au temple. Aucune décision n'avait lieu dans le sénat ou aux armées, qu'on n'eût auparavant pris les auspices des poulets sacrés. La manière la plus ordinaire de prendre ces auspices consistait à regarder manger les poulets; s'ils avalaient avec avidité : *auspice heureux;* refusaient-ils de manger : *auspice défavorable,* et l'on renonçait à l'entreprise pour laquelle on était venu les consulter. Cependant Cicéron nous apprend que, lorsqu'on avait absolument besoin de rendre cette divination favorable, les prêtres mettaient en cage les poulets sacrés et les laissaient pendant un certain temps privés de nourriture. Après cette diète forcée, on éparpillait du grain sur le sol, on ouvrait la cage, et les poulets se jetaient dessus comme des affamés.

Les augures en fonctions tenaient un bâton dont une des extrémités s'arrondissait en crosse. Avant de recevoir ce bâton augural, signe de son admission dans le sacré-collége, tout augure s'engageait, par serment, à ne jamais révéler aucun des mystères dont on allait le rendre dépositaire. On exigeait ce serment dans la crainte que la noble institution des augures ne tombât en discrédit; car les hommes de bon sens n'étaient pas dupes de ces jongleries. Caton disait à ses amis qu'il s'étonnait de ce que deux augures pussent se regarder sans rire; et Cicéron, qui se moquait de leur prétendue science, composa un livre pour en démontrer toute la futilité.

Les augures périrent avec l'empire romain; mais, circonstance assez bizarre, les Chrétiens, qui ne voulaient rien devoir au paganisme, lui empruntèrent cependant le bâton augural, qui devint la *crosse* des évèques.

SECTION III.

ARUSPICES.

Les aruspices, institués, dit-on, par Romulus, étaient spécialement chargés d'examiner :

1° Le foie, les entrailles et les chairs palpitantes des victimes;

2° La flamme du bûcher qui les dévorait;

3° L'encens, le vin, l'eau et la farine employés dans les sacrifices.

Les aruspices observaient d'abord si les victimes se faisaient traîner à l'autel ou si elles y allaient librement; si elles s'échappaient en bondissant des mains du conducteur ou si elles se montraient dociles; enfin, si elles recevaient avec résignation le coup mortel. La force plus ou moins grande avec laquelle le sang jaillissait de l'artère ouverte ; la couleur du sang et les contractions de la fibre musculaire fournissaient des indications non moins importantes. Lorsque la victime était tombée sous le couteau sacré, l'aruspice lui fendait la poitrine et le ventre, pour examiner le volume, la couleur et l'état des organes qu'ils contenaient. Un cœur petit ou malade, un foie trop volumineux ou de couleur blafarde, annonçaient un désastre ; si les entrailles venaient à glisser et à tomber des mains du sacrificateur qui les interrogeait, le désastre annoncé devait être encore plus grave. Quand les flammes qui consumaient la victime s'élevaient au ciel avec rapidité, claires, pures et sans mélange de fumée, l'augure était des plus favorables ; mais si le bûcher s'allumait difficilement, si la flamme, au lieu de s'élever en pyramide, décrivait des lignes courbes et laissait des lacunes remplies de fumée ; si, au lieu de dévorer entièrement la victime, elle n'en attaquait qu'une partie ; enfin, si le vent la contrariait ou si la pluie venait à l'éteindre, on devait s'attendre à de grands malheurs, à une catastrophe !... Selon la fumée plus ou moins blanche de l'encens, selon telle ou telle qualité reconnue au vin, à l'eau ou à la farine, les aruspices auguraient en bien ou en mal, et les affaires importantes pour lesquelles on les consultait étaient immédiatement entreprises ou abandonnées.

Les cérémonies augurales et aruspiciennes se pratiquaient ordinairement avant de livrer bataille ; elles avaient lieu avec pompe et solennité ; un immense concours de peuple y assistait dans le plus profond recueillement. On amenait les victimes couronnées de fleurs et chargées de bandelettes de pourpre, de franges d'or ; les sacrificateurs, revêtus d'habits magnifiques, fonctionnaient avec une gravité qui imposait à la foule, et leurs prédictions étaient réputées infaillibles.

Les armées grecques et romaines portaient la superstition jusqu'à se décourager et à jeter leurs armes, si l'oracle ou les augures ne leur avaient pas été favorables, parce qu'elles étaient alors persuadées que c'eût été combattre contre la volonté des dieux. Les exemples historiques suivants donneront la preuve du haut degré de confiance que les anciens peuples accordaient aux prédictions augurales :

Pausanias, général de l'armée grecque, prêt à livrer bataille aux Perses, vit le découragement se jeter parmi ses soldats parce que les augures se montraient défavorables. Mais ce général, d'un esprit trop éclairé pour ajouter foi à de semblables impostures, ordonna aux sacrificateurs, sous peine de mort, de trouver des signes favorables. Ceux-ci obéirent par crainte et, le changement subit des apparences augurales ayant rendu le courage à ses guerriers, Pausanias fondit sur l'armée de Mardonius avec une telle impétuosité qu'en un instant il la tailla en pièces.

Claudius Pulcher, sur le point d'en venir à une affaire décisive avec les Carthaginois, envoya consulter les poulets sacrés. On vint lui apprendre que les poulets refusaient de manger et que la consternation était peinte sur tous les visages.

— « Eh bien ! qu'on les jette à la mer, dit Claudius en riant, puisqu'ils n'ont pas faim ils doivent avoir soif. »

Par cette réponse plaisante il montra le cas qu'il faisait des augures ; sans doute, il leur aurait porté un coup funeste s'il eût gagné la bataille, malheureusement il la perdit et les augures n'en furent que plus respectés.

Annibal, après avoir développé ses plans de bataille, cherchait à décider le roi Prusias à attaquer le jour même le camp des Romains ; mais le monarque s'y refusa obstinément, donnant pour raison que les augures défavorables annonçaient que les dieux s'opposaient à cette attaque. Alors, le général carthaginois, haussant les épaules de pitié, lui répondit :

— « A quoi bon faire intervenir les dieux dans cette affaire, dites plutôt que la superstition vous porte à préférer les avis d'un foie de mouton aux sages conseils d'un vieux capitaine. »

Les œufs et les melons pouvaient aussi servir d'augures.

La fille d'Auguste, enceinte de quelques mois, désirait vivement avoir un fils; dans le but de savoir si ses vœux seraient accomplis, elle prit un œuf de poule qu'elle tint constamment dans son sein ; si, par hasard, elle se voyait forcée de le quitter, elle le donnait à une nourrice attachée à sa personne, afin qu'il ne se refroidît pas. « L'augure fut heureux, dit Pline, car Julie eut un coq de son œuf et un garçon de son mari. »

Un excellent et superbe melon avait été servi sur la table de Lucullus ; un des convives, qui en était à sa troisième tranche, poussa tout à coup un cri de surprise ; une de ses dents venait de tomber sur la table... Tout le monde se prit à rire ; mais un augure présent fronça le sourcil et en tira le triste présage qu'avant trois jours une grande fortune tomberait. La prédiction se confirma.

L'histoire ancienne offre une multitude de faits analogues, et l'on reste confondu en voyant les plus beaux génies de ces époques donner tête baissée dans ces folles superstitions. Hérodote, Pythagore, Pausanias, Virgile, Tacite, Pline le Jeune témoignent, en mainte occasion, de leur respect pour les oracles et les augures.

La prétendue science des augures fut, ainsi que nous l'avons dit, cultivée de tous temps par des hommes revêtus d'un caractère sacerdotal ; quelques savants en attribuent l'origine aux Chaldéens, d'autres aux Phéniciens qui la portèrent en Égypte, d'où elle passa en Grèce, à Rome et jusqu'au fond des forêts druidiques.

Quoi qu'il en soit, chaque peuple, chaque contrée eut sa méthode divinatoire : Les Assyriens et les Chaldéens prédisaient par les astres. — Les Phrygiens et les Ciliciens, qui possédaient de nombreux troupeaux, par l'examen des entrailles ; — les Étruriens, par la fulguration ; — les Lybiens, par le rugissement des lions et par le glapissement des panthères ; — les Druides, par le bruit des vents et des cascades, etc., etc. L'art divinatoire se basait toujours sur la constitution climatérique, sur la richesse ou la pauvreté du sol ; sur les végétaux et les animaux de la contrée.

CHAPITRE VI.

DE LA DIVINATION

La divination, ou l'art de connaître, de prédire les choses futures, se pratiqua largement chez les anciens, et devint une branche de commerce très-lucrative au profit des temples et de leurs desservants. Cet art, généralement chimérique, a néanmoins pu, dans certaines circonstances, s'établir sur des probabilités. En effet, l'homme versé dans les sciences morales, peut, jusqu'à un certain point, prédire les changements qui auront lieu dans les mœurs et la constitution sociale des peuples, à telle ou telle époque plus ou moins éloignée. Le savant météorologue peut prédire les variations atmosphériques, de même qu'un habile médecin peut annoncer la crise qui doit guérir ou emporter le malade.

Thalès pronostiqua une abondance extraordinaire d'olives et acheta la récolte de toute une contrée, avant que les arbres ne fussent en fleurs. — Anaximandre avertit les Lacédémoniens de sortir de leur ville parce qu'il prévoyait un formidable tremblement de terre, qui eut lieu la nuit même et renversa la plupart des maisons. — Phérécide prédit aussi un tremblement· de terre, en touchant l'eau d'un puits.—De nos jours, les vieux paysans qui ont observé le lever du soleil et de la lune, la direction des vents et la marche des nuages, se trompent rarement sur le pronostic du beau et du mauvais temps du lendemain. Il ne répugne donc pas à la raison d'admettre un art établi sur des bases semblables ; à ce point de vue, la divination ne serait que la résultante de plusieurs probabilités convergeant vers le même but.

Mais, de cet art, tel que nous le comprenons, à celui pratiqué chez les anciens, il y a une énorme distance. Le premier ne heurte point le bon sens et peut trouver une explication logique ; tandis que le second, entouré des oripeaux du merveilleux, n'est, le plus souvent, que charlatanisme.

Les devins, augures et prophètes se disaient inspirés de l'esprit divin ; il fallait, ou les croire aveuglément, ou les prendre pour des hommes hallucinés. Du reste, l'observateur attentif s'aperçoit que la plupart des prédictions sont faites en style embrouillé, à double sens, ou n'ont été consignées qu'après l'événement.

Pour se rendre compte et prouver la faculté de la divination, voici comment les anciens argumentaient:

Sans les yeux, la fonction de la vision ne peut exister ; avec les yeux cette fonction existe ; cependant, son action peut quelquefois être suspendue, de telle sorte que l'individu, quoique aveugle momentanément, n'en est pas moins doué du sens de la vue. De même, sans la faculté de la divination, l'usage de la fonction divinatoire ne saurait exister. Mais, comme celui qui la possède est sujet à se tromper, il suffit, pour établir qu'elle existe en lui, qu'il ait une fois deviné sans qu'on puisse dire que cela est arrivé par hasard. Or, une infinité de faits de cette nature prouvent que certains individus possèdent la faculté de la divination.

Dans les divers chapitres de cet ouvrage qui traitent des devins, augures et astrologues, nous avons relaté les divinations remarquables transmises par l'histoire ; nous allons ici rapporter une série de prédictions non moins extraordinaires. Lorsqu'on soumet à l'examen les faits merveilleux de cette nature, acceptés par le vulgaire ignorant, on ne tarde pas à découvrir qu'ils découlent de deux sources : l'une provenant des historiens crédules qui se sont fait l'écho des faits racontés, sans se donner la peine de réfléchir à leur impossibilité ; l'autre, et c'est la plus féconde, se rapportant aux écrivains qui avaient intérêt de faire accepter comme vérité, ce qui n'était qu'astuce et mensonge. Tant il est vrai qu'il exista de tout temps, dans les sociétés, des individus rusés qui obtinrent honneurs et richesses aux dépens des dupes qu'ils

eurent l'art de faire. Nous ferons observer encore que
plus les peuples sont arriérés et plus ils se passion-
nent pour le merveilleux ; de telle sorte qu'il n'est
pas difficile aux sujets intelligents, d'exploiter à leur
profit la crédulité publique. Considérez le moyen âge,
cette déplorable époque d'obscurantisme, et jugez du
degré d'abrutissement dans lequel la superstition avait
plongé les hommes !

Mais, l'humanité devait un jour se débarrasser de
l'épaisse gangue dont l'avaient recouverte des charlatans. A mesure que la lumière se répandait sur
les masses, le bon sens brisait les entraves qu'on lui
opposait et la raison se développait. Alors, les oracles
pâlirent ; les devins, augures, astrologues, virent peu
à peu s'évanouir la considération qu'ils avaient usur-
pée depuis si longtemps ; c'est ce que le lecteur sera
à même d'apprécier dans les pages suivantes.

Pendant la période des temps héroïques, chez les
Grecs, les oracles et devins jouirent d'une confiance et
d'une vénération illimitées. Les chefs de l'État, les
généraux n'osaient entreprendre les affaires publiques, ni livrer bataille sans les consulter. Toutes les
fois qu'il s'agissait de quelque chose d'important, on
avait recours à eux. De leur côté, les oracles et les
devins s'entendaient parfaitement et s'enrichissaient
aux dépens des consultants. Les devins renvoyaient
devant les oracles et les oracles proclamaient les devins les plus sages des hommes ; de cette manière tout

leur réussissait à merveille. Citons quelques exemples :

Eutychès alla consulter un devin pour savoir s'il serait vainqueur aux jeux olympiques ; celui-ci, après avoir reçu un présent, lui donna une réponse ambiguë et le renvoya devant l'oracle de Delphes. Eutychès se vit contraint de renouveler ses présents pour obtenir une solution définitive à sa question. Les réponses de l'oracle étaient presque toujours en rapport avec la libéralité du consultant : Eutychès fut généreux et l'oracle lui promit la victoire.

Le devin Calamus, arrivé à une extrême vieillesse et criblé d'infirmités, monta sur un bûcher qu'il avait fait préparer afin d'y terminer ses souffrances et sa vie. Alexandre le Grand se trouvant alors à Babylone et voulant honorer le devin, fit ranger son armée en bataille sur la place où se dressait le bûcher ; ayant demandé à Calamus s'il avait une dernière volonté à faire exécuter, il reçut cette réponse :

— « Fils de Philippe, je te remercie de ton offre, je n'ai rien à te demander. Mais, pour la gloire dont tu rayonnes et pour le repos du monde, dans trois jours tu me rejoindras... »

Le devin se trompa de trois autres jours ; car, Alexandre étant tombé malade, mourut le sixième.

Possidonius rapporte l'histoire d'un Rhodien qui, au lit de mort, prédit dans quel ordre et quel temps, six de ses compagnons mourraient. Sa prédiction se réalisa strictement.

Læmpon, devin en renom, était entretenu à Athènes au frais de l'État. Un bélier naquit avec une seule corne dans une métairie de Périclès ; Læmpon consulté, déclara que l'une des deux factions qui désolaient la ville de Minerve tomberait, et que la puissance appartiendrait au maître de la maison où était né le bélier. Peu de temps après, Périclès s'empara du pouvoir.

Le même devin, voyant jouer sur la place publique le jeune Alcibiade avec d'autres enfants, dit gravement aux personnes qui l'entouraient :

— « Cet enfant-là sera un jour le désespoir des femmes et la désolation des maris. Dévoré d'ambition, son audace ira jusqu'à la témérité ; il fera la gloire et le malheur de son pays..... »

Vers l'âge de vingt-cinq ans, à la suite d'une aventure scandaleuse, Alcibiade reçut, en confidence, de sa mère, la prédiction du devin Læmpon. Curieux de connaître l'avenir qui lui était réservé, il alla trouver ce devin.

— « Ma mère vient de m'apprendre, lui dit-il, que tu possédais la science des choses futures et que tu avais pronostiqué vrai à mon égard ; pourrais-tu me dévoiler aujourd'hui ce qui doit m'arriver demain ? »

Le vieillard lui répondit froidement :

— « Jeune homme, laisse l'avenir en paix ; garde-toi bien de soulever son voile ; car, pour être heureux dans cette vie, il est des choses qu'on doit ignorer.

— « Et moi, contrairement à ta maxime, je veux savoir. »

— « Souvent la curiosité coûte cher. »

— « Ignores-tu que c'est le fils de Clinias qui te questionne ? »

— « Je le sais...; et c'est justement parce que j'étais l'ami de ton père que je n'ose t'apprendre d'affreuses vérités. »

— « Ose, vieillard, et ne me cache rien. »

— « Fils de Clinias, tu pourras te repentir de ton indiscrétion. »

— « Sache qu'Alcibiade ne s'est jamais repenti que des larmes qu'il a fait verser à ses maîtresses abandonnées. »

— « M'écouteras-tu sans crainte?... »

— « L'âme d'Alcibiade fut toujours inaccessible à la frayeur ; tu peux parler. »

— « Tu le veux !... Donne-moi ta main, je vais te satisfaire. »

Après un examen attentif des lignes de la main d'Alcibiade, le devin fronça le sourcil et prononça d'une voix sourde.

— « Jeune homme, rien n'est plus capricieux que la fortune ; aujourd'hui elle vous comble de ses faveurs et demain elle vous les retire sans pitié. »

— « Que veux-tu dire? »

— « Aujourd'hui, tout le monde t'aime ; tu es l'idole des Athéniens ; plus tard, l'anathème sera lancé contre toi ; on te maudira... tu seras banni... tu mourras..... »

— « La belle plaisanterie ! Quel est celui qui ne meurt pas ! »

— « Tu mourras..... »

— « Au plus fort d'une bataille, pour la défense de ma patrie. »

— « Non !... par le fer d'un traître, aux champs de l'exil. »

— « Tu radotes, vieillard ; la vanité de ta science égale la crédulité de ceux qui y ajoutent foi. »

— « Cesse de railler, jeune homme ; puisque tu n'as point foi en mes paroles, va consulter l'oracle de Delphes ; il t'apprendra des détails que je ne saurais te donner. »

— « Je mourrai donc assassiné ? »

— « Assassiné..... répondit le devin en baissant la tête. »

— « Adieu ! vieillard, s'écria Alcibiade en riant ; l'avenir prouvera que tu as menti. »

— « Adieu ! fils de Clinias, riposta Læmpon, l'avenir prouvera que j'ai dit la vérité (1). »

Socrate prédit à un certain Cléon qu'il serait as-

(1) Voyez l'intéressant ouvrage intitulé : *les Nuits Corinthiennes*, où se trouve l'histoire anecdotique de la vie d'Alcibiade.

sassiné s'il persistait à aller passer la nuit dans tel endroit.

Plotin fut averti, par son esprit familier, que Porphyre voulait se suicider. Il se rendit sur-le-champ chez son disciple et le détourna de son crime.

Averrhoës prédit la prise de Cordoue, la chute et l'expulsion des Arabes de la terre d'Espagne.

Chez les Romains, qui copièrent les Grecs et les dépassèrent en folies, la divination était pratiquée par les augures et les aruspices. Les augures n'exerçaient l'art divinatoire que pour les affaires politiques; l'*horoscopie* ou divination particulière était exploitée par une foule de magiciens et de magiciennes, qui extorquaient l'argent des sots qui se fiaient à eux.

L'histoire nous a conservé les prédictions suivantes :

Jules César se rendait au Forum, accompagné de ses amis et suivi du peuple, lorsque, tout à coup, l'astrologue Sourina fend la foule, va droit à lui et s'écrie :

— « *César ! prends garde aux Ides de mars !* »

César prit cet homme pour un fou et dit en riant à ses amis :

— « C'est un visionnaire ; soyez sans inquiétude. »

La prédiction du visionnaire s'accomplit : César fut assassiné aux Ides de Mars.

Le devin Thrasyle, pressé par Tibère exilé, de lui dévoiler sa destinée future, lui répondit :

— « Si mon art n'est pas mensonger, Tibère, tu succéderas à César ; tu seras proclamé empereur. »

— « Puisque tu es si habile à lire dans l'avenir, répliqua Tibère, dis-moi combien il te reste de temps à vivre ? »

Le devin, qui connaissait les instincts sanguinaires du prince, comprit qu'il y allait de sa vie ; alors, feignant de consulter les astres, il donne à ses traits l'expression de la surprise et de la frayeur ; puis, d'une voix tremblante :

— « A cette heure même, je suis menacé du plus grand danger. »

— « Tu as deviné, Thrasyle, car je songeais à te faire trancher la tête ; ta réponse t'a sauvé ; je crois désormais à ton art et te garde au service de ma personne. »

La prise de Rome par Brennus fut également prédite par un augure. Cette prédiction n'a rien que de naturel ; tout homme versé dans la science politique eût pu la faire.

Chez nos ancêtres les Gaulois, les druides et druidesses pouvaient seuls exercer l'art divinatoire ; aussi jouissaient-ils d'une autorité et d'une vénération sans exemple. Habiles à faire tourner à leur profit toutes les circonstances qui pouvaient accroître leur puissance, l'art de la divination devint, entre les mains des druides, un des principaux moyens dont ils usèrent pour dominer le peuple.

Dans l'Inde et parmi les Orientaux, l'art divinatore fut, de tous temps, en honneur. Les Égyptiens comptaient une foule d'habiles magiciens et devins ; mais, de tous les peuples, le petit peuple juif fut celui qui en fournit le plus grand nombre. Tout individu paresseux et qui ne voulait point travailler, faisait le mendiant et se disait prophète ; c'est pourquoi on fut obligé d'établir la distinction de vrais et de faux prophètes.

La manie de l'art divinatoire était arrivée à un tel degré chez les anciens, qu'ils interrogèrent toutes espèces de choses pour connaître l'avenir. Chaque devin, chaque magicien avait ses moyens de prédilection. Ainsi, l'on interrogeait les quatre éléments, les nuages, les vents. les fontaines, etc., etc.. d'où provinrent cette immense variété de divinations, dont voici quelques-unes :

Aéromancie,	divination	par l'air.
Alevromancie.	—	par la farine.
Arithnomancie,	—	par les nombres.
Axinomancie,	—	par la hache.
Belomancie,	—	par les flèches.
Capnomancie,	—	par la fumée.
Catoptromancie,	—	par les miroirs.
Cléidomancie,	—	par les clefs.
Céromancie,	—	par des figures de cire.
Coscinomancie,	—	par les cribles.

Dactylomancie,   —   par les doigts et les mains.

Géomancie,   —   par la terre.

Hépatoscopie,   —   par le foie.

Hydromancie,   —   par l'eau.

Lampadomancie,   —   par les lampes.

Lecynomancie,   —   par les bassins.

Myomancie,   —   par les muscles.

Nécromancie,   —   par les cadavres.

Néphélomancie,   —   par les nuages.

Onéiromancie,   —   par les songes.

Ooscopie,   —   par les œufs.

Pyromancie,   —   par le feu.

Rabdomancie,   —   par les bâtons et les baguettes.

Staphylomancie,   —   par les raisins.

Xylomancie,   —   par le bois.

Enfin, ils poussèrent le délire jusqu'à prophétiser par la tête d'un âne et la queue d'un chien; par le fromage, l'urine, les excréments, etc. Cette fureur divinatrice dura plus de deux mille ans!

Nous terminerons ce chapitre par les considérations suivantes, en faveur de la présagition :

L'expérience prouve que toute faculté dont jouit un individu étant perfectible, peut être exercée, tôt ou tard, par d'autres individus, à un degré plus éminent. Ainsi, l'homme qui passe sa vie à observer, à étudier la chaîne qui lie les événements passés aux présents, peut, certaines circonstances données, avoir la prévision d'un ou de plusieurs événements futurs. Or, si les études faites par cet individu sont reprises par d'autres hommes ayant les facultés encore plus développées, il doit nécessairement arriver que ces hommes pousseront l'art de prévoir à un degré plus avancé.

Dans le labyrinthe de la pensée, on rencontre très-fréquemment une foule de points obscurs, d'obstacles insurmontables qui forcent le penseur à revenir sur ses pas et à chercher autre part une issue; mais on rencontre aussi des échappées à travers lesquelles on aperçoit de vastes horizons, d'immenses perspectives qui conduisent au but qu'on s'était proposé d'atteindre.

CHAPITRE VII.

Le magnifique spectacle qu'offre un ciel étincelant d'étoiles a dû, de toute antiquité, attirer l'admiration des hommes. A la suite de l'admiration vint l'observation sur le cours des astres, sur le lever et le coucher des étoiles ; de là prit naissance l'astronomie, cette science aussi vaste que sublime, qui agrandit l'intelligence humaine et donne une idée de l'infini. Les premiers observateurs du cours des astres furent; dit-on, des bergers, des pêcheurs de l'Inde et de la Chaldée; de cette dernière contrée l'astronomie passa en Égypte et fut tout spécialement cultivée par les prêtres de Saïs, de Thèbes et de Memphis.

Avant d'aller plus loin, il est bon de faire observer que le mot astrologie désignait, dans le principe, l'étude élémentaire de la mécanique céleste; mais, lorsque des imaginations enthousiastes eurent appliqué cette science à la divination, les hommes sérieux lui donnèrent le nom d'astronomie. De ce moment l'astrologie ne fut qu'un art chimérique, dont l'objet était de connaître l'avenir par l'inspection des astres, par leur position, leur aspect, leurs influences ; il ne servit désormais qu'à faire des dupes et à plonger le peuple dans l'ornière de la superstition.

Les Chaldéens se rendirent si célèbres dans cet art, que les noms d'astrologues et de chaldéens étaient synonymes. Les Égyptiens et les Grecs pratiquèrent également l'astrologie, à laquelle ils ajoutèrent l'épithète *judiciaire*, pour la distinguer de l'astrologie primitive.

Les mouvements des astres, assujettis à une merveilleuse régularité, leur influence sensible sur certains phénomènes de la nature, firent croire que l'homme était soumis à l'influence sidérale et qu'on pouvait, à force de recherches, découvrir les lois astrologiques qui présidaient à sa destinée. L'imagination s'exerça sur ce thème et enfanta des théories plus ou moins ingénieuses, plus ou moins absurdes. Voici, en résumé, les bases sur lesquelles l'astrologie se trouvait assise :

D'après les observations des plus célèbres astrologues, il existe une correspondance intime entre les astres, la constitution et la durée de l'existence des mortels.

Les planètes, au nombre de sept, et les divinités ou signes du Zodiaque, au nombre de douze, président aux naissances et inculquent, au cœur des individus, des qualités analogues à leurs influences spéciales.

Chaque planète a son domicile favori dans une des douze maisons du Zodiaque ; et dans chacune de ces maisons s'élabore le bien et le mal, le beau et le laid, la joie et la tristesse, la fortune et les revers, etc., etc.

Le *Soleil* est bienfaisant et favorable. — *Saturne* est froid, triste et morose. — *Jupiter* a des influences bénignes. — *Mars* est sec, ardent, plein de vigueur. — *Vénus* a la fécondité, la douceur en partage. — *Mercure* est inconstant, très-variable. — La *Lune* est froide, humide et mélancolique.

Les individus nés sous le signe du *Bélier* seront riches en toison et auront le regard effronté.

Les individus nés sous le signe du *Taureau* auront l'humeur farouche, l'instinct des querelles et toutes les inclinations des bêtes à cornes.

Les naissances sous le signe du *Lion* développent des appétits voraces, de la fierté dans le caractère. — Lorsque le *Lion* conspire avec la planète *Mars*, l'individu qui naît en ce moment deviendra un héros ou un brigand.

Les naissances sous le signe de la *Vierge* donnent des petits-maîtres, des coquettes, des poltrons.

Le signe de la *Balance* fournit des marchands, des agioteurs, des brocanteurs.

Le signe du *Capricorne*, des parjures, des adultères, des époux malheureux.

Les conjonctions de *Mars* et de *Vénus*, de *Jupi-*

ter et de *Vénus*, sont des plus heureuses pour les enfants.

La conjonction de *Saturne* et de *Mars* est, au contraire, des plus malheureuses.

Le poëte Manilius, dans son ouvrage sur l'astronomie, nous prévient que si nous donnons le jour à un fils quand le soleil est dans le signe du *Verseau*, ce fils se passionnera pour les ruisseaux, les fontaines, les jets d'eau. — S'il naît sous le signe des *Poissons*, il aimera la pêche, les jeux nautiques, et son instinct le dirigera incessamment vers les fleuves ou les mers.

Il y a des planètes amies et des planètes ennemies : *Vénus*, par exemple, est amie de *Mars* et ennemie jurée de *Saturne*. Néanmoins, les astres ennemis peuvent se réconcilier suivant certains aspects; comme aussi, les astres amis peuvent se brouiller entre eux.

Les aspects planétaires sont au nombre de six :

La *conjonction*, quand deux planètes se trouvent réunies dans le même signe.

L'*opposition*, quand elles se trouvent aux deux points opposés.

Le *trine*, lorsqu'elles sont séparées d'un tiers de cercle.

Le *quadrat* indique la séparation d'un quart.

Le *sextile*, séparation d'un sixième.

Et enfin, l'*antisce*, lorsque deux astres sont sur

deux points parallèles également éloignés de l'équi-
noxe.

L'opposition et *l'antisce* sont toujours de sinistre
augure. — Le *quadrat* est moins fâcheux ; cependant
il ne faut pas s'y fier. — Le *trine* est toujours bon.
— Le *sextile* est assez bon, mais il est loin de valoir
le *trine*.

Que penser de ce galimatias ?... Croyez-vous que
là se borne le savoir de l'astrologue ? eh ! mon Dieu,
non. Ce Zodiaque et ses douze maisons, dont nous
avons parlé, lui fournissent encore les moyens d'exercer son imagination. Ainsi, la première maison est le
laboratoire de la vie et de l'organisation des êtres animés. C'est là que s'élaborent les noirs et les blancs,
les géants et les nains, les hommes d'esprit et les
sots, etc., etc.

Le seconde est destinée aux intérêts sociaux, aux
biens acquis, aux héritages, aux affaires conten-
tieuses. etc...

La troisième, aux relations de famille, aux frères
et sœurs, aux oncles, tantes, cousins et cousines.

La quatrième, aux testaments, aux biens im-
meubles.

La cinquième, aux plaisirs, à la joie, aux jeux en-
fantins.

La sixième, aux valets et femmes de chambre, aux
individus malingres et cacochymes, aux sujets tombés
en démence, c'est l'hôpital du Zodiaque.

La septième, aux jolies femmes, aux jalousies, aux haines, à l'inconstance, aux parjures.

La huitième, aux morts, aux convois funèbres, aux successions.

La neuvième, aux processions, aux voyages.

La dixième, aux dignités de l'État. C'est la constellation des ducs, marquis, comtes, barons, chevaliers ; en un mot, de toute la noblesse, tant masculine que féminine.

La onzième, à la fortune, aux richesses matérielles et aux jouissances morales.

La douzième enfin, est l'enfer de la vie ; elle ne promet que misère, cachots, trahison, opprobre et revers.

Zoroastre fut, dit Suidas, le fondateur de l'astrologie chez les Chaldéens. — Hostanès la transmit aux Égyptiens, et ceux-ci aux Grecs. — Bérose, dont les prédictions s'accomplissaient presque toujours, usait de l'astrologie. — Diodore de Sicile et Porphyre croyaient à l'astrologie : ils rapportent que les prêtres égyptiens avaient découvert l'influence des astres sur la génération humaine et sur tout ce qui arrivait de bon ou de mauvais pendant la vie ; d'où ils concluaient que tout ce que nous croyons dépendre de notre volonté ou de notre détermination se trouve lié aux mouvements des astres, et que là est notre destinée.

Lycurgue et Xénophon n'entreprenaient jamais rien sans consulter les astres ; le premier défendit aux

Spartiates de livrer bataille quand la lune est à son déclin.

Auguste fit frapper une médaille en l'honneur du capricorne, signe sous l'influence duquel il était né.

Ptolémée l'astronome et Paul d'Alexandrie eurent la faiblesse de considérer l'astrologie comme une mine féconde en résultats. Mais, ce fut plus spécialement chez les Arabes que les visions astrologiques firent fortune. L'histoire de ce peuple fourmille de faits qui prouvent son faible pour le merveilleux.

En Europe, l'astrologie eut aussi de savants interprètes ; nous n'en citerons que quelques-uns : RégioMontanus, — Bonatus de Forli, — Fuld, — Nicolas Flamel , — Albert le Grand , — Agrippa , — Mélanchthon et Camérarius, deux célébrités de l'Allemagne , — Cardan, — Gauricus, — Junctinus, — Ratzan, ami de Ticho-Brahé, — Michel Mayer, — Van Helmont. — Beker, — Antoine Mézan de Montluçon, — Jean Carvin de Montauban, — le savant Argoli, — Jacques Pons, — le P. Kircher, etc. La plupart d'entre eux se livrèrent de bonne foi à l'astrologie, et composèrent de volumineux traités sur cet art chimérique. Devant ces faits historiques, que dire ? que penser ? Que les savants, de même que les ignorants, payent leur tribut aux préjugés de leur époque.

Pendant le moyen âge, l'astrologie devint strictement un métier. Une foule d'individus des deux sexes, et généralement de bas étage, se mirent à prédire l'avenir à quiconque voulait les payer. La société de ces temps n'offrait qu'astuce et fourberie d'un côté; et, de l'autre, ignorance, crédulité, superstition. Lorsqu'on ouvre les annales de cette triste époque, on trouve un nombre très-considérable de prédictions qui, d'après les croyants, se sont accomplies ou s'accompliront infailliblement. Nous en citerons quelques-unes particulières à notre pays, qui cependant se sont réalisées.

L'archevêque de Vienne dit au roi de France, Louis XI, au sortir de la messe, que son ennemi mortel, Charles le Téméraire, venait d'être tué à l'instant même à Granson par les Suisses. Le fait était vrai.

On prédit à Henri III, roi de France, qu'il serait assassiné : il eut beau se tenir sur ses gardes, un scélérat lui porta le coup mortel.

Les deux attentats commis sur la personne de Henri IV avaient été prédits par un gentilhomme nommé Villandry et par l'astrologue mathématicien Rizacasa. Malheureusement le Béarnais ne voulut point ajouter foi à cet avertissement, et le poignard de l'infâme Ravaillac priva la France du meilleur de ses rois.

Un des astrologues attachés à la personne de Catherine de Médicis prédit au duc de Biron qu'il périrait au siége d'Épernay. En effet, un boulet réalisa la prédiction.

Le frère du duc, ayant consulté le même astrologue, reçut cette réponse : — « Vous mourrez sous la hache. »

— « Que voulez-vous dire? » demanda Biron.

— « Monseigneur, si vous l'aimez mieux, vous aurez la tête tranchée. »

Biron, furieux à ces mots, tomba sur le pauvre astrologue à coups de canne et le jeta tout meurtri sur le sol ; mais cet acte de violence n'empêcha point la prédiction de s'effectuer six mois après.

Luc Gauric prédit à Jean Bentivoglio qu'il perdrait la souveraineté de Bologne. — Il annonça aussi que le roi Henri II mourrait d'une blessure à l'œil.

Un petit bossu, très-habile astrologue, prédit au jeune François-Henri de Montmorency, plus tard maréchal de Luxembourg, que ses faits d'armes le rendraient rival d'un grand prince ; que, par une étrange fatalité, il serait impliqué dans un procès et incarcéré ; mais, que plus heureux que son père, mort décapité, il se retirerait de ce mauvais pas, et, par l'éclat de ses victoires, soutiendrait sa haute réputation.

Nous nous occuperons, dans le chapitre suivant, des livres *secrets*, *prophétiques*, et des *Centuries* du fameux Nostradamus, dont l'immense réputation a traversé trois siècles pour venir jusqu'à nous, sans rien perdre de sa popularité.

CHAPITRE VIII.

L'ASTROLOGUE NOSTRADAMUS ET SES CENTURIES

LIVRES FATIDIQUES. — LIVRES PROPHÉTIQUES.

Michel Nostre-Dame, dit Nostradamus, naquit le 14 décembre 1503, au village de Saint-Remi, en Provence. Son père était notaire, et son aïeul médecin. Le jeune Nostradamus fit, avec assez de succès, ses études à Avignon, puis alla étudier la médecine à Montpellier, où il reçut le bonnet de docteur.

Nostradamus se promettait d'égaler Hippocrate et de surpasser Galien. Ne pouvant réaliser cette espérance, il abandonna subitement la médecine pour se livrer à l'astrologie. En 1555, il fit paraître ses premiers essais, sous le titre de *Centuries*, qui obtinrent un succès prodigieux. Le roi Henri II, ayant lu cet ouvrage, fit venir son auteur à Paris et le combla de bienfaits. Enorgueilli de tant d'honneurs, le jeune devin conçut l'audacieuse idée de dévoiler l'avenir aux peuples, aux rois et aux grands du monde. De retour à Salon, petit bourg où il avait fixé sa résidence, Nostradamus se mit à l'œuvre ; il eut occasion de faire briller son esprit prophétique devant le duc de Savoie et Marguerite de France, sa femme. Ces deux personnages étaient venus le consulter dans le but de savoir si l'enfant dont la duchesse était enceinte serait du sexe masculin ou féminin ? Nostradamus, après les questions banales et les simagrées en usage chez les devins, se prononça pour le sexe masculin : ce garçon, ajouta-t-il, deviendra un des premiers capitaines de son temps. En effet, la prédiction se réalisa : cet enfant devint plus tard Charles-Emmanuel, surnommé le Grand.

Pendant les neuf années qu'il employa à composer son ouvrage, le prophète de Salon eut de nombreuses occasions d'exercer son talent, et il s'en acquitta tant bien que mal. Il fut heureux à la manière des oracles, c'est-à-dire que ses prédictions non réalisées moururent dans l'oubli, tandis que celles qui eurent leur réalisation remplirent la France entière. Nostradamus réglait ses prédictions beaucoup moins sur les astres que sur la physionomie des individus. Doué d'un esprit observateur et pénétrant, il disait souvent la vérité à ceux qui se soumettaient à ses investigations physiognomoniques. Jusque-là, tout était bien ; sa faculté divinatoire ne choquait point la raison ; mais il eut l'immense tort de publier ses *Centuries*, ouvrage informe, d'un style barbare, à sens brisé, interrompu et tout à fait incompréhensible. En cela, il fit preuve de savoir-faire ; car si son style eût été clair et précis, le sens des phrases facile à saisir, la plupart de ses prophéties eussent été fausses ; tandis que donnant aux lecteurs des énigmes à double et triple sens, il devait nécessairement être incompris des uns et piquer la curiosité des autres. C'est ce qui arriva : le plus grand nombre se moqua du livre de Nostradamus ; quelques-uns, au contraire, se mirent l'esprit à la torture pour fabriquer un sens à chaque centurie et trouver sa coïncidence avec un fait, un événement accompli.

Croirait-on que des hommes instruits ont perdu leur temps à interpréter le livre du devin de Salon ? On cite à ce sujet le docteur Bellaud, l'écuyer Guinaud, l'avocat Bouys, l'apôtre Chavigny, etc. Ces hommes d'imagination étaient convaincus de la faculté prophétique de Nostradamus. Le docteur Bellaud, un des plus fameux interprètes des *Centuries*, a produit un assez triste ouvrage, dans lequel il dit vouloir abattre l'incrédulité du siècle et ouvrir tous les yeux à la vraie lumière ; il donne à ce sujet l'explication du quatrain 4 de la 9ᵉ centurie, ainsi conçu :

Le part solu mari sera mitré ;
Retour conpli et passera sur la tuile.
Par cinq cents au trahir sera titré,
Narbon et Saulce par Contaux avons l'huile.

Ce quatrain, d'après Bellaud, est le *nec plus ultrà* du génie prophétique. Voyez son ouvrage.

L'avocat Bouys, qui écrivit sur la *clairvoyance instinctive*, fut aussi un admirateur des *Centuries*. Il ne les explique point de la même manière que Bellaud, et il assure que son interprétation est la seule vraie. Ainsi, Bouys voit l'audacieuse arrestation de Louis XVI, sa captivité et sa mort dans le quatrain suivant, de la 9e centurie :

De nuit viendra par la forêt de Reines,
Deux parts, voltorte, herne, la pierre blanche ;
Le moine noir, en gris devant Varennes,
Élu Cap, cause tempête, feu, sang, tranche.

« Après de si nobles efforts, dit Salgues dans son ouvrage sur les *Préjugés,* après de si lumineuses explications, il est honteux qu'il se trouve encore des esprits endurcis, des âmes assez perverses qui s'obstinent à rire des *Centuries* et de leurs interprètes, à ne considérer les prédictions de Nostradamus que comme un ramas informe, absurde et ridicule, d'énigmes indéchiffrables, de mots vides d'idées et de sens. Il me semble que si j'avais l'honneur d'être prophète, j'aimerais à parler clairement et à faire usage des dons du ciel pour le service de mes semblables. »

Ce qui a merveilleusement servi l'astrologue provençal, c'est le zèle de ses sectateurs, c'est la fourberie de quelques ardents prosélytes qui ont forgé certaines prédictions après coup et les ont insérées dans ses ouvrages : il est très-facile de prédire après l'événement. D'un autre côté, il est impossible qu'un enthousiaste qui écrit au hasard tout ce que lui suggère une imagination extravagante, ne rencontre pas juste quelquefois. Ainsi, lorsque Mathieu Laensberg met dans son Almanach, à côté de chaque jour, pluie ou beau temps, il est impossible qu'il ne se trouve point, dans l'année, des jours où ses prédictions s'accomplissent.

SECTION II.

Les *Centuries nostradamiques* ne sont point le seul ouvrage qui dévoile l'avenir; il existe plusieurs livres prophétiques et cabalistiques où se trouvent consignées les destinées du monde. Au nombre de ces livres fabriqués aux temps d'ignorance, on cite les *Livres sibyllins*, dont nous avons déjà parlé; le livre merveilleux, *Liber mirabilis*, attribué à saint Césaire, archevêque d'Arles, dans lequel est annoncée la fameuse catastrophe de 1789, pour la date de 1809. L'auteur du *Liber mirabilis* prédisait

7

les fureurs des enfants de Brutus contre l'aristocratie
et l'Église ; mais il ajoutait que l'extermination complète de ces odieux enfants aurait lieu en 1810. La
prophétie de saint Césaire se trouva d'une évidente
fausseté, puisque les enfants de Brutus étonnèrent pendant vingt-cinq années le monde entier de leurs victoires, et rendirent le nom français redoutable aux
nations les plus belliqueuses. Quant à la prédiction en
elle-même, il n'était pas nécessaire d'être prophète
pour la faire ; car, en observant le peuple impatient
de son joug, et les désirs d'affranchissement qui travaillaient les masses, il était facile d'augurer, de prédire un changement dans la constitution du royaume ;
c'est ce que fit l'archevêque d'Arles dans son *Liber
mirabilis.*

Un autre livre, devenu très-rare, et qu'on ne trouve
plus que dans quelques bibliothèques, est l'*Enchyridion*, espèce de grimoire sorti d'un cerveau malade.
On a prétendu qu'il était l'œuvre d'un pape portant
le nom d'Honorius. Le pape Léon III, en reconnaissance des services rendus, envoya, dit-on, ce livre à
Charlemagne comme un don très-précieux.

L'*Enchyridion Leonis Papæ* est écrit sur parchemin vierge ; il contient des psaumes et des oraisons
énigmatiques. Les croix, doubles-croix et signes cabalistiques y sont prodigués à chaque ligne, circonstance très – propre à frapper l'imagination des
ignorants. Le sens est toujours difficile à saisir, et

son interprétation, de même que les réponses sibyl-
liques, peut se faire de différentes manières. Les
adeptes prétendent que l'*Enchyridion* est la clef de
l'œuvre hermétique, et que quiconque la possède
peut non-seulement connaître l'avenir, mais commander à tous les génies.

On voit, par ce peu de mots, qu'il faut être d'une
crédulité excessive ou égaré par l'amour du merveilleux pour ajouter foi aux rêveries bizarres de l'auteur de l'*Enchyridion*. Les sibylles, devineresses
modernes et les cartomanciens font, dans leur intérêt, un pompeux éloge de ce livre ; on peut en juger
par le trait suivant :

« Cet ouvrage a un tel mérite, disait la célèbre
cartomancienne Mlle Lenormand, que je ne suis nullement étonnée qu'un grand prince en ait offert son
poids d'or. Pour moi, j'avoue que j'en ai désiré la
possession pendant dix-neuf ans ; et ce n'est que depuis deux ans que mon génie Ariel m'a gratifié de ce
livre, aussi admirable que merveilleux. »

Cardan, Agrippa, Albert le Grand, etc., ont écrit
des livres sur les sciences occultes, remplis de rêveries, et l'on peut dire de folies. Fuld a composé neuf
volumes sur la cabale, entortillés de figures diaboliques et de caractères hébraïques. Nous passerons
sous silence les *Clavicules de Salomon*, les *Tablettes
théocratiques*, le *Talisman du monde enchanté*, la
Clef du ciel et de l'enfer, les *Adjurations sataniques*

ou *Manuel des sorciers,* et autres informes grimoires, où se trouve consigné tout ce que l'imagination délirante, tout ce que la démence mystique peuvent enfanter de bizarre et de monstrueux!

Nous ne saurions terminer ce chapitre sans apprendre au lecteur qu'il existait chez les anciens des *livres secrets* en plus grand nombre que chez les modernes. Vitruve, qui vivait à Rome sous Jules-César, rapporte que le philosophe Démocrite avait rassemblé, dans un ouvrage intitulé CHIROKMETA, tous les secrets de son temps et ceux des siècles antérieurs, propres à exercer la magie. On dit que ce fut en composant cet ouvrage que ce philosophe fut pris d'un rire inextinguible, qui ne cessa qu'à sa mort. Si l'incendie de la bibliothèque d'Alexandrie, ou plutôt les moines brûleurs de livres, n'eussent anéanti cet ouvrage, il est très-probable qu'il aurait fourni aux modernes le sujet de rire, non aussi longtemps, mais aussi vivement qu'à son auteur.

CHAPITRE IX.

MARCHE ASCENDANTE ET DÉCROISSANTE DE L'ASTROLOGIE

DEPUIS LE QUINZIÈME SIÈCLE JUSQU'A NOS JOURS. — DE QUEL-
QUES ASTROLOGUES ET PROPHÈTES MODERNES.

La superstitieuse Catherine de Médicis fit appel aux astrologues de tous les pays et en infecta la cour de France. La reine ayant donné cette mode, il devint de bon ton, parmi l'aristocratie, d'avoir son astrologue, comme plus tard on eut son abbé. Chaque grande dame possédait au moins un astrologue, qu'elle surnommait son baron, et qu'elle ne manquait jamais de consulter pour les moindres affaires. On cite des cardinaux et même des papes qui soutinrent l'excellence de l'astrologie. Le pape Paul III donna l'évêché de Civita-Ducale à un astrologue. Les cardinaux de Richelieu et Mazarin eurent plus d'une fois recours aux astrologues, ainsi que nous le verrons plus bas. Cette folie qui, depuis trois mille ans, travaillait les peuples, dura jusqu'à la Régence. Voltaire nous apprend que, pendant sa jeunesse, deux célébrités astrologiques, le comte de Boulainvilliers et l'Italien Colonna, lui prédirent qu'il mourrait à l'âge de trente-deux ans. « J'ai eu la malice, écrivait-il en 1757, de les tromper déjà de trente ans. Je leur demande humblement pardon. » Le satirique les trompa plus de vingt ans encore !

Stœffler publia, pendant plusieurs années, des éphémérides gonflées de prédictions astrologiques ; il annonça pour l'année 1514 une épouvantable inondation du globe, à cause de la conjonction de plusieurs planètes supérieures dans le signe des Poissons. Cette prédiction, qui alarma toute l'Europe, fut renouvelée par le mathématicien Virdangus pour l'année 1521. Tout le monde était dans l'attente... mais le déluge n'eut point lieu ; bien au contraire, cette année fut remarquable par une grande sécheresse. Rien n'est plus plaisant que la prédiction de Stieffel, prédicateur à Wittemberg, annonçant aussi la fin du monde pour l'année 1533, le 3 octobre, à huit heures du matin. Cette prédiction, faite en termes qui annoncent un cerveau égaré, se trouve dans l'*Histoire des folies humaines*.

De nos jours, la fin du monde a aussi été prédite pour l'année 1856, et le monde existe aussi tranquille que précédemment. O astrologie ! la nature te donne à chaque instant de formels démentis, et tes mensonges excitent aujourd'hui la risée des peuples incrédules.

Aux seizième et dix-septième siècles, l'astrologie était toujours en honneur. Des astronomes qui s'étaient acquis une belle réputation par leurs travaux, ne craignirent pas de payer un honteux tribut à ce déplorable préjugé. Les gens du monde, hommes et femmes, ces dernières surtout, allaient consulter les astrologues en partie de plaisir; c'était la mode du temps d'aller faire tirer son horoscope. Richelieu, sur la fin de sa vie, faisait venir secrètement un astrologue pour le consulter pendant sa maladie. Le cardinal Mazarin eut aussi la faiblesse de pensionner, pour son art, un intrigant, nommé Jean-Baptiste Morin, qui exerçait l'astrologie avec une effronterie sans égale. Ce charlatan fit mourir plusieurs fois, par ses prédictions, l'illustre Gassendi, qui se relevait toujours de ses fréquentes maladies, comme pour donner un démenti au prophète moderne. Jean-Baptiste Morin prédit aussi la mort du roi Louis XIII; mais ce monarque ne se porta jamais mieux qu'à l'époque fatale déterminée par cet extravagant.

Un autre prophète astrologue, nommé Avenar, promit aux Juifs, d'après les signes célestes, que le véritable *Messie* arriverait au neuvième mois de l'année 1644; il en voyait la preuve évidente dans la conjonction de Saturne, de Jupiter, de Mars et des Poissons. Tout le peuple juif, convaincu de la vérité de la prophétie d'Avenar, tint ses croisées ouvertes pour recevoir l'envoyé de Dieu, attendu depuis si longtemps. Mais l'envoyé ne vint pas, et les pauvres Israëlites durent fermer leurs fenêtres et attendre de nouveau le grand jour.

Césaire, archevêque d'Arles, avait depuis long-temps, nous l'avons déjà vu, prédit une catastrophe sociale dans son *Liber mirabilis*. Plusieurs astrologues, ses contemporains, confirmèrent sa prédiction. — En 1756, un jésuite, nommé Beauregard, prêcha sur ce thème en l'église Notre-Dame, avec le geste et le ton de l'inspiré. Il attaqua les philosophes du siècle, comme devant être la cause des attentats inouïs dirigés contre le clergé. — L'évêque Senez prédit également à Louis XV une réforme dans l'ordre social.

A ces époques de malaise, il n'était pas nécessaire d'être prophète pour prédire une catastrophe : tout le monde la prévoyait. De toutes les prophéties relatives à notre grande révolution, celle de Cazotte est sans contredit la plus fidèle et la plus extraordinaire par ses détails. On accuse l'académicien La Harpe, de qui on la tient, de l'avoir rédigée lui-même après que les événements furent accomplis. On sait que La Harpe était faible de caractère, indécis, sans énergie et pusillanime ; il ne s'agissait que de lui faire peur pour obtenir de lui ce qu'on voulait. Lisez dans les *Mystères du magnétisme* cette prophétie, rapportée avec des détails qui saisissent d'étonnement.

En 1757, Mme de Pompadour fit venir au château un astrologue cartomancien. Louis XV, après lui avoir adressé plusieurs questions relatives à son règne, reçut de lui cette réponse :

« Sire, votre règne est célèbre par le mouvement des idées et le progrès en toutes choses. Le règne de votre successeur sera interrompu par de grandes catastrophes, que rien ne pourra prévenir. »

Le règne de Louis XVI ne vérifia que trop cette terrible prédiction. On dit que ce prince infortuné apprit d'un inconnu faisant profession de devin, le funeste avenir qui lui était réservé.

Ces faits et mille autres, rapportés dans les annales de l'astrologie, sont-ils vrais ou faux ? Le doute est la réponse obligée à cette question. Quoi qu'en disent les croyants, malgré leurs objections plus ou moins spécieuses, la faculté divinatoire n'existe point chez l'homme. L'anatomie et la physiologie nous apprennent qu'il existe au cerveau un organe de la prévoyance ; mais cet organe ou cette faculté ne peut s'exercer que sur les choses connues ; son action sur l'*inconnu* est complétement nulle.

La véritable connaissance de l'avenir est basée sur la connaissance du passé et l'observation du présent. L'homme qui possède ces deux moyens peut, jusqu'à un certain point, prédire les changements qui auront lieu parmi les hommes et les choses. (Voyez les *Mystères du sommeil et du magnétisme*, où cette question est traitée avec tous les développements nécessaires à sa solution.)

Le savant Spinosa, pour complaire sans doute aux idées reçues de son temps, admettait que la constitution de l'homme le portait à prophétiser, mais que ses prophéties variaient selon les tempéraments; c'est-à-dire que l'homme bilieux, mélancolique, ne pouvait prédire que des choses tristes; l'homme sanguin, des choses légères, gaies, des jours de paix et de bonheur. Cette opinion de Spinosa est strictement vraie quant au caractère des tempéraments, et ne prouve nullement que la faculté divinatoire soit une des facultés humaines.

L'illustre Bacon disait que la divination avait lieu dans les extases, les songes, les approches de la mort, et qu'elle était fort rare en état de santé. C'est pourquoi les jeûnes, macérations, isolements et tout ce qui affaiblit le physique au profit du moral développe la faculté divinatoire.

La fin du dix-septième siècle laissait pressentir les réformes qui devaient s'opérer pendant le dix-huitième. Ce siècle philosophique, en éclairant les masses, détruisit la crédulité générale et terrassa l'hydre des superstitions. Longtemps on avait cru à la parole du maître; maintenant, on voulut faire usage de la raison, on voulut faire passer à son creuset tout ce qui paraissait douteux : la vérité en sortit simple et pure, comme toujours, et les vieilles croyances, les préjugés avec leurs oripeaux y furent à jamais anéantis.

A la fin du siècle dernier, on se moquait des astrologues, devenus très-rares ; au commencement de notre siècle, on les avait totalement oubliés : la France ne pensait plus qu'à la gloire dont l'environnaient ses armes partout victorieuses. C'est aussi à cette époque mémorable que le savant Lalande écrivait ces lignes, dans son *Astronomie* :

« Peut-être aurais-je dû omettre tout ce qui a rapport à l'astrologie et jusqu'au nom de cette vaine doctrine ; néanmoins, c'est une occasion de déplorer l'ignorance et l'aveuglement du vulgaire, qui s'est si longtemps laissé abuser par d'absurdes prédictions, et de faire observer combien il était utile pour le genre humain de pénétrer et d'approfondir l'astronomie, qui devait tirer les hommes d'une si misérable imbécillité et d'une stupidité si flétrissante. »

Ne pouvant faire ici l'histoire de la cartomancie, nous nous bornerons à dire que, peu de temps après l'invention des cartes à jouer, des gens rusés s'ingénièrent à chercher des combinaisons de cartes, au moyen desquelles ils prétendirent dévoiler l'avenir. C'est ainsi que commença la *cartomancie* ou art de prédire la bonne ou mauvaise fortune par les cartes. Nous ne saurions passer sous silence une célébrité cartomancienne qui s'acquit en Europe une immense réputation par ses prédictions fort adroites, dont plu-

sieurs se sont réalisées : je veux parler de Mlle Lenormand, que beaucoup de hauts personnages eurent là
curiosité ou la faiblesse de consulter. Comme il existe
plusieurs biographies et notices historiques sur cette
femme, nous ne lui donnerons que quelques lignes.

L'immense réputation que s'est acquise Mlle Lenormand dans la cartomancie et la chiromancie, est-elle
méritée? Ceux à qui elle a prédit des choses dont la
réalisation a eu lieu plus ou moins exactement, répondent par une affirmation. — Ceux, au contraire, pour
qui ses prédictions ont été nulles ou complétement
inexactes répondent négativement. Quoi qu'il en soit,
la célébrité de cette sibylle moderne est incontestable;
ce qu'il y a de contestable, c'est la faculté qu'on lui
accordait de découvrir les choses futures dans un jeu
de cartes ou en inspectant les lignes de la main. Nous
avouons notre incrédulité sur ce point.

Une circonstance à laquelle les prôneurs de Mlle Lenormand n'ont point pris garde, c'est son œil clair et
perçant; ce sont ses études et ses connaissances en
physionomie. Avec de semblables moyens, on peut
parfaitement deviner les penchants et les instincts de
la personne qu'on analyse. Lorsque Mlle Lenormand
tirait les cartes ou observait les lignes d'une main, ses
yeux scrutateurs se portaient alternativement de ces
dernières au visage du consultant, et y lisaient les
réponses qu'elle avait à faire. De plus ses interroga-
tions et souvent les renseignements qu'elle avait eu

soin de faire prendre, concouraient au succès de ses consultations. De cette manière il ne répugne nulle-ment de croire à certaines prédictions qui ont étonné ceux qu'elles intéressaient.

Divers grands personnages eurent la curiosité d'al-ler la consulter. Quelques-uns sortirent de chez elle stupéfaits de ses révélations ; le plus grand nombre, au contraire, trouva son art en défaut. On prétend que sur l'inspection de la main, elle prédit au Premier Consul tout ce qui devait lui arriver ; son élévation, ses victoires, l'apogée de la gloire, puis les revers. Ces prétentions n'étant assises sur aucun document histo-rique, il est permis de douter. Ce qu'il y a de vrai, c'est que la sibylle parisienne sut capter la confiance de l'impératrice Joséphine, et que cette princesse avait foi dans les prédictions de la cartomancienne.

Nous ne nous étendrons point sur la manière de tirer les cartes et sur la signification de chaque carte ; il existe à ce sujet une foule de petites brochures dont le *Grand* et le *Petit Etéila* sont les types. Pour nos lecteurs sérieux qui ne croient point à la cartomancie, il est inutile de discuter davantage sur cette question ; mais pour les lecteurs crédules, pour les femmes par-ticulièrement, nous terminerons par les réflextions suivantes :

Quel rapport peut-il exister entre l'*as de trèfle* et le gain d'un procès ? — entre la *dame de cœur* et une bonne fortune ? — entre le *valet de pique* et un

revers ? Est-ce que la vie des hommes et les diverses
situations sociales dépendent d'un jeu de cartes ? Cette
puérile absurdité ne mérite pas une réfutation. Et
cependant un grand nombre de personnes des deux
sexes, même des femmes d'esprit, prouvent leur peu
de bon sens en cette circonstance. En effet, elles commencent par afficher leur incrédulité, ensuite elles
vont en riant se faire tirer les cartes ; c'est comme
amusement, disent-elles, par pure distraction et voilà
tout. Cependant, cette pure distraction revêt bientôt
les couleurs de la curiosité ; on va donc consulter le
cartomancien, pour savoir ce qu'il doit arriver d'heureux ou de malheureux. Si la personne qui consulte
se donnait la peine de réfléchir, elle découvrirait bientôt, dans les réponses du tireur de cartes, des mots et
des phrases à double sens, qui peuvent jusqu'à un
certain point s'accorder avec la situation passée ou
présente. Quant à la prédiction future, c'est autre
chose ; elle peut se réaliser, ou ne pas se réaliser.
Admettons que sa réalisation ait lieu pour une chose
heureuse ; l'incrédulité, sans cesser tout à coup, est
néanmoins ébranlée. Si une autre personne vient,
sur ces entrefaites, raconter une prédiction qui lui a
été faite et qui s'est entièrement réalisée, on s'étonne,
on n'ose croire ; après quelques hésitations on finit
par ajouter foi à la cartomancie. Alors, non-seulement on croit, mais on s'efforce de faire croire aux
autres. De ce moment la superstition cartomancienne

est incrustée dans le cœur de la consultante. Ce fait
que nous signalons, se multiplie tous les jours parmi
les femmes du monde. J'en connais plusieurs dont le
principal amusement, pendant une soirée intime, est
de tirer les cartes aux autres. Cet état de choses est
d'autant plus fâcheux, que parmi les jeunes personnes à qui l'on tire les cartes, il s'en trouve d'un esprit
faible, naturellement disposé à croire au merveilleux,
et qui s'en retournent chez elles désormais imbues
des erreurs de la cartomancie.

CHAPITRE X.

ONÉIROMANCIE

OU ART DE PRÉDIRE L'AVENIR PAR LES SONGES.

L'onéiromancie fut, chez les anciens, une mine des plus fécondes exploitée par les *devins onéiromanciens*. Dioscoride, Démocrite, Apollodore, Antiphon, Antipater, Chrysippe, et plusieurs autres auteurs, avaient recueilli les songes les plus extraordinaires et composé divers traités sur l'onéiromancie ; malheureusement ces traités ne sont point venus jusqu'à nous. Dans notre ouvrage intitulé : les *Mystères du sommeil*, nous avons élucidé cette intéressante question ; ici, nous nous bornerons à relater quelques faits échappés au naufrage du temps.

Hécube rêva qu'elle accouchait d'un flambeau ; l'oracle, consulté sur ce songe, répondit qu'elle accoucherait d'un fils qui causerait l'incendie de Troie.

Un athlète qui se disposait à disputer le prix de la

course aux jeux olympiques, rêva que la terre s'enflammait sous les roues de son char. Étant allé consulter un onéiromancien sur la valeur de ce songe, il reçut cette réponse : — « Tu seras vaincu, parce que les chevaux de ton char indiquent des coureurs plus habiles que toi. »

La mère du tyran Phalaris, étant enceinte de ce monstre, vit en songe la statue de Mercure qui ornait son appartement, verser du sang de sa coupe ; et ce sang avait à peine touché le sol qu'il coulait en ruisseau. Un devin à qui elle raconta ce songe, lui prédit que l'enfant qu'elle portait dans son sein inonderait de sang la ville d'Agrigente.

La veille de la mort de César, Calpurnie, sa femme, rêva qu'il était assassiné.

Sylla ayant rêvé que la Parque l'appelait, demanda à son devin ce que cela signifiait ? — « Hâte-toi de faire ton testament, » lui répondit celui-ci. En effet, le lendemain Sylla rendit le dernier soupir.

Le songe de Brutus ; le songe de cet Arcadien qui rêva qu'on assassinait son compagnon de voyage ; le songe de Chrysippe ; celui de Catherine qui voyait périr Henri II ; celui de Marie de Médicis pressentant l'assassinat d'Henri IV ; et une foule d'autres des plus remarquables, comme aussi des plus étranges, sont consignés dans les *Mystères du sommeil*. Nous y renvoyons le lecteur.

CHAPITRE XI.

La *chiromancie*, ou l'art de prédire les choses
futures, et mieux, la destinée de l'individu, par l'inspection des lignes de la main, se pratiquait chez les
peuples de l'antiquité la plus reculée, et particulièrement chez les Chaldéens, les Assyriens et les Égyptiens. La peuplade juive posséda, dit-on, à elle seule,
des milliers de chiromanciens. Job et Salomon parlent même de cet art comme s'étant perfectionné
chez les Hébreux. Les Grecs et les Romains en firent grand cas : l'empereur Auguste passait pour un
chiromancien émérite.

Une foule d'auteurs ont écrit sur la chiromancie
des choses aussi bizarres que puériles ; tous croyaient
ou feignaient de croire à ce moyen divinatoire. Nous
citerons entre autres : Démocrite, Aristote, Artémi-
dore d'Éphèse, Chalchindus, Albert le Grand, Scott,
le cardinal d'Ailly, Savonarole, Corneille Agrippa,

Cardan, Adamantius, J.-B. Porta, Avicenne, le P. Niquet, et beaucoup d'autres que nous signalerons plus loin.

La chiromancie offre des rapports intimes avec l'astrologie. En effet, la main est divisée en plusieurs régions, et chaque région subit l'influence d'une planète :

Le *pouce* reconnaît l'influence de   *Vénus.*

L'*index*   appartient à   *Jupiter.*

Le *médius*   —   *Saturne.*

L'*annulaire*   —   *Soleil.*

L'*auriculaire*   —   *Mercure.*

Les éminences *thénar* et *hypothénar* à la *Lune.*

Le *centre* de la main, à   *Mars.*

Dans la paume de la main, on voit le *grand triangle*, formé par la ligne de vie, la médiane et l'hépatique. Ces trois lignes règlent fatalement les fonctions physiques et intellectuelles de l'individu.

La ligne de *vie*, placée entre le pouce et l'index, étant profondément creusée et marchant sans interruption, jusqu'à l'articulation métacarpienne, est un signe certain de longévité. Si le sillon de cette ligne est peu marqué, s'il s'interrompt dans sa course, hélas!... vous aurez le sort de la fleur éphémère, qui ne vit que quelques soleils. Mais, consolez-vous, cela veut dire quelques lustres.

La ligne *hépatique* qui forme un des grands côtés du triangle, selon sa profondeur et sa régularité, an-

nonce une âme élevée, un caractère franc et généreux. — Une interruption dans son trajet indique un
caractère emporté, fougueux ! — Son peu de profondeur est un indice de tristesse, d'humeur mélancolique.

La ligne *médiane*, qui sert de base au triangle,
étant bien dessinée, on peut en augurer un caractère
gai, doux, mais enclin aux plaisirs sensuels.

Le *pouce* est, d'après les plus habiles chiromanciens, le doigt préféré de *Vénus*. Savoir pourquoi? Ils
ne vous le disent pas... Mais ils vous assurent que si
les lignes y sont nombreuses, si elles forment des
ellipses, des demi-cercles, vous serez adoré des femmes. — Ces lignes sont-elles circulaires, embrassent-
elles la totalité du pouce, pauvres amants, infortunés
maris, tenez-vous sur vos gardes ; c'est le signe évident d'une trahison, d'une infidélité. Les cabalistes nomment ces lignes circulaires l'*anneau de
Gigès*.

La chiromancie a eu ses docteurs, ses illustrations;
depuis les Chaldéens, chez lesquels, dit-on, cet art
prit naissance, jusqu'à nos jours, une multitude d'individus se sont exercés à lire l'avenir dans la main de
leurs semblables ; mais n'est-il pas étonnant que bon
nombre d'hommes éclairés aient consacré leur plume
à l'enseignement de ces chimères? Parmi ces derniers, les plus remarquables sont :

Le prolixe *Corvœus*, auteur d'un ouvrage dans lequel il prouve qu'il existe cent soixante-dix espèces de mains ;

Patrice Tricassus, qui en reconnaît quatre-vingts ;

Isaac Kemker, qui en fournit soixante-dix ;

Taimérus, quarante ;

Indagine, trente-sept ;

Le docte *Jean Cirus*, vingt ;

Le sage *Compostus*, huit ;

Perruchio, sept ;

Pamphilius, six ;

Et *Jean Belot*, quatre seulement.

Ce qui fait quatre cent quarante-deux mains. Maintenant, si l'on ajoute à ce chiffre :

Neuf lignes principales,

Vingt-sept lignes secondaires,

Et soixante et onze lignes tertiaires,

On arrive au chiffre de cinq cent quarante-neuf mains ! étude obligée de tout bon chiromancien.

Lorsqu'on vous dit : tel chiromancien a fait plusieurs prédictions qui se sont réalisées et qui sont devenues historiques, répondez hardiment : — « Ce n'est pas sur les lignes de la main qu'ils ont basé leurs prédictions, mais bien sur la connaissance du passé et du présent. » Avec cette connaissance, on peut, jusqu'à un certain point, arriver à connaître l'avenir. Voyez, à ce sujet, nos *Mystères du magnétisme*, où cette question est sérieusement traitée et résolue.

Indiquons maintenant ce qu'il peut y avoir de

réel dans la chiromancie. Le véritable art de deviner les penchants des hommes se trouve dans la physionomie : c'est dans la forme, le volume, la direction et la couleur qu'est cachée la vérité.

La forme et le volume de la main varient à l'infini, selon l'âge, le sexe, le tempérament, la profession et l'état de santé. Il est certain qu'on reconnaîtrait à l'inspection de la main une femme travestie en homme ; un paysan sous l'habit du dandy et le citadin efféminé sous le sarreau de l'artisan. — La main d'un sujet bilieux diffère de celle du lymphatique : les veines sont très-développées chez le premier et presques effacées chez le second. — Les saillies tendineuses, les maculations et callosités, l'épaisseur, la force, la délicatesse de la main, feront reconnaître si l'individu est homme de travail manuel ou homme de cabinet C'est ce qui a fait dire que l'homme portait dans ses mains le cachet de sa condition sociale. Ainsi, les mains épaisses, tendineuses, osseuses, dures et calleuses annoncent le travail physique ; tandis que les mains délicates, effilées, à peau fine, sont un signe d'inaction de ces organes. — Les grosses mains, armées de doigts crochus, décèlent tantôt d'ignobles sentiments et tantôt une économie sordide ; la grossièreté, la brutalité. — Les mains allongées, dont les doigts sont bien faits, se rencontrent communément chez les personnes d'esprit, douées d'un caractère aimable et facile. — Une main mignonne, des doigts effilés, des ongles entretenus avec soin distinguent une personne bien élevée et font juger de la propreté générale de son corps. Des mains mal soignées, des ongles négligés font naître des idées contraires.

Dans ses mouvements, comme au repos, la main peut rendre une série d'expressions variées : sa position tranquille annonce le calme, ses flexions et contractions expriment les passions ; ses divers mouvements suivent les impulsions de l'âme ; en un mot, le geste de la main est, après la voix, le signe le plus naturel et le plus ordinaire de nos affections.

Réduite aux proportions physiognomoniques, la chiromancie devient un art d'observation qui mérite créance, puisqu'il ne choque point la raison. Ici, les faits peuvent s'expliquer par la physiologie ; tandis que là, on vous dit : Ça est, parce que ça est. Mais, comme on veut, aujourd'hui, vérifier avant de croire, on rejette ce qui est absurde et on n'accepte que les choses possibles. L'incrédulité est la maladie du siècle, disent les apologistes du merveilleux ; d'accord, mais avouez que cette maladie en évite de bien plus graves, de bien plus redoutables à l'humanité ; je veux parler de celles que la crédulité traîne à sa suite : les *superstitions !*

CHAPITRE XII.

DES ÉVOCATIONS

L'*évocation* était, dans le principe, l'art de forcer, au moyen de certaines pratiques, les ombres ou les mânes des décédés à paraître devant ceux qui les évoquaient.Cet art chimérique existait dès l'antiquité la plus reculée : Circé, Médée, Théoride, Timœthe, Thessala, etc., possédaient des secrets infaillibles pour évoquer les morts et transformer les vivants en bêtes de toute espèce. Plus tard, l'évocation s'étendit aux dieux, déesses et demi-dieux. On commençait par invoquer les *dieux tutélaires* dans les temples ; on leur immolait des victimes, on offrait des présents, puis on les évoquait. Ces fonctions étaient dévolues aux ministres des temples ; nul autre ne pouvait les exercer. Les magiciens-goétiens et magiciennes, s'adressaient presque toujours aux *divinités infernales*, et particulièrement à la triple Hécate.

L'évocation se pratiquait avec un appareil aussi lugubre qu'effrayant; le magicien opérait la nuit dans une profonde caverne, à la lueur de flambeaux de résine à flammes rougeâtres. Devant lui, se trouvait un autel entouré d'asphodèles, sur lequel était la figure d'Hécate en cire de trois couleurs : rouge, blanche et noire; il immolait tantôt des hibous, des chauves-souris et tantôt un chevreau ou un coq noirs; quelquefois c'était un enfant à la mamelle qu'on sacrifiait !.... Après avoir brûlé sur l'autel le foie de la victime et de l'assa-fœtida, le magicien traçait, avec sa baguette, un cercle autour de l'autel, l'aspergeait de sang; puis, élevant sa baguette en l'air, décrivait par trois fois le même cercle et prononçait ces mots :

«Par le Styx et le Phlégéthon, par le sang dont fume ton autel, puissante Hécate, je t'adjure d'enchaîner Cerbère et d'ouvrir les portes du sombre empire aux mânes dont voici les noms, pour qu'ils se présentent ici, à nos yeux. Au nom de la puissante Hécate, mânes, paraissez!!! »

Quelques magiciennes employaient des moyens bizarres, des pratiques aussi folles que hideuses, pour faire réussir leurs évocations. Lucrèce rapporte que la fameuse magicienne *Hermonide* commençait ses évocations en se piquant la veine du bras et mélangeait son sang avec celui d'un vieux hibou ; puis, elle pirouettait, faisait décrire à sa baguette différents tours et prononçait du gosier des paroles barbares. Ces préambules terminés, elle jetait le sang sur un bûcher d'asphodèles et de cyprès, où elle avait déjà sacrifié une brebis noire. Si l'évocation était sans succès, elle vociférait d'horribles imprécations et renvoyait à la nuit suivante ceux qui étaient venus la consulter.

La personne présente pour laquelle le magicien opérait, déjà frappée par le sombre appareil de l'évocation, attendait en silence, et le plus souvent son imagination lui représentait l'ombre désirée ; en d'autres termes, elle était sous l'influence d'une hallucination. Si, par hasard, l'évocation manquait son effet, on renvoyait la personne à un autre jour. Alors on prenait des informations sur son caractère, son tempérament et ses habitudes ; si elle était impressionnable à un haut ou faible degré ; si elle croyait au pouvoir du magicien, ou si elle ne lui accordait point sa confiance ; dans ce dernier cas, on mettait en jeu les ficelles du métier. Il était rare qu'à la seconde évocation l'ombre demandée ne parût pas. Le magicien disait posséder d'autres formules pour forcer les mânes et même les divinités infernales à exécuter sa volonté ; il avait ses compères, qui, au signal donné, faisaient apparaître sur la paroi de la caverne une forme humaine vaporeuse, indécise ; une ombre chinoise, en un mot. De plus, pour peu que le magicien fût ventriloque, il interrogeait l'ombre et faisait lui-même les réponses ; de telle sorte que le consultant payait le magicien et s'en allait satisfait et émerveillé.

Il existait en Thessalie des *psychagogues* qui, au moyen de lustrations et d'incantations, attiraient ou chassaient les ombres. Les Lacédémoniens firent venir à Sparte deux de ces psychagogues ou magiciens, pour chasser l'ombre de Pausanias qui apparaissait toutes les nuits dans le temple de Minerve, et remplissait de terreur tous ceux qui en approchaient.

Chez les Assyriens, les Égyptiens, les Grecs et les Romains, le nombre des magiciens-goéticiens était très-considérable ; ce qui prouve que la croyance aux évocations, non-seulement s'étendait sur les masses, mais que beaucoup d'hommes éclairés n'avaient pu s'en affranchir.

L'évocation, chez ces peuples, était devenue une industrie lucrative, comme aujourd'hui chez nous les consultations somnambuliques : on courait chez l'évocateur, comme on court chez le magnétiseur La soif de connaître les secrets de l'avenir altérait les petits comme les grands ; il fallait la satisfaire : les grands et les riches allaient consulter les oracles qui se payaient plus cher, les petits ou les pauvres allaient donner leur obole au goétien. Cette folie avait ses phases de croissance, de paroxysme et de décroissance. Ce fut pendant un de ces paroxysmes que Moïse décréta la peine de mort contre quiconque s'adonnerait à la magie ou irait consulter l'esprit de Python.

Nos lecteurs nous permettront de faire ici une digression sur la fameuse Pythonisse d'*Endor*, qui a donné lieu à tant de suppositions contradictoires.

La Pythonisse d'Endor joue un rôle important dans le texte sacré ; il y est dit que le roi Saül alla consulter, incognito, cette magicienne ; mais, celle-ci l'ayant reconnu, lui répondit :

— « Je suis ta servante ; que me veux-tu ? »

— « Par *Ob* ! devine mon nom et fais apparaître à mes yeux les morts que je vais te désigner ? »

Aussitôt, la magicienne invoque Python..... Une apparition a lieu : c'est l'ombre irritée de Samuel qu'elle feint de voir... Elle entre en convulsion et se jette la face contre terre, Saül est effrayé, muet... Alors, la Pythonisse s'écrie :

— « Saül ! pourquoi m'as-tu trompée ; car tu es le roi Saül. »

Le roi, dont le trouble ne fait qu'augmenter, interroge la magicienne sur ce qu'elle aperçoit.

— « Je vois un vénérable vieillard qui sort de la tombe ; son front est chauve, sa bouche et ses yeux annoncent un juge sévère. »

Saül, à ce portrait, reconnaît Samuel, et dit en frissonnant :

— « Femme, demande-lui ce qui doit m'arriver ; fais-le parler. »

Au même instant, une voix qui semblait venir de dessous terre, prononça ces mots :

— « Saül et le camp d'Israël seront la proie des Philistins. »

Après un moment de silence, la voix ajouta :

— « Toi, Saül et tes fils serez demain avec moi !... »

Dans cette évocation, qui a donné lieu à tant de disputes pour et contre, qui ne reconnaît aujourd'hui un de ces étonnants effets de ventriloquie? Du reste, plusieurs autorités profanes et sacrées ont émis l'opinion que la Pythonisse d'Endor excellait dans l'art de la ventriloquie ou engastrimisme.

D'un autre côté, il est bien étrange que ce mot *Python,* essentiellement grec, se trouve implanté dans la langue hébraïque, précisément au temps de Saül? Quelques archéologues ont conclu de ce fait, que l'histoire de la Pythonisse d'Endor ne fut écrite qu'au temps où les Juifs entrèrent en communication avec les Grecs, c'est-à-dire sous les Ptolémées.

Une magicienne de Samothrace évoqua l'ombre de Protésilas, mort aux rivages troyens, sur la demande réitérée de son épouse. L'ombre parut, en effet, et sa fidèle compagne se précipita dans les flammes que la magicienne avait allumées, pour aller rejoindre celui qu'elle adorait.

L'empereur Basile eut recours à un thaumaturge

célèbre pour revoir son fils, mort depuis six mois. Ses vœux furent exaucés; il revit ce fils bien-aimé monté sur un cheval et accourant à sa rencontre; mais, lorsque Basile ouvrit les bras pour le recevoir, l'ombre avait disparu.

A Rome, les évocations, incantations et autres pratiques de magie devinrent si générales, qu'on fut forcé de tirer le glaive des lois contre les magiciens et magiciennes. Une proscription fut lancée contre eux dans tout l'empire, et ils furent presque tous exterminés. Ce fut sous le règne de Valens, ainsi qu'on le verra au chapitre où nous parlerons des *Sorciers,* que ce massacre eut lieu.

A la décadence de l'empire romain, la goétie, qui avait été comprimée pendant quelque temps, se développa de plus belle; ce fut pendant le moyen âge, cette époque de rêveries théologiques, de superstitions et d'attentats contre la raison humaine, que la magie noire fit d'immenses progrès. Les évocations et apparitions avaient lieu de tous côtés; ce n'étaient plus des goétiens isolés qui opéraient dans les ténèbres; on voyait des bandes de magiciens parcourir le pays, sous les noms de bohémiens, de zigueners, de tziganis, etc. L'effronterie d'un côté, et la crédulité de l'autre, étaient arrivées à leur comble. Il est à remarquer que plus un individu, plus un peuple est curieux, plus il est crédule; il semblerait que la crédulité et la superstition sont en raison directe de la curiosité; voilà pourquoi les femmes sont plus crédules que les hommes. Une ordonnance chassa de Paris ces troupes de bohémiens, qui n'avaient d'autre moyen d'existence que de tirer les horoscopes, d'évoquer les morts et d'apprendre leur art à qui voulait les payer; elles se réfugièrent dans les villes de province. Vers le milieu du seizième siècle, les bandes de bohémiens s'étaient multipliées en France, au point de donner des inquiétudes. Les États d'Orléans crurent qu'il était de leur devoir d'en purger le royaume. En conséquence, ils les condamnèrent au bannissement perpétuel, sous peine des galères et de la hart, en cas de récidive. Forcés de quitter la France, ils allèrent rejoindre leurs coreligionnaires d'Italie, d'Allemagne et de Hongrie. Mais ces bohémiens avaient laissé des élèves dans les différentes villes de France qu'ils avaient habitées, et ces élèves continuèrent l'industrie de leurs maîtres. Il faut dire, à la louange de la classe moyenne, que les magiciens de bas étage, appelés sorciers, sortirent du peuple, et que c'était le peuple ignorant qui allait les consulter; la portion éclairée de la nation ne donnait point dans ces travers. Les tribunaux ayant condamné au bûcher quelques sorciers comme coupables de maléfices, les sorciers se multiplièrent tout à coup d'une manière effrayante; ce fut une épidémie.

Cet état de choses dura jusqu'à ce que des philosophes philanthropes répandissent les lumières sur le peuple ; alors, l'absurde croyance à la magie noire s'effaça peu à peu, et la nouvelle génération commença à rire de ce qui avait effrayé ses aïeux.

Vers la fin du dix-huitième siècle parut, en France, un adroit charlatan nommé *Cagliostro*. Ce n'était pas un homme ordinaire ; il avait l'esprit cultivé et beaucoup de savoir-faire. Il se donna comme médecin alchimiste possédant des secrets infaillibles pour guérir les maladies jugées incurables par ses confrères. Son arrivée à Paris fit sensation. Il logea à l'hôtel du marquis Delaunay, chez qui le cardinal de Rohan et M. de Flammarens allaient le voir ; car ces deux personnages furent ses zélés protecteurs. La biographie de Cagliostro étant connue, nous n'en extrairons que ce qui est relatif à notre sujet.

Cagliostro, à l'instar des magiciens de l'antiquité, évoquait les morts et les faisait passer devant les yeux de ceux à qui il voulait bien accorder cette faveur. A Varsovie, à la prière du prince Poninsky, il avait évoqué l'ombre de Képinska, maîtresse adorée du prince, morte depuis six ans. Le prince avait largement récompensé le magicien pour lui avoir procuré ce doux enchantement. Le cardinal de Rohan voulut aussi revoir sa maîtresse, décédée depuis près d'une année. Après quelques difficultés, Cagliostro y consentit ; mais il ne put réussir aussi promptement que le désirait le prélat ; il lui fallut plusieurs séances. Le

nouvel Orphée, désirant revoir son Eurydice, respirait à peine, épiait, avec angoisse, l'instant fugitif
où l'ombre allait voltiger..... Cagliostro, armé de sa
baguette magique, reculait cette douce illusion, en dé-
clarant qu'il se passait dans la nature quelque chose qui
s'opposait à la puissance de son art. Enfin, un jour,
le prodige se réalisa; Cagliostro vint annoncer au cardinal que les auspices étaient favorables, et qu'il es-
pérait réussir; il recommanda le plus religieux
silence; il défendit d'éternuer, de se moucher et
de manifester aucune approbation ni improbation.
Tout à coup, une figure à peine ébauchée vint se des-
siner sur la muraille et s'évanouit promptement. Les
yeux fascinés du cardinal eurent à peine le temps de
la contempler; il poussa un soupir passionné et remercia le magicien de lui avoir procuré ce court instant de bonheur. D'après une personne amie du
cardinal, qui était présente à cette séance, l'imagination fortement surexcitée du prélat fut pour beaucoup
dans cette apparition, qui n'était autre chose qu'une
scène d'ombres chinoises.

Le bruit de cette évocation se répandit rapidement
dans la capitale. Une foule de hauts personnages des
deux sexes vinrent supplier le magicien d'évoquer les
ombres qui leur étaient chères; mais Cagliostro était
avare de ses séances; il n'accorda qu'à un petit nombre ce qu'il appelait une faveur. Néanmoins, il gagna beaucoup d'argent à cette industrie. Lorsqu'il

eut acquis la fortune qu'il désirait, il eut la malheureuse idée d'aller à Rome : là, il fut arrêté, jugé et condamné à une réclusion perpétuelle.

SECTION II.

FANTASMAGORIE

Au commencement du dix-neuvième siècle, un homme de génie, le célèbre Robertson, s'adonna d'abord à l'aéronautique et rendit plusieurs services aux armées de l'Empire, en observant de son aérostat les dispositions des ennemis. Plus tard, l'aéronaute se livra, avec ardeur, à la physique amusante, et fit plusieurs découvertes intéressantes ; mais ce fut sur l'optique, tout particulièrement, qu'il dirigea ses travaux ; les heureux résultats qu'il obtint témoignent de son talent d'invention. Jusqu'à lui, la *fantasmagorie* n'avait été qu'un amusement ; Robertson en fit une science : les miroirs, lentilles, verres convexes, concaves, prismatiques, etc., trouvèrent entre ses mains les plus curieuses applications ; il construisit des *chambres noires* de toutes les formes, de toutes les dimensions, et les fit servir à opérer de vrais prodiges. Le célèbre physicien Charles et le savant Lalande se rendaient souvent à ses séances et venaient ensuite le complimenter en particulier sur ses remarquables découvertes et l'habileté avec laquelle il les appliquait.

Les talents et l'adresse de Robertson lui acquirent une grande célébrité : il parcourut les diverses capitales de l'Europe, étonnant tout le monde par ses représentations fantasmagoriques. Il faisait, à volonté, descendre les anges du ciel et surgir du Tartare les divinités infernales. Selon les images gracieuses, les fantômes, les spectres hideux ; selon les scènes agréables ou terribles qu'il déployait aux yeux des spectateurs, il provoquait la joie ou la terreur, la crainte ou l'espoir. A l'exemple des magiciens de l'antiquité, il évoquait les ombres des morts et réussissait toujours dans ces sortes d'apparitions ; d'abord, parce qu'il était excellent physionomiste et qu'il avait soin de n'opérer que devant des personnes d'une grande impressionnabilité ; ensuite, parce qu'il renvoyait celles qu'il jugeait ne pas offrir cette condition. « J'ai perdu aujourd'hui ma puissance évocatrice, leur disait-il, je vous ferai prévenir lorsqu'elle me sera revenue. » Il racontait souvent à ses amis que, s'il avait voulu s'adonner spécialement à l'évocation des ombres, il aurait fait, en peu de temps, une grande fortune ; car, il se voyait continuellement assiégé par une foule d'individus des deux sexes qui lui demandaient, les uns, de leur faire apparaître leurs maîtresses, leurs femmes, décédées ; les autres, leurs amants, leurs maris.

Robertson a écrit deux volumes de *Mémoires* dans lesquels il donne la description de plusieurs de ses procédés fantasmagoriques : on y trouve aussi la composition de plusieurs tableaux fantastiques du plus grand effet et des scènes fort intéressantes, dont voici les titres :

Le Rêve ou Cauchemar. — Préparatifs et Départ pour le Sabbat. — Macbeth. — Tentation de saint Antoine. — Pétrarque et Laure. — Les Druides faisant un Sacrifice. — L'Ombre de Samuel et Saül. — Orphée reperdant Eurydice. — La Danse des Fées. — La Danse des Sorciers. — Les trois Grâces changées instantanément en squelettes. — Une Vénus qui veut vaincre un Hermite. — La Tête de Méduse et les effets qu'elle produit. — La Nonne Sanglante. — Les Euménides. — Les Houris de Mahomet, etc., etc.

Dans les fantasmagories ordinaires, les sujets restent immobiles ou se déplacent d'une seule pièce. Robertson conçut l'idée de les faire mouvoir, de les faire marcher, sauter, danser, et il y réussit à merveille. Les *Euménides poursuivant un parricide*, la *Danse des Sorciers*, tableaux composés de cinquante danseurs ou danseuses, plongèrent les spectateurs dans un muet étonnement. Le magicien français faisait promener dans la salle des spectres, des fantômes, des squelettes ; il faisait voltiger des hiboux, des chauves-souris et autres oiseaux des ténèbres. Beaucoup de personnes, en se retournant, se trouvaient face à face avec un squelette ou un monstre, et se reculaient pâles de saisissement. C'étaient surtout les dames, effrayées d'une chauve-souris, d'un crapaud-volant voltigeant sur leur tête, qui poussaient des cris perçants et voulaient abandonner la place. Tout cela amusait beaucoup. Les figures que Robertson faisait mouvoir étaient d'une frappante vérité ; de plus, les scènes, les sujets se trouvaient variés et combinés de manière à exciter progressivement l'admiration des spectateurs. Robertson, en homme habile, avait soin, avant de commencer ses séances, de prononcer un petit discours propre à émotionner ses auditeurs :

« Messieurs, Mesdames, leur disait-il, ce qui va se passer sous vos yeux n'est point un spectacle frivole ; les personnes sérieuses y trouveront de graves enseignements. La terreur qu'inspirent les ombres, les fantômes et les travaux occultes de la magie noire, s'empare de presque tous les hommes dans leur jeunesse, et beaucoup l'éprouvent encore dans l'âge de la raison. L'amour du merveilleux suffit pour justifier la crédulité humaine. On va consulter le magicien parce que, entraîné par le rapide cours de la vie, chacun voit d'un œil inquiet et les flots qui le poussent et l'espace qu'il a déjà parcouru ; chacun veut interroger le miroir de l'avenir, pour y découvrir, d'un coup d'œil, la chaîne entière de son existence. Vous allez voir passer les ombres des grands

hommes, les Grâces, les Fées, etc., et puis, ne vous
en effrayez point, les Euménides, la tête de Méduse,
qui ne vous pétrifiera point. Ensuite, des figures grimaçantes, des spectres, des squelettes, des vampires,
et successivement tout ce qui habite la tombe et les
sombres bords..... »

Après ce préambule obligé pour préparer les imaginations, Robertson commençait ses séances, où se
rendait, ainsi que nous l'avons déjà dit, la meilleure société de Paris : les savants, les artistes, et
même les mathématiciens !!! J'oubliais de dire qu'à
ces représentations, lorsque le cas l'exigeait, la foudre, le vent, tous les bruits fougueux de l'ouragan
étaient si parfaitement imités qu'on les croyait
réels. Les prêtres de Memphis et d'Éleusis possédaient les mêmes moyens et en usaient dans les
épreuves de l'initiation. Voyez, à ce sujet, notre ouvrage intitulé : *les Nuits corinthiennes*, où se trouve
la description exacte des *Mystères d'Éleusis*.

Pour tous les procédés employés par Robertson,
nous renvoyons le lecteur à ses *Mémoires;* nous nous
bornerons ici à la description du *fantoscope*, instru-
ment au moyen duquel s'opèrent les diverses fantasmagories.

Pour opérer avec succès, il faut une salle très-
spacieuse, dont un côté, séparé du public par un
rideau, sert à la disposition des appareils ; l'autre
côté est la partie destinée aux spectateurs. Le rideau

de percale fine, sur lequel iront se réfléchir toutes les images fantasmagoriques, doit être bien tendu et enduit d'un vernis composé d'amidon et de gomme arabique, afin de lui donner une légère diaphanéité.

Le principal appareil de la fantasmagorie est le *fantoscope*, caisse en bois de deux pieds carrés ; l'intérieur doit être peint en blanc, l'extérieur en noir. On communique à l'intérieur par deux portes recouvertes de draperies noires, pour s'opposer à ce que la lumière soit aperçue au dehors, lorsqu'elles sont ouvertes. Le devant de la caisse est percé d'une ouverture circulaire de quatre pouces, à laquelle s'adapte un cylindre en bois de cinq pouces de diamètre sur neuf de longueur. Ce cylindre ne fait point corps avec la caisse ; il en est séparé de quelques lignes, et c'est dans cet espace qu'on introduit les objets transparents qui se peindront sur le rideau blanc dont nous venons de parler.

Un disque en verre, de quatre pouces de foyer et quatre pouces de diamètre est fixé au cylindre. L'objectif de ce cylindre doit avoir trois pouces de foyer et quinze lignes de diamètre ; il est fixé sur un diaphragme qu'on rend mobile en faisant tourner le bouton d'une crémaillère. Dans l'intérieur du fantoscope, on place une forte lumière munie d'un réflecteur parabolique. La cheminée du fantoscope est coudée, pour empêcher la lumière d'être visible au dehors. Un petit appareil en cuivre, composé de deux lames mobiles et s'adaptant au bout du tuyau, est indispensable pour régulariser la lumière de l'objectif. Les deux lames, réunies à leur axe, s'écartent l'une de l'autre, comme les branches d'un ciseau, et laissent passer plus ou moins de lumière, selon que l'image l'exige. Le fantoscope doit être placé sur une table dont les pieds s'engrènent dans les rainures de deux rails, afin qu'on puisse la faire avancer ou reculer à volonté. Il est très-important que l'opérateur fasse concorder les progrès de l'objectif avec le mouvement des deux lames.

Telle est la disposition de l'appareil fantoscopique pour les objets transparents; mais, lorsqu'on veut offrir aux spectateurs des objets opaques, tels qu'un buste, une statue, une personne vivante, il faut remplacer le tuyau du fantoscope par un tube de six pouces de diamètre, contenant deux verres achromatiques donnant ensemble huit à neuf pouces de foyer et portant cinq pouces de diamètre. Il est aussi indispensable que le fond de la boîte soit garni de velours noir. La perfection de la réflexion des objets dépend toujours de l'intensité de la lumière.

La table sur laquelle est placé le fantoscope doit avoir trois pieds de hauteur; son rapprochement et son éloignement du miroir, combinés avec le mouvement de l'objectif, produisent la petitesse et la grandeur des images. Ainsi, lorsque le fantoscope est à neuf ou dix pouces du rideau de percale, les images sont les plus petites; mais, quand on le recule de quinze à seize pieds, elles peuvent atteindre la hauteur de neuf à dix pieds.

Robertson appliquait aussi au fantoscope un petit appareil fort ingénieux qui rendait les images gigantesques; les effets produits étaient surprenants et attiraient toujours un murmure d'admiration; il nommait cet appareil le *mégascope animé* ou la fantasmagorie vivante.

Il serait beaucoup trop long de décrire tous les appareils d'optique, d'acoustique et de mécanique dont se composait le cabinet de Robertson : les boîtes magiques, les verres à siphon, vrais tonneaux des Danaïdes; les cylindres et autres instruments pour imiter la pluie, l'ouragan et le tonnerre, avec lesquels il opérait des prodiges bien supérieurs à ceux des anciens thaumaturges. Nous ne rapporterons que deux expériences, pour donner au lecteur une idée des accessoires dont il entourait ses apparitions fantasmagoriques.

La Nonne sanglante. — Le son d'une cloche lointaine se fait entendre... Au fond d'un cloître faiblement éclairé par les pâles rayons de la lune, apparaît une femme ensanglantée ayant dans une main une lanterne et dans l'autre un poignard; elle s'avance lentement, cherchant d'un œil inquiet l'objet de ses désirs. Elle s'avance toujours et s'approche tellement des spectateurs que ceux-ci, trompés par la vérité de l'apparition, se déplacent pour lui livrer passage.

Young enterrant sa fille. — On entend le son lugubre d'un beffroi... Vue d'un cimetière éclairé par la lune. — Young porte le corps de sa fille adorée... il entre dans un souterrain où s'élèvent plusieurs tombeaux. Young frappe sur le premier : un squelette paraît !... Young recule. — Il revient et frappe sur le second tombeau, une ombre en sort et lui dit : — « *Que me veux-tu ?* » Young répond : — « *Un tombeau pour ma fille.* » — L'ombre lui cède le sien et le père infortuné y dépose son précieux fardeau. A peine le tombeau est-il recouvert que l'âme de sa fille en sort et s'envole au ciel. — Young se prosterne et, les mains jointes, reste les yeux fixés au ciel.

D'après ce court aperçu des moyens fantasmagoriques, on conçoit que le spectateur devait être vivement impressionné.

Un homme des plus remarquables par son génie d'invention, Robert Houdin, le plus habile de nos prestidigitateurs modernes, exécute des tours de physique amusante qui auraient pu, jadis, passer pour des miracles. Loin de se borner, comme ses confrères, aux tours de cartes, de gobelets et de passe-passe, Houdin a su tirer parti de l'électricité et des électro-aimants ; l'heureuse application qu'il en fait donne à plusieurs de ses expériences le cachet du merveilleux. — Ses *automates*, chefs-d'œuvre de mécanique ; — son *coffre-fort* scellé au sol, sans le secours d'aucune attache ; — son *orgue* qui joue à volonté les airs qu'on lui demande, attirent l'admiration de tout le monde. Mais ce qui agit le plus vivement sur les spectateurs et les plonge dans un muet étonnement, c'est la *bouteille inépuisable*, avec laquelle Houdin verse, à qui veut, des vins, des liqueurs de toutes sortes et de toutes couleurs. Cette remarquable expérience offre quelque chose de prodigieux. Nous passons sous silence mille autres tours dont se composent les séances magiques de cet habile prestidigitateur.

Plusieurs des expériences de Robert Houdin, qui étonnent le vulgaire, offrent le plus grand intérêt au savant ; car ce dernier y admire les efforts de l'art unis à de profondes connaissances en mécanique. Houdin n'est pas seulement un homme adroit, c'est un esprit observateur, pénétrant, qui découvre, invente et fait tourner au profit de son art les côtés merveilleux de la science. En un mot, c'est le génie de la physique amusante.

Nous terminons donc en concluant que la plupart des moyens employés par l'ancienne thaumaturgie étaient analogues, à peu de différence près, à ceux de la fantasmagorie et de la physique amusante. L'engastrimisme ou ventriloquie y jouait aussi un grand rôle. (Voyez, à ce sujet, le chapitre où nous

avons traité avec détails cette question de la ventriloquie et des ventriloques les plus célèbres, dans notre *Histoire de l'Homme et de la Femme*). C'est en
frappant, en exaltant l'imagination des hommes, que
les anciens thaumaturges étaient parvenus à faire
croire à la divinité de leur art et à capter la vénération des peuples.

CHAPITRE XIII.

Dès la plus haute antiquité on croyait à l'apparition des dieux, demi-dieux et déesses sous la forme humaine, à l'apparition des génies bienfaisants et malfaisants, et à celle des ombres ou spectres des personnes décédées depuis un temps plus ou moins long. Ces ombres revenaient sur terre, soit pour demander ou obtenir quelque chose d'important, soit pour inquiéter ou effrayer, lorsque leurs demandes n'étaient pas réalisées. Cette absurde croyance, à laquelle même les personnes intelligentes n'avaient point la force de se soustraire, s'exploitait en grand par la classe théocratique.

Rien de plus fréquent, chez les païens, que les apparitions des divinités ; il n'était de jour où quelques dieux ne descendissent de l'Olympe, pour aller conter fleurette à quelques jolies mortelles, ou quelques déesses ne rendissent visite à quelques jolis garçons.

Toutes les fois qu'un thaumaturge voulait obtenir ce qu'on lui refusait, il faisait aussitôt intervenir la divinité ; si l'on persistait dans le refus, alors il employait les apparitions effrayantes qui, presque toujours, atteignaient leur but. Cependant, il faut le dire, les apparitions agréables, heureuses, avaient plus souvent lieu que les apparitions horribles, effrayantes ; en cela, les anciens thaumaturges étaient beaucoup moins atrabilaires, j'allais dire moins féroces, que les thaumaturges du moyen âge, qui ne voyaient partout que démons, guivres, loups-garous, goules et autres créations imaginaires d'une laideur repoussante, épouvantable.

L'apparition des ombres, spectres, lamies, gorgones, harpies, etc., rapportait d'assez gros bénéfices à ceux qui savaient la provoquer. Or, les ministres des dieux olympiens possédaient le secret de fasciner les yeux, d'exalter l'imagination, d'amener le vertige, les hallucinations, enfin, tout ce qui pouvait annihiler la raison. C'est lorsqu'ils avaient plongé les individus dans un état d'exaltation cérébrale et d'inertie physique, qu'ils faisaient passer devant eux les charmants objets de leurs désirs ; ou bien qu'ils les frappaient d'épouvante par des apparitions de formes affreuses, de figures grimaçantes, de hideux fantômes, d'êtres gigantesques et menaçants. Nous verrons plus loin, qu'avec les mêmes moyens que ceux employés par les anciens thaumaturges, on reproduit aujourd'hui les mêmes effets. Nous allons maintenant rapporter quelques-unes des principales apparitions mentionnées dans l'histoire ancienne, en ayant soin, toutefois, de prévenir le lecteur que ces apparitions ont généralement été vues par des imaginations exaltées, par des yeux effrayés, par des cœurs brisés, au milieu des violents paroxysmes d'une passion quelconque.

On raconte que Pythagore et Thalès se retiraient parfois en des lieux solitaires pour se livrer à de profondes méditations, pendant lesquelles un démon leur apparaissait.

Tout le monde sait que Socrate éprouvait assez fréquemment des sortes d'extases qui l'isolaient du monde extérieur, et que, pendant cet état singulier, il s'entretenait avec un démon ou génie familier. Ajoutons que la première idée des démons est née en Chaldée, et que, de là, elle s'est répandue chez les divers peuples de la terre.

Jules-César aperçut, dit-on, un spectre, en traversant le Rubicon. Il était en ce moment, de son propre aveu, dans un état d'exaltation difficile à décrire.

Si l'apparition qui étonna Brutus n'est pas un conte, ainsi que le bon Plutarque a l'habitude d'en faire, on doit la considérer comme le résultat d'une forte contention d'esprit, ayant développé un commencement de congestion cérébrale. Voici donc le fait tel que Plutarque le rapporte :

Brutus était à la veille de partir avec son armée, l'esprit préoccupé des destinées de Rome ; il veillait dans sa tente, qui n'était éclairée que par une lampe ; la nuit était sombre et ses troupes ensevelies dans le sommeil. Plongé dans une méditation profonde, mille craintes sur l'issue d'une bataille prochaine lui traversaient l'esprit, lorsque, tout à coup, il croit entendre soupirer quelqu'un près de lui. Il jette les yeux sur l'entrée de la tente et aperçoit une figure horrible, un corps monstrueux, qui s'approche et se place en face de lui.

— « Qui es-tu ? lui demanda-t-il ; es-tu homme ou dieu ? Que viens-tu faire ici, et que me veux-tu ? »

— « Je suis ton mauvais génie, lui répondit le fantôme ; tu me reverras bientôt dans les plaines de Philippes. »

— « Eh bien ! repartit Brutus sans se troubler, nous t'y verrons. »

Le fantôme disparut ; Brutus appela ses gens et léur demanda s'ils n'avaient point vu entrer et sortir quelqu'un. Leur réponse fut négative.

La veille de la bataille de Philippes, qui devait décider du sort de la république, le même fantôme se présenta devant lui, le fixa quelque temps de ses regards, et disparut sans proférer une seule parole.

Lorsque Brutus raconta cette apparition à son ami Cassius, celui-ci, en se moquant, lui répondit :

— « Pauvre Brutus, ce sont tes inquiétudes du moment ; c'est la fièvre de ton cerveau qui a produit ce fantôme. »

Quelques jours avant le massacre de Caligula, les gardes du palais avaient aperçu, la nuit, un spectre armé d'un glaive flamboyant.

L'empereur Julien racontait à ses intimes qu'à l'époque où ses troupes le pressaient d'accepter l'empire, un génie lui apparut la nuit, et lui fit signe de suivre le désir de son armée et de partir immédiatement pour Rome.

On rapporte que Trajan fut averti par un bon génie, de quitter au plus vite Antioche, pour ne pas être victime du tremblement de terre qui eut lieu, en effet, aussitôt que ce prince fut hors de danger.

On lit dans Pausanias le fait suivant :

« Les mânes de Lybas (1) exigeaient, chaque année, le sacrifice sanglant d'une vierge ; l'athlète Euthymus, pour mettre un terme à cet usage barbare, défie les mânes de Lybas, qui fondent sur lui sous la forme d'un loup monstrueux. Le courageux athlète

______

(1) Ce Lybas avait été un des compagnons d'Ulysse. Débarqué à Témèse, il y fut lapidé pour avoir fait violence à une jeune vierge. Une peste ayant ravagé le pays, des imposteurs firent croire que c'était une vengeance de Lybas, et, pour l'apaiser, on lui bâtit un temple.

étreint le monstre dans ses bras vigoureux et le renverse sur le sol. Le vaincu s'échappe et court se précipiter dans la mer. Mais les collègues du spectre, c'est-à-dire les prêtres, ne tardèrent pas à faire tomber sur Euthymus leur vengeance, car de ce jour le brave athlète disparut. »

Hâtons-nous de dire que la jeune fille était escamotée, qu'on sacrifiait à sa place un chevreau, et qu'on l'envoyait vendre au loin comme esclave. Ainsi qu'on le voit, les ministres du temple de Lybas se firent une rente annuelle, jusqu'au jour où le brave Euthymus en affranchit la ville de Témèse.

A trente siècles de distance, un fait qui a beaucoup de rapports avec le précédent se passait à Vienne, dans le palais de l'archiduc, devenu plus tard empereur sous le nom de Joseph Ier. Voici ce fait, tel que le racontait le prince de Saxe, Auguste II :

« L'archiduc et moi étions passionnés pour la chasse et les divers exercices du corps ; cette conformité de goûts nous avait rendus inséparables. Nous vivions depuis longtemps dans une étroite intimité, lorsque tout à coup je m'aperçus d'un refroidissement sensible dans les manières de l'archiduc. Pressé par moi d'en expliquer les motifs, il résista quelque temps et finit par céder à mes instances.

— « C'est le ciel, me dit-il un jour, qui veut que nous nous séparions ; la religion que vous professez en est sans doute la cause (le prince était protestant).

Voilà plusieurs nuits de suite que je reçois l'ordre de me séparer de vous, mon ami : c'est un ange qui me le transmet. J'ai cru d'abord que c'était une erreur de mes sens ou l'effet d'un songe ; mais aujourd'hui il ne m'est plus permis de douter que ce ne soit la volonté du Ciel. »

« Étrangement surpris de cette révélation, je lui répondis : — Que la volonté du Ciel se fasse, si telle est sa volonté ; mais, pour que nous n'ayons rien à nous reprocher, permettez-moi de m'assurer si c'est le Ciel qui parle réellement, et d'attendre ici la visite de l'ange. L'archiduc y consentit.

« La nuit venue, ils attendirent l'ange qui ne manqua point de venir et de répéter l'ordre d'en haut. Le prince de Saxe se précipite subitement sur l'envoyé céleste, le saisit d'une main vigoureuse et l'entraîne vers une croisée ouverte en lui criant : — Si tu as des ailes, eh bien ! vole !

« Le lendemain matin, on trouva dans la cour, au bas de la croisée, le cadavre fracassé d'un jésuite. »

Platon a dit quelque part qu'un nommé Érus apparut à ses amis après sa mort, et disserta, d'une manière fort habile, sur les bons et les méchants. Platon avait beaucoup d'imagination.

Pline rapporte que Gabinius revint de l'autre monde pour annoncer à Pompée que les dieux infernaux étaient contents de lui et qu'il réussirait dans son entreprise. Pline était fort crédule.

Après être resté plusieurs jours dans le sombre empire, Énarque revint sur terre et raconta au bon Plutarque une foule de choses très-curieuses sur Rhadamante, Éaque et Minos. Plutarque croyait à la réalité des fables les plus absurdes.

Phlégon certifiait très-sérieusement que le poëte Publius, ayant été dévoré par un loup, apparut à Rome, plusieurs années après, pour prédire la ruine de l'empire romain.

Aristote lui − même n'a-t-il pas eu la faiblesse d'attester qu'un prêtre de Jupiter, auquel on avait coupé la tête, reparut, deux jours après sa mort, pour nommer le meurtrier, qui fut arrêté, jugé et condamné !

Nous passerons sous silence le revenant vu par Apollodore à Athènes, car il y a de fortes raisons pour ne pas y ajouter foi. Pline le Jeune, qui était crédule à l'excès, n'a cependant pas osé garantir l'aventure d'Apollodore, rapportée par son oncle. D'où l'on doit conclure que le revenant d'Athènes est, comme tous les revenants, pure chimère.

L'histoire ancienne fourmille de faits semblables. Le moyen âge est encore plus fertile. — L'ignorance était si profonde, la superstition tellement incrustée au cœur des nations, qu'il suffisait de dire qu'on avait vu, la nuit, un fantôme rôder autour des tombeaux, pour épouvanter des villages et même des villes entières. On fermait sa porte ; la nuit venue, on n'osait plus sortir dans la crainte de rencontrer le spectre, le loup-garou, etc. Loin de porter remède à cette dégradation de la raison humaine, on se plaisait à l'entretenir : les fées, les enchanteurs, les sorciers, les vampires, Satan et ses cohortes, tout cela, disait-on, se trouvait déchaîné pour inquiéter, pour timorer les hommes, et, qui pis est, pour perdre leurs âmes!... De là les amulettes de toute espèce, les signes de croix multipliés, les milles et une pratiques superstitieuses. Hélas ! cette triste époque peut se nommer le temps de deuil de l'humanité.

Croirait-on qu'au siècle dernier, malgré les flots de lumières que les encyclopédistes versèrent sur la France, une grande partie du peuple était encore imbue de ces absurdités, et qu'aujourd'hui même encore le germe n'en est pas éteint dans l'esprit des gens de la campagne?

Citons encore quelques apparitions, afin que le lecteur puisse juger lui-même.

On lit dans les *Chroniques de saint Dominique*, que les religieux trouvèrent, un soir, en allant souper, le réfectoire plein de moines décédés, qui se disaient damnés. C'était évidemment Dieu qui envoyait ces religieux morts pour engager les religieux vivants à faire pénitence.

Camérarius a écrit, sans doute pour s'amuser, que, de son temps, on voyait assez souvent dans les églises des fantômes sans tête *qui ouvraient de grands yeux*, vêtus en moines et en religieuses ; ils étaient assis dans les chaises ou sur les bancs des nonnes et des moines vivants qui devaient bientôt trépasser.

Luther voyait fréquemment le diable, discutait avec lui, rétorquait ses arguments et s'emportait jusqu'aux voies de fait, lorsque le diable feignait de ne pas le comprendre pour ne pas lui donner raison.

Les contes bleus de cette nature étaient semés avec profusion au sein du peuple par des mystiques, des illuminés et autres gens, ou crédules ou intéressés à propager la superstition. C'est pourquoi les apparitions d'anges, de démons, d'âmes en peine, de spectres, de fantômes, sous des formes bestiales les plus hideuses, se multiplièrent si rapidement, qu'il n'était de jour où l'on eût à s'effrayer de plusieurs apparitions. C'était, hélas ! bien triste pour ceux qui croyaient et bien honteux pour les fauteurs de ces contes.

Un assez grand nombre d'écrivains ont composé de volumineux ouvrages où sont consignées les rêveries les plus bizarres, les excentricités, les absurdités les plus monstrueuses. Les passages suivants donneront au lecteur une faible idée de l'étrange galimatias de ces livres :

« Béemoth pour ceux qui affichent une coupable incrédulité ! Si malheureusement il vous arrive d'éternuer quand l'*angélus* sonne, ayez hâte de vous signer, car l'esprit malin est aux aguets et entrerait dans votre corps au moment où vous faites une forte aspiration pour éternuer une seconde fois. Si vous ne tenez pas compte de cet avertissement, prenez garde à vous!... L'obsession de Béemoth se manifeste ordinairement par des vents fougueux qui tourbillonnent dans le ventre, avec grand bruit, et donnent d'affreuses coliques. L'individu, alors, devient triste, morose, fuit la société, et n'a d'autre pensée que celle de chasser l'ennemi qui le tourmente. Mais il n'est pas de médecin qui puisse le chasser... Béemoth hurle toujours... Il n'y a que le cierge allumé, la neuvaine et l'exorcisme qui puissent expulser du corps ce prince des démons. »

Le révérend Père Dom Calmet a perdu dix années de sa vie à composer quatre gros volumes sur les apparitions, sur les *finesses* et les *ruses* employées par les démons pour perdre les hommes ; il certifie avoir vu des personnes obsédées qui étaient tourmentées nuit et jour par le diable. Tantôt l'esprit malin leur pinçait le nez, le bras, la jambe jusqu'au sang ; tantôt il leur tirait les oreilles à les faire crier. D'autres fois, il répandait autour de ces personnes une odeur si puante, si fétide, qu'elles en étaient comme asphyxiées. Le révérend Père pense que les légions diaboliques déchaînées autour de nous sont innombrables. Un jour, il put compter jusqu'à trente mille diablotins offrant les figures et les formes les plus bizarres. Les noms des principaux chefs de ces légions sont, d'après lui :

Lucifer, premier chef ou monarque ;

Béelzébuth, second chef, son ministre ;

Astaroth, prince des trônes ;

Béemoth, premier général ;

Belphégor, deuxième général ;

Sabathan, colonel ;

Axaphat, centurion ;

Belle-Queue, aide de camp ;

Et une multitude d'autres officiers des légions qu'il serait fastidieux d'énumérer. Où diable le P. Calmet a-t-il puisé tous ces contes? Évidemment dans un cerveau exalté par les contemplations mystiques.

Nous ne rapporterons qu'un des mille contes du P. Calmet :

« Le **22** mars **1706**, écrit-il, à Saint-Maure près Paris, il se passa un fait qui fit grand bruit. Un esprit, un diable, sans doute, venait chaque nuit dans une maison pour tourmenter un garçon de vingt-quatre à vingt-cinq ans. Un jour, ce grand garçon vit sa porte se fermer d'elle-même, à deux verrous : au même instant, les deux battants d'une grande armoire s'ouvrirent et une voix en sortit, laquelle lui ordonna d'exécuter certaines choses pendant le temps d'un *miserere*, et surtout de bien en garder le secret. »

Quelles choses lui ordonna-t-on de faire? C'est ce

que le révérend Père n'a pas voulu dire. Mais on pense bien qu'un diable ne peut qu'ordonner de vilaines choses. Un homme de raison peut-il écrire rien de semblable?...

Jean Wier, médecin illuminé, passa une partie de sa vie à chercher l'impossible; ses calculs sur les mauvais génies et les cohortes diaboliques sont bien au-dessus de ceux de Dom Calmet. Après trente années d'investigations minutieuses, Jean Wier finit par trouver que le chiffre des mauvais diables s'élevait à sept millions quatre cent cinq mille neuf cent vingt-sept!!! commandés par soixante-dix-neuf princes. Dans son livre sur les *Prestiges*, où sont entassées un amas d'absurdes puérilités, il donne les noms, prénoms, surnoms de ces soixante-dix-neuf princes, et s'étend largement sur leurs mœurs intimes.

On ne saurait mieux comparer Jean Wier qu'à Berbiguier qui, au commencement de notre siècle, publia trois gros volumes sur les *Farfadets*. Ce monomaniaque se croyait assiégé dans son lit par ces esprits-nains, de même que Hercule l'avait été par les Pygmées. Pour se débarrasser de leurs importunités, il s'arma de grandes épingles et, chaque fois qu'il parvenait à saisir un farfadet, il le clouait sur sa couverture, de même qu'un entomologue pique les insectes sur un carton. De pareilles folies nous dispensent de tout commentaire. Aujourd'hui, le paysan qui n'a pas été timoré dès le bas âge, et qui a conservé son bon sens, rit à gorge .déployée de ces prétendues histoires.

Le nombre des auteurs convaincus qui ont écrit sur les apparitions et visions est considérable ; on peut les regarder comme des monomaniaques dont l'imagination délirante leur faisait voir des esprits, des diables partout : dans un léger bruit de feuilles, dans le grincement d'une girouette, d'une porte ; dans le craquement d'un meuble, etc. Ces hommes-là, raisonnables en toute autre circonstance, perdent la raison lorsqu'ils subissent l'influence de leur monòmanie.

Et maintenant que le lecteur a compris l'impossibilité de ces prétendues apparitions, nous lui démontrerons physiologiquement ce que l'on doit entendre par *apparitions*, et de quelle manière elles peuvent avoir lieu.

Toutes les fois qu'une idée fixe, une passion violente, telle que l'amour, la crainte, l'espérance, etc., s'est emparée d'un individu, il y a d'abord excitation cérébrale : la cause agissant toujours, cette surexcitation, de normale qu'elle était, passe, après un certain temps, à l'état morbide, et, le cas échéant, amène des désordres sensoriaux. Ces désordres ont pour résultat une aberration plus ou moins grande dans les fonctions des sens. Alors, on ne perçoit plus comme on devrait percevoir, on ne sent plus comme on devrait sentir. Supposons, par exemple, qu'un amant, au plus fort de sa passion, perde l'objet de son amour. Au milieu d'un paroxysme de douleur, il peut voir apparaître celle qui n'est plus ; il la voit... il est bien éveillé... Il s'élance vers elle et n'embrasse que le vide... Cependant, il l'a bien vue ?.. Oui ; mais comme il la verrait en songe. D'où il résulte que cette apparition est positivement un rêve à l'état de veille. Un autre exemple :

Dans une de ces veillées d'hiver où les villageois racontent, à tour de rôle, des histoires de revenants, de lutins, de loups-garous qu'ils ont vus, disent-ils, à tel endroit de la grande route ou de la forêt, supposez que, parmi les auditeurs, il se trouve un jeune garçon pusillanime, une jeune fille craintive, qui ont frissonné à cette narration. Supposez que, la veillée terminée, le garçon ou la jeune fille soient forcés de passer seuls par l'endroit indiqué, pour se rendre à leur domicile. Bien certainement, la tête pleine du conte de revenant, ce jeune garçon traversera cet endroit sous l'influence de la peur : le moindre bruit le fera frissonner..... Qu'une pierre se détache d'un vieux mur, d'un rocher, aussitôt la frayeur le saisit et il hâte le pas. Mais qu'un chien, un renard, un loup vienne à passer dans l'ombre en ce moment!... Sans nul doute, il croira voir le revenant et s'enfuira à toutes jambes. Si c'est la jeune fille, elle criera au secours, se trouvera mal. Le lendemain, ils raconteront qu'ils ont vu le revenant et qu'ils ont failli en être victimes. Ils grossiront toutes les circonstances : c'est un géant avec une tête hérissée de poils de sanglier ; ses yeux lancent des flammes; sa bouche, large comme un four, est armée de dents semblables à celles d'un tigre, etc., etc. Les auditeurs frissonneront à cette narration, qui, de bouche en bouche, circulera par tout le village, et, hormis quelques personnes de bon sens, tous croiront à la vérité du fait. Telle est la marche que suivent les apparitions; ce sont de véritables hallucinations pendant lesquelles on aperçoit des images illusoires ; ce sont, en un mot, des rêves en pleine veille. Et, comme preuve de la vérité de cette opinion, nous rapporterons deux apparitions : l'une nous est personnelle, l'autre concerne un de nos amis.

Par une de ces belles soirées si tièdes, si amoureusement poétiques sous le ciel bleu de l'Hellénie, je m'étais couché sur les vertes pelouses du mont Lycée; les hauts sommets s'élevaient dans un lointain vaporeux, semblables à des corbeilles d'azur, et la vague argentée du golfe d'Arcadie étincelait à l'horizon. Autour de moi se déroulaient d'immenses tapis d'anémones rouges et de jaunes chrysanthèmes; on eût dit des montagnes d'or avec leurs collines recouvertes d'un manteau de pourpre. Les oiseaux gazouillaient sous les premières feuilles, les folles brises emportaient au vallon mille parfums, et les derniers rayons d'un soleil mourant jetaient sur cette belle nature leurs teintes mystérieuses. A mes pieds coulait le fleuve Ladon, tout panaché de ses roseaux superbes : je me pris à songer à l'aventure de la nymphe Syrinx. J'étais jeune, impressionnable, riche d'enthousiasme et de doux souvenirs ; peu à peu ma pensée traversa les siècles et me porta aux âges héroïques de l'ancienne Grèce. Mes yeux étaient silencieusement attachés sur les rives du fleuve ; la vie du corps semblait être suspendue, et l'imagination vagabondait dans les riantes plaines de la mythologie. Au milieu de cette muette contemplation, je distinguai, à quelque distance de moi, un chœur de nymphes dansant aux sons de la flûte de Pan. Je vis leurs bras s'enlacer, leurs pieds frapper le sol en cadence, et, chaque fois que la brise soulevait leurs tuniques légères, mes yeux caressaient les formes les plus suaves, les plus moelleux contours...

Oh ! ce fut une délicieuse hallucination que celle-là. Que j'eusse voulu la prolonger !... Mais, hélas ! un simple clignotement de paupières suffit pour tout détruire, pour tout dissiper. Je me rendis compte des phénomènes relatifs à la vision ; mais ce que j'avais entendu restait inexplicable. Je descendis aux rives du Ladon, afin de découvrir le musicien qui jetait au vent ses notes monotones. Après bien des recherches, je m'aperçus qu'à certains endroits de la rive, les roseaux avaient été coupés à d'inégales hauteurs, de telle sorte que les courants d'air, passant sur leurs canons béants, en tiraient des sons variés qui, mêlés au froissement des feuilles, produisaient l'étrange harmonie que j'avais entendue. Ainsi tout fut expliqué.

Un de mes amis qui aimait passionnément sa femme (ce qui, du reste, est assez rare de nos jours), eut le malheur de la perdre à la suite d'une maladie de poitrine. Le profond chagrin qui s'empara de lui le plongea dans une sombre tristesse. Il refusait obstinément les consolations de l'amitié et vivait dans une irritabilité nerveuse que rien ne pouvait calmer. Toujours seul, en proie à sa douleur, il ne voyait dans le monde qu'une seule image, celle de sa bien-aimée ; il n'avait qu'un seul désir, celui de la rejoindre ; toutes ses affections, toutes ses pensées se reportaient incessamment vers elle. Plusieurs nuits de suite il rêva qu'il la voyait s'éteindre dans une lente agonie ; il entendait le râlement de ses derniers soupirs et sentait le froid glacial de ses lèvres qu'il baisait. Un matin, resté couché plus tard que d'ordinaire, il ne dormait pas, il avait les yeux bien ouverts : tout à coup il aperçoit au pied de son lit, l'objet de ses vifs regrets. Elle avait la tête languissamment appuyée sur la paume de sa main ; son visage était pâle, sa bouche muette ; ses prunelles vitreuses restaient fixées sur lui ; ses traits immobiles exprimaient la tristesse et l'amour. Mon ami éprouvait un charme indicible à contempler cette ravissante image d'une femme adorée. A un mouvement de tête qu'elle sembla faire, il voulut étendre les bras pour l'atteindre, l'embrasser... Mais, la forme s'éloigna, comme à regret... Il s'élança hors du lit pour la poursuivre... Elle s'était évanouie dans l'interstice des rideaux... Cette apparition dura trois minutes.

Ces deux dernières observations confirment ce que nous avons dit précédemment, que la contention d'esprit, profonde et soutenue, sur un même objet; qu'une idée fixe, absorbant entièrement les autres facultés cérébrales, peuvent, selon l'organisation physique et morale de l'individu, provoquer *l'apparition* autrement dit l'*hallucination;* mais les êtres et objets relatifs à cette apparition n'existent pas en réalité.

Lorsque l'apparition est réelle, c'est toujours une ou plusieurs personnes qui se travestissent pour en effrayer d'autres, dans un intérêt quelconque. L'anecdote du grand-veneur en fournira la preuve :

Un vendredi soir du mois d'octobre de l'année 1599, le brave Henri IV revenant de la chasse, accompagné de plusieurs seigneurs, entendit, non loin de lui, dans la forêt de Fontainebleau, un grand bruit de cors, de chiens et de chevaux; il dit au comte de Soissons d'aller s'informer de la cause de ce bruit. Le comte de Soissons s'étant avancé dans un fourré, aperçut un grand homme noir qui lui cria :— « *M'en-*

tendez-vous, hérétiques? amendez-vous!.. » et soudain il disparut avec sa meute et ses chevaux. Cette apparition et ces paroles effrayèrent ceux qui en furent témoins. Les paysans de l'endroit, interrogés, dirent qu'ils voyaient souvent, la nuit, un grand homme noir, auquel ils avaient donné le nom de *Grand-Veneur*. Henri IV et ses intimes présumèrent que ce grand-veneur était lancé par le parti catholique.

Autrefois, les faux-monnayeurs qui s'établissaient dans les souterrains des vieux châteaux en ruines, apparaissaient la nuit vêtus bizarrement, montés sur des échasses, traînant des chaînes, lançant du feu par la bouche, afin d'imprimer la terreur aux habitants du pays et éloigner des ruines les curieux qui auraient pu les faire découvrir. Les romans du siècle dernier sont remplis de ces sortes d'histoires.

Les *revenants*, ou âmes des trépassés qui viennent la nuit dans les greniers, les caves, les écuries, sont tout simplement des fripons qui cherchent à obtenir par la frayeur ce qu'on ne veut pas leur accorder. Les *loups-garous* qui, à l'heure de minuit, sortent pour faire rentrer les gens chez eux, sont des voleurs et des receleurs affublés d'une peau de bête. — Enfin, il est des apparitions qui sont dues à un effet d'optique, à un mirage, ainsi que la croix de Migné qu'on aperçut dans un nuage.

Notre conclusion est donc celle-ci :

— Le curieux phénomène des apparitions, nous le répétons encore, a son point de départ au cerveau surexcité de l'individu. En effet, violemment stimulée par une cause puissante, l'imagination donne lieu à une série de phénomènes des plus remarquables. Une imagination exaltée enfante des prodiges, le plus souvent des chimères. L'exaltation double l'énergie du courage, comme aussi elle grossit le danger, fait naître des craintes puériles, des terreurs paniques. L'imagination qui se complaît dans le domaine du merveilleux, qui se nourrit incessamment de choses idéales, devient la source d'une foule d'erreurs et de superstitions, parce qu'alors l'imagination domine et absorbe les autres facultés intellectuelles. Les esprits, les revenants, les spectres, les fantômes, les diables et leurs légions, les transformations bestiales, les lutins, les loups-garous, les vampires et tous les êtres bizarres d'un monde idéal, sont enfantés par une imagination en délire. Voilà pourquoi les poëtes sont crédules, tandis que les mathématiciens pèchent par l'excès contraire. Il est des peuples chez lesquels l'imagination est très-développée ; il en est d'autres, au contraire, qui n'en possèdent que fort peu. Les peuples à riche imagination fournissent un grand nombre de poëtes et d'artistes en tous genres ; nous citerons les anciens Grecs par exemple. Les Espagnols, les Italiens ont plus d'imagination que les Français ; ces derniers en ont plus que les Anglais.

10.

C'est pourquoi un charlatan fera plus facilement croire à un Italien l'évocation des morts qu'à un Anglais. Il est inutile de faire observer que c'est chez les peuples à imagination que les charlatans de toute espèce sont plus nombreux que partout ailleurs.

CHAPITRE XIV.

Les anciens étaient beaucoup plus superstitieux que
nous ; ils se figuraient voir des avertissements partout, dans les moindres choses et dans les plus petits
mouvements qui se passaient autour d'eux. Quoique
la civilisation moderne ait fait justice d'une foule de
préjugés ridicules, elle n'a, pour ainsi dire, qu'a-
battu une tête de l'hydre des superstitions, et nous
voyons, de nos jours, le peuple donner sa confiance à
la plupart des présages auxquels croyaient les anciens.

Les *paroles fortuites* étaient recueillies avec le
plus grand soin par les Grecs et les Romains qui les
regardaient comme un avertissement du Destin ; on
les nommait *voix divines* lorsqu'on en ignorait l'auteur, comme, par exemple, cette voix qui avertit les
Romains de l'approche des Gaulois, et à laquelle on
bâtit un temple sous le nom de *Aïus Locutius.*

Les paroles fortuites se nommaient *voix humaines*
lorsqu'on connaissait la personne qui les avait prononcées.

Avant d'entreprendre une affaire, les gens superstitieux sortaient de leurs maisons afin de recueillir
les paroles de la première personne qu'ils rencontraient, et, selon qu'elles leur paraissaient plus ou
moins favorables à la circonstance, ils suspendaient
ou entamaient l'affaire.

Lucius Paulus, rentrant chez lui tout préoccupé de
la guerre qu'il allait faire aux Perses, rencontra par
hasard sa fille Tertia, triste et désolée ; lui ayant de-
mandé la cause de son chagrin, elle répondit : —
« Pauvre Perse !... hélas ! mon père, c'en est fait ! »
Alors Paulus s'écria : — « J'en accepte l'augure ! »
Tertia voulait parler d'une petite chienne nommée
Perse, qui venait de mourir.

Tibérius Gracchus, occupé des réformes qu'il mé-
ditait, alla consulter les auspices, au point du jour,
qui ne lui annoncèrent que des choses funestes. D'a-
bord il fit, en sortant, un faux pas ; — ensuite, trois
corbeaux qui croassaient en le regardant, firent tomber devant lui un morceau de tuile ; — en troisième
lieu, une personne qui passait éternua à sa gauche.
Tibérius, ayant méprisé ces présages, fut précipité du
Capitole par Scipion Nasica, et assommé à coups de
banquettes.

Métellus, souverain-pontife, allant à sa maison

de Tusculum, vit arriver devant lui deux corbeaux qui semblaient lui barrer le passage et l'obligèrent de retourner à Rome. La nuit suivante, le feu prit au temple de Vesta ; Métellus se jeta au milieu des flammes et fut assez heureux pour sauver le Palladium.

Cicéron fut aussi averti par un corbeau, de la mort qui le menaçait. Retiré dans une maison de campagne, un corbeau ébranla tellement, avec son bec, l'aiguille d'un cadran, qu'il la fit tomber ; puis, le même corbeau vint à lui, saisit un pan de sa robe et s'y tint attaché jusqu'à ce qu'un esclave vînt lui dire qu'il était arrivé des soldats pour le tuer.

Brutus venait de mettre en bataille les débris de son armée, en présence de celle d'Octave et d'Antoine, lorsque deux aigles, partis des deux camps, fondirent l'un sur l'autre, et, après un combat acharné, l'aigle parti du camp de Brutus prit la fuite. Ce présage découragea les troupes de Brutus, qui lâchèrent pied et furent vaincues par celles d'Octave.

On tirait aussi des présages de la rencontre de divers animaux : la vue d'un rat, le passage furtif d'un blaireau, par un temps pluvieux, n'annonçaient rien de bon. — L'apparition fortuite d'un lièvre ou d'une belette suspendait une partie de plaisir.—Un renard pris au piége et qui, à force d'efforts, parvenait à s'enfuir en emportant le piége, présageait un changement dans les destins de la République.—La queue d'un animal offrait aussi des indications non moins graves : Une queue entortillée indiquait une affaire très-compliquée ; — à demi-recourbée, elle faisait pressentir un désastre ; mais si elle restait droite, elle promettait un brillant succès. — Celui qui, étant à jeun, apercevait un chat dévorant une souris, devait s'attendre à une catastrophe. — L'apparition subite d'une souris força Fabius Maximus d'abdiquer la dictature, et, pour le même motif, le consul Flaminius renonça au commandement de la cavalerie. — Un âne qui brait quand la cloche sonne, présage une maladie prochaine. — Les hurlements du loup annoncent un temps de disette. — Les grenouilles qui coassent, le bœuf qui hume l'air à pleins poumons et le rechasse avec force, sont un signe de pluie ; — de même pour l'hirondelle qui, dans son vol, rase la surface du sol ou des eaux. — L'âne qui marche de travers et dresse les oreilles annonce une forte bourrasque ; s'il se roule dans la poussière, c'est signe d'un changement de température.—Les chants joyeux de l'alouette planant dans l'air, l'araignée qui file sa toile indiquent le retour du beau temps. — La cigogne qui abandonne son nid avertit d'un écroulement. Le roi Déjotare allant passer quelques jours dans une maison de campagne, rebroussa chemin en apercevant une cigogne quitter le toit de cette maison. Le lendemain, on lui apprit que le belvéder où se trouvait le nid de la cigogne, s'était écroulé une heure après son départ et avait écrasé plusieurs personnes.—Le cri du corbeau ou de la corneille qui se fait entendre à gauche ; celui de la chouette perchée au haut d'une maison ; les hurlements lamentables du chien, sont des signes de maladie et quelquefois de mort. — Un coq qui reste muet pendant la nuit ne présage rien de bon ; s'il chante au point du jour, on doit espérer. — L'homme qui rencontrait sur son chemin un serpent roulé en spirale et levant une tête menaçante, avait hâte de rétrograder dans la crainte de quelque surprise de la part de ses ennemis ; si le serpent, au contraire, s'enfuyait, l'homme poursuivait sa route avec confiance. — L'homme qui portait sur sa poitrine le cœur d'une corneille femelle, et la femme qui portait sur son sein le cœur d'une corneille mâle, vivaient et s'accordaient parfaitement ensemble.

A table, le vin et le sel renversés présageaient un malheur ; l'engourdissement du petit doigt, une subite palpitation de cœur, pronostiquaient un parjure ou une trahison. — Les titillations nerveuses de la paupière, un léger chatouillement des sourcils étaient toujours pris en bonne part. — La chute d'une statue, d'un arbre, d'une branche, etc., se heurter le pied contre le seuil d'une porte ; briser le cordon de sa sandale, étaient du plus funeste augure. — On voyait dans l'éternuement un symptôme de santé ou de maladie, selon l'état physique de l'individu. Les Égyptiens regardaient l'éternuement comme un oracle familier; selon eux, lorsque la lune se trouvait dans le taureau, le lion, la balance, le capricorne ou les poissons, la personne qui éternuait devait s'attendre à quelque chose d'heureux; alors, on la saluait; mais si la lune parcourait un des autres signes du zodiaque, le présage était mauvais. Celui qui éternuait en sortant de table ou du lit, s'y remettait de suite par prudence, afin de prévenir l'accident qui lui était annoncé. Aujourd'hui on dit: *Dieu vous bénisse!* à ceux qui éternuent, probablement pour détourner de leur tête quelque malheur imprévu. — Un tison qui du foyer roule sur la cendre, annonce une visite ou une lettre. — Un morceau de braise se ranimant tout à coup avant de s'éteindre, signifiait bonne nouvelle. — Les étincelles du feu, les mouvements de la fumée fournissaient aussi de bonnes ou de mauvaises indications. Dans les sacrifices qu'on offrait aux dieux, si le feu brûlait sans être contrarié par le vent; si la flamme s'élevait claire, crépitante, accompagnée d'une fumée blanche et légère, c'était le signe qu'il était accepté; un feu qui avait de la peine à s'allumer, une épaisse fumée qui, au lieu de monter perpendiculairement, se traînait sur le sol, annonçait la colère des dieux et l'inutilité du sacrifice. — Une victime marchait-elle librement au lieu du sacrifice, on devait augurer en bien. Si, au moment où on l'immolait, elle semblait donner son consentement par un mouvement de tête affirmatif, le succès était certain. Cicéron faisait observer, à ce sujet, que les sacrificateurs savaient leur imprimer le mouvement affirmatif ou négatif selon leur volonté.

— Trois torches, trois lampes ou trois chandelles allumées dans un appartement, faisaient redouter une mort pendant l'année ; on croyait voir dans ces trois lumières ou les trois Parques, ou les trois gueules de Cerbère, ou, enfin, les trois Furies. Voilà pour les anciens.

Et, chez nos aïeux, la plupart des présages auxquels ils ajoutaient une foi aveugle, n'étaient ni moins plaisants, ni moins ridicules. Ainsi, pour beaucoup de bonnes gens, le jour de la Saint-Martin était un jour heureux ; celui des Innocents un jour malheureux.

— On se gardait expressément de se baigner le jour de Sainte-Anne, car on serait sorti du bain avec la fièvre. — On lavait les moutons, les ânes et les enfants la veille de Saint-Jean-Baptiste, comme préservatif ou guérison de la gale et de toute autre maladie de peau. — Ceux qui faisaient dévotement le tour de trois feux de Saint-Jean, se trouvaient guéris de leurs maux de tête ou de leurs maux de reins. — Laisser un morceau de pain sur la table, la nuit de Noël, portait bonheur à toute une maison. — Les bergers s'abstenaient de rire et de chanter le jour de Saint-Saturnin, pour que leurs agneaux ne naquissent pas avec le cou de travers. — Les bonnes femmes n'osaient pas filer dans l'après-midi du samedi, craignant de faire de la peine à la Bonne-Vierge. Dans la Bretagne et l'Auvergne il n'était pas permis de cracher le Vendredi-Saint, même aux personnes enrhumées, sans commettre une impiété. — On se guérissait de la fièvre et du mal de ventre en se roulant sur la rosée dans un champ d'avoine le jour de la Saint-Jean. — L'offrande d'un boisseau d'avoine à sainte Rhadegonde, le jour de sa fête, guérissait du haut mal et donnait de l'embonpoint aux personnes maigres. — On devait s'attendre à de grands malheurs, si l'on commettait l'imprudence de faire travailler les bœufs ou les chevaux le jour de la fête de Saint-Eloi. — Les semailles ne profitaient pas si elles étaient faites le jour de Saint-Léger. — On mettait en fuite les rats et les souris, qui causaient de grands dégâts dans les greniers, en aspergeant les tas de grains avec un seau d'eau tiré à jeun, et dans lequel on avait versé un verre d'eau bénite. — Trois tours faits autour d'une escabelle, marquée de trois croix le jour de la Chandeleur, avec un cierge allumé à la main, mettaient à l'abri du tonnerre et chassaient les diables de la maison, lorsqu'elle en était infestée, etc., etc., etc. Nous n'en finirions pas s'il fallait énumérer la foule des préjugés infiltrés dans l'esprit de nos aïeux. Les exemples que nous venons de citer suffiront au lecteur.

Telle fut autrefois et pendant bien longtemps la

croyance des hommes aux présages plus ou moins puérils. Un mauvais présage arrêtait les affaires les plus importantes comme les plus légères, et l'on attendait, pour les entamer, des jours meilleurs. Il arrivait même assez souvent que la crainte inspirée par un mauvais présage causait chez certains individus une profonde tristesse, quelquefois une maladie. Cette superstition perpétuait l'ignorance parmi le peuple, le rendait stupide et barbare. Les générations actuelles, plus éclairées, plus raisonnables, rient de ce qui faisait frissonner les anciens ; cependant, il est certaines contrées, même en France, où le campagnard brute et crédule prend encore au sérieux les présages dont se moque l'habitant des villes. Espérons qu'une plus large répartition des lumières ira bientôt lui dessiller entièrement les yeux.

CHAPITRE XV.

DES SCIENCES CHEZ LES ANCIENS

Les sciences physiques, dans l'antiquité, n'atteignirent pas ce haut degré où les ont poussées les modernes. Cependant plusieurs hommes de génie chez les Chaldéens, les Égyptiens et les Grecs méritent, par leurs travaux et leurs découvertes, notre admiration et notre reconnaissance. Ce fut surtout de l'astronomie et de la mécanique qu'ils s'occupèrent avec le plus d'ardeur; d'où il faut conclure qu'ils possédaient des notions de mathématiques très-avancées.

Les deux plus grandes figures scientifiques de ces époques sont Pythagore et Archimède. Ce dernier opéra, en mécanique, des prodiges dont nous allons bientôt parler. Mais, les sciences, qui sont aujourd'hui dans le domaine public, étaient autrefois le privilége de quelques-uns, et c'est très-probablement la cause du retard qu'elles éprouvèrent, tandis que les arts furent portés à une perfection que les modernes n'ont pu atteindre. Nous allons exposer sommairement les diverses branches de la science que les anciens cultivèrent avec le plus de succès.

§ Ier — OPTIQUE.

L'optique était très-avancée chez les Égyptiens et les Grecs. Aulu-Gelle rapporte qu'ils construisaient différentes sortes de miroirs : les uns multipliaient les objets, les autres les offraient renversés, et ces mêmes miroirs, placés dans une position particulière, ne réfléchissaient plus rien. Ils connaissaient les miroirs coniques, convexes, concaves, magiques, etc. Ils se servaient du prisme pour décomposer la lumière, de la chambre obscure, de la lanterne magique et de divers moyens de catoptrique propres à faire naître des illusions que le vulgaire prenait pour des miracles. Suidas rapporte que les thaumaturges de son temps étaient très-habiles dans l'art de fasciner les yeux, de donner à autrui les formes les plus attrayantes, comme aussi les plus difformes. Pomponius Méla attribuait aux Druidesses de Séna l'art de pouvoir se transformer et de transformer les hommes en animaux. Tout cela ne pouvait se produire que par des illusions d'optique. Il en était de même dans les souterrains de Memphis, de Saïs, d'Éleusis et autres lieux célèbres où se pratiquaient les initiations. La pyrotechnie, la fantasmagorie et la ventriloquie jouaient un grand rôle dans les épreuves auxquelles on soumettait les adeptes. Cicéron, Sénèque, Jamblique, Aulu-Gelle et plusieurs autres auteurs, ont consigné dans leurs écrits les moyens alors employés pour grossir les objets et les rendre visibles à de grandes distances. Enfin, les recherches de nos plus savants archéologues ne laissent désormais aucun doute sur divers instruments d'optique en usage chez les anciens, tels que les verres concaves, convexes et autres lentilles de toute dimension ; les microscopes hydrauliques, ainsi qu'un genre particulier de lunettes et de télescopes, étaient aussi employés pour grossir les objets et rapprocher les distances. Nous placerons ici quelques lignes sur le fameux miroir ardent d'Archimède, regardé par plusieurs savants comme fabuleux. Cette courte description sera peut-être une preuve que beaucoup de découvertes attribuées aux modernes étaient parfaitement connues des anciens.

Le miroir ardent d'Archimède, au moyen duquel il brûla la flotte romaine assiégeant Syracuse, est cité, par plusieurs historiens, comme une invention très-réelle. Voici comment s'exprime Tzetzès à cet égard :

« Archimède brûla les vaisseaux de Marcellus à l'aide d'un miroir ardent composé de petits miroirs, lesquels se mouvaient en tous sens au moyen de charnières, et qui, exposés aux rayons solaires et dirigés sur les vaisseaux, les réduisirent en cendres à la portée d'un trait. »

Anthelme de Tralles, en Lydie, célèbre architecte et savant mécanicien, dans son traité intitulé : *Paradoxes de Mécanique*, disserte longuement sur ce fameux miroir. Non-seulement il en admet l'existence, mais il donne lui-même le modèle d'un miroir qui pourrait enflammer du bois à une certaine distance.

Lucien, Zonare et Vitellion disent positivement qu'au siége de Syracuse la flotte romaine fut brûlée par le miroir d'Archimède. Plus tard, Proclus construisit un miroir à peu près semblable et brûla aussi la flotte de Vitalien au siége de Constantinople. Eustathius, dans son commentaire sur l'Iliade, dit qu'Archimède, par une invention de catoptrique, brûla la flotte romaine à la distance d'un trait d'arbalète. De telle sorte qu'il n'est point de fait historique mieux établi que celui-là. Enfin, Buffon, notre célèbre naturaliste, voulant vérifier le fait, fit construire un immense miroir composé de trente-six petits miroirs dont les foyers renvoyaient la lumière sur le même point. La puissance réflective de cet immense miroir put enflammer une planche de sapin à vingt-cinq pas de distance.

§ II. — MÉCANIQUE.

Dans l'ancienne civilisation gréco-romaine, la mé-

canique avait atteint un haut degré de perfection, si
nous en jugeons par les descriptions que l'histoire
nous a transmises. Les machines de guerre, d'une
dimension colossale, à trois et quatre étages, dépas-
saient en hauteur les remparts les plus élevés. Au
sommet de ces tours mouvantes existait un pont volant qu'on abaissait sur le rempart de la ville assiégée, afin que les assiégeants pussent facilement se
jeter dans la place. Au bas de ces machines, un immense bélier se trouvait suspendu pour battre en brè-
che les murs les plus épais. Les énormes machines
construites par l'architecte de Démétrius, valurent
à ce prince le surnom de *Poliorcète* ou preneur de
villes.

Un mécanicien de la ville d'Alexandrie, alors assiégée par J. César, inventa une machine aussi vaste
que compliquée qui pompait une quantité prodi-
gieuse d'eau de mer, et la lançait ensuite avec violence sur les assiégeants. Ces inondations artificielles
incommodaient tellement les troupes romaines, que,
sans l'énergique volonté de J. César, elles auraient
levé le siége.

C'était surtout dans les temples d'Égypte et de
Grèce que se rencontraient les plus savants mécaniciens. L'immense attirail que l'on déployait dans la
cérémonie des épreuves, les appareils fantasmagoriques de tous genres, réunissant tous les prodiges de
la statique, de l'hydraulique, de l'optique, de l'a-

coustique, etc., devaient nécessairement être construits et dirigés par des hommes fort habiles et
profondément versés dans les sciences dont ils faisaient l'application (1).

Mais, de tous les hommes qui s'illustrèrent dans
les arts mécaniques, aucun ne saurait être comparé à
ARCHIMÈDE. Ce génie hors ligne fournirait matière
à plusieurs volumes, si l'on voulait rapporter les
merveilleuses inventions sorties de son cerveau créa-
teur. Un savant anglais disait de lui : « Ce grand
homme a posé les premiers fondements de presque
toutes les sciences et des inventions que notre siècle
se fait gloire de perfectionner. »

Il n'est point d'écolier qui ne sache qu'Archimède
défendit, à lui seul, la ville de Syracuse, assiégée
par les Romains. Pendant ce siége mémorable, il
construisit plusieurs machines d'une puissance incroyable. Lorsque les vaisseaux ennemis s'avançaient
trop près des murs de Syracuse, une énorme main
de fer sortait d'une tour et les saisissait par la proue,
les soulevait en l'air, les secouait rudement, puis les
brisait ou les coulait à fond. Les ennemis, stupéfaits,
croyaient que les dieux seuls pouvaient disposer
d'une force semblable. Si, pour les mettre à l'abri de
ces mains de fer, ils éloignaient leurs vaisseaux du

____

(1) V. dans *les Nuits Corinthiennes* ou *Soirées de Laïs*, la description des épreuves d'Éleusis.

port, Archimède allait encore les embraser avec son miroir ardent.

Archimède construisit une galère colossale pour le roi Hiéron, son parent et son admirateur. On trouvait dans cette galère des appartements aussi vastes que somptueux, des jardins, des prés émaillés de fleurs, des promenades plantées d'arbres au frais ombrage, des ruisseaux, des étangs pleins de poissons; enfin, tout le luxe et le confortable que pût désirer le roi Hiéron. Archimède produisit tant de choses merveilleuses, exécuta des travaux si gigantesques, qu'on hésite à y croire. Ce furent ses vastes connaissances dans les sciences et sa confiance dans la puissance des machines qui lui firent dire : « *Donnez-moi un point d'appui, je remuerai le globe terrestre.*

Après Archimède, on cite Ctésibius, qui inventa un système de pompes très-ingénieux, et le mathématicien Héron, qui construisit des horloges à eau d'une grande exactitude, des crics d'une puissance extraordinaire et des machines à vent. — Archytas s'acquit une haute renommée par sa colombe artificielle qui volait comme une colombe vivante, roucoulait et venait se percher sur le doigt qu'on lui présentait. — Beaucoup d'autres habiles mécaniciens s'illustrèrent par leurs inventions et leurs travaux.

Il résulte de ce que nous venons de dire, que les

anciens avaient fait d'immenses progrès en mécanique. Les documents historiques et les monuments échappés à la dent destructive du temps en donnent la preuve convaincante.

Nous ne terminerons point cet article sans parler d'un mécanicien célèbre du siècle dernier, dont les ouvrages égalèrent au moins ceux d'Archytas; je veux parler du célèbre Vaucanson, qui construisit plusieurs automates du plus parfait travail : entre autres, un joueur de flûte et un canard.

Le canard offrait dans son intérieur le mécanisme des viscères destinés aux fonctions de la nutrition et de la digestion ; le jeu de toutes les parties nécessaires à ces fonctions y était exactement imité : il allongeait son cou pour aller prendre le grain dans la main ; il l'avalait, le digérait et le rendait par les voies ordinaires. Tous les gestes d'un canard qui avale avec précipitation, et qui redouble de vitesse dans les mouvements de son gosier pour faire passer le manger jusque dans l'estomac, y sont rendus avec une vérité très-frappante. Une fois l'aliment introduit dans l'estomac, il y éprouve une digestion complète, comme chez les animaux; puis la bouillie chymeuse est conduite par des tuyaux figurant des intestins jusqu'à l'anus, où il se trouve un sphyncter qui en suspend ou en permet l'excrétion.

Vaucauson ne donnait pas cette digestion mécanique pour une digestion parfaite capable de faire du sang ; il avait seulement voulu imiter le mécanisme de la digestion, divisée en trois temps : 1º avaler le grain ; 2º le triturer, le macérer, le dissoudre ; 3º le faire sortir avec une altération sensible.

Il a fallu vaincre de grandes difficultés pour arriver à cet étonnant résultat ; il a fallu construire, dans un petit espace, un laboratoire chimique pour décomposer le grain et le conduire, par des circonvolutions de tuyaux, à une extrémité opposée à celle par où il était entré.

Ce canard boit, barbote, agite les ailes, se lève sur ses pattes, marche, crie et exécute tous les mouvements d'un canard vivant.

Le second chef-d'œuvre de Vaucanson se nommait le Joueur de flûte ; il était habillé en berger-danseur, et jouait une vingtaine d'airs, menuets, rigodons ou contre-danses ; il jouait du flageôlet d'une main et battait du tambour de l'autre.

Le canard de l'habile mécanicien français valait bien la colombe d'Archytas.

§ III — ACOUSTIQUE

L'art de grossir, de diminuer et de renvoyer les sons, de charmer et d'effrayer les oreilles, était parfaitement connu des anciens thaumaturges. Ils savaient que la voix ou un son chassé dans un tube à pavillon évasé, acquiert un plus grand volume et une intensité en rapport avec la force d'impulsion. Ils savaient que le son se réfléchit de même que la lumière et produit le phénomène qu'on nomme écho. Ils savaient, enfin, qu'un son, réfléchi une première fois, peut se réfléchir de nouveau, s'il rencontre des surfaces qui le renvoient, et donner lieu à des échos multiples. Les thaumaturges attachés aux temples et les affiliés à l'initiation taillaient des collines, creusaient des cavernes, arrondissaient des voûtes dont les propriétés réflectives augmentaient ou diminuaient les sons, afin de produire l'étonnement, la joie ou la crainte. Devant les nombreux secrets d'acoustique mis en jeu par les thaumaturges, et que l'histoire nous a conservés, on est forcé d'avouer qu'ils durent se livrer à de longues études et déployer une grande habileté dans la pratique.

Les échos de Thessalie, de Thrace, d'Éleusis et surtout celui de Delphes, étaient remarquables par le grossissement des sons et par les répétitions triples et quadruples. Lors de l'invasion des Perses, le temple de Delphes fut préservé du pillage, et la ville fut en partie sauvée grâce aux échos que les prêtres avaient construits dans le Parnasse. Quelques centaines d'hommes dispersés dans la montagne criaient à plein gosier; leurs voix, grossies et multipliées, que les échos se renvoyaient l'un à l'autre, produisirent un bruit si formidable que les ennemis effrayés n'osèrent avancer et se retirèrent.

Dans les temples et les hypogées où se passaient les mystères, il y avait toujours une salle disposée de façon à produire d'étonnants effets d'acoustique. Les bruits les plus faibles acquéraient l'intensité des bruits les plus forts; quelquefois, les sons se répétaient avec des variations surprenantes : ils s'éloignaient en mourant, puis revenaient tout à coup avec leur première intensité, et finissaient par s'éteindre; d'autres fois, ils étaient adoucis, veloutés et charmaient les oreilles. Tantôt le son déchirant des trompettes bondissait d'écho en écho à faire frissonner, et tantôt il arrivait aussi doux que celui des flûtes. Ces divers échos devaient être construits avec un art admirable; les anciens, il faut l'avouer, étaient plus avancés que nous dans cet art.

Dans le labyrinthe de Saïs, en Égypte, le bruit d'une porte qu'on fermait n'était pas entendu de celui qui se trouvait auprès ; tandis qu'une personne qui était éloignée de plusieurs centaines de pas, croyait entendre les roulements du tonnerre. — Les souterrains d'Éleusis se faisaient aussi remarquer par l'effet de plusieurs voûtes paraboliques : la voix de l'Hiérophante, caché derrière un rideau, dans une salle immense, arrivait tantôt puissante et terrible, et tantôt douce et affectueuse aux oreilles des adeptes groupés à l'extrémité du souterrain. Cette illusion d'acoustique dépendait de certains appareils qu'on plaçait ou qu'on enlevait à volonté.

Crassus fit élever un tombeau à Métella , son épouse, près d'une colline où un architecte grec avait disposé un écho qui répétait cinq fois le son qu'on lui jetait.— Dans la vallée de l'Eurotas, il existe encore, de nos jours, un écho qui répète seize syllabes fort distinctement. Cet écho provient de plusieurs excavations faites de main d'homme, on ne sait dans quel but.

Parmi les échos naturels les plus fameux, on cite celui de la ville de Cysique, qui répète quatre fois distinctement le son qui l'a frappé. — La salle souterraine, surnommée prison de Denys de Syracuse, donne au plus faible bruit une grande intensité qui se termine par une explosion. — L'aquéduc de Claude porte le son de la voix ou tout autre à plusieurs milles de distance. — Il existait jadis, près de Verdun, deux tours qui produisaient un écho répétant, dit-on, quatorze fois.— Barthius parle d'un écho, situé aux environs de Coblentz,qui se reproduit dix-sept fois. — Kircher et Schott, dans une curieuse description de l'écho du château de Simonette, disent qu'en se plaçant à certaines croisées de ce château, le cri qu'on jette est répété quarante fois ! — Addison a entendu plus fort que tout cela : il certifie que, dans une gorge des Apennins, son cri fut reproduit, successivement sans interruption, cinquante fois !!! Ce fait ressemble assez à une gasconnade, et, malgré tout notre respect pour la mémoire de cet écrivain, nous sommes forcé d'avouer qu'on n'en fait pas de plus exagérée aux bords de la Garonne.

Dans les *Mémoires de l'Académie des Sciences* de 1692, il est mentionné un genre d'écho offrant cela de particulier, que la personne qui parle n'entend absolument rien, tandis que celle qui écoute entend la voix avec des variations surprenantes : la voix semble d'abord s'éloigner, puis revient tout à coup beaucoup plus grosse.

Il existe plusieurs églises en Espagne, dans lesquelles se trouvent des salles à voûtes elliptiques faisant office de porte-voix. Les sons qui frappent un des côtés de la voûte vont se réfléchir sur l'autre, de manière que des personnes placées aux deux extrémités opposées, et parlant à voix très-basse, s'entendent très-distinctement; tandis que leur conversation ne peut être entendue des personnes qui se trouvent au milieu de la salle.

Llorente, qui a divulgué, dans un livre fort curieux, les affreux secrets du tribunal inquisitorial d'Espagne, dont il avait été le secrétaire, rapporte que, dans les salles souterraines de l'Inquisition, des échos d'une grande précision étaient ménagés : échos perfides qui portaient aux oreilles des inquisiteurs les conversations indiscrètes qu'on tenait à voix basse, et dénonçaient ainsi de nombreuses victimes.

Il y aurait encore une foule de circonstances plus ou moins curieuses à relater sur l'acoustique des anciens ; mais les limites données à cet ouvrage ne nous permettent pas de nous étendre davantage sur ce sujet.

§ IV. — DE LA CHIMIE CHEZ LES ANCIENS.

La chimie est la science qui enseigne la composition des corps et apprend à les décomposer ; elle comprend aussi l'art de recomposer les corps et d'en former de nouveaux. Cet art fut cultivé avec succès, et particulièrement la métallurgie, par les anciens. Vulcain ou Tubalcaïn fut, dit-on, le premier qui parvint à extraire les minerais des entrailles de la terre, qui les soumit à la fusion et obtint des métaux plus ou moins purs. Un fait positif, qui nous est transmis par la plupart des historiens de l'antiquité, c'est que, dès les temps les plus reculés, on connaissait déjà l'affinage des métaux, et, de plus, qu'on les travaillait avec une rare habileté.

La céramique, la glyptique ou art de composer et de tailler les pierres précieuses ; l'art de la teinture sur toutes sortes de tissus ; l'art de fabriquer le verre et de lui donner diverses couleurs, de le rendre malléable, élastique ; la pyrotechnie, etc., etc., toutes ces branches de la science étaient cultivées par de véritables artistes qui se montraient glorieux de leur travail et de leurs découvertes. La chimie de ces époques n'était pas, sans doute, arrivée à ce haut degré de perfection où l'ont portée nos savants modernes; mais l'esprit observateur des anciens, leur opiniâtreté dans les recherches, leur constance dans l'insuccès, quelquefois le hasard, les avaient enrichis d'une foule de procédés dont plusieurs sont ignorés de nos jours. Ainsi, par exemple, la teinture sur toile et coton des Égyptiens était beaucoup plus solide que la nôtre; on pouvait passer l'étoffe à la lessive sans que les couleurs en fussent endommagées. Leur fabrication de pierres précieuses artificielles imitait si parfaitement les naturelles, relativement à la couleur et à la dureté, que les connaisseurs même s'y trompaient (1).

Voici un passage de Pline, sur la teinture des Égyptiens :

« Après avoir tracé leur dessin sur une toile blanche, ils remplissent chaque partie de ce dessin avec différentes sortes de compositions gommeuses propres à absorber différentes couleurs. Ils trempent ensuite la toile ainsi préparée dans une chaudière pleine d'un liquide bouillant, et l'en retirent offrant toutes les couleurs qu'ils ont eu l'intention de lui donner. Ce qu'il y a de remarquable, c'est

____

(1) Voyez, à ce sujet, l'intéressant ouvrage intitulé : *Modes et parures chez les anciens*. Dentu, éditeur.

que les couleurs ne passent pas avec le temps ; la lessive, même très-forte, n'a aucune action sur
elles. »

Quant à la verrerie, Flavius Vospicus rapporte le
fait suivant :

« L'empereur Adrien envoya à l'un de ses consuls
trois coupes d'un verre très-curieux qui, comme le
cou d'un pigeon, avait la propriété de réfléchir diverses couleurs. Lorsqu'on les regardait dans un
autre sens, elles imitaient la pierre précieuse nommée *obsidiane*... »

Pline et Pétrone ont consigné dans leurs écrits
cet autre fait :

« Sous le règne de Tibère, un artiste fabriquait
des coupes de verre flexible qui ne se brisaient point;
admis en présence de l'empereur, il lui offrit un de
ces vases, comme un présent digne de lui. Après
qu'on lui eût donné les éloges que son invention
méritait, l'artiste voulut augmenter l'admiration des
spectateurs, il reprit le vase et le lança si violemment contre terre, qu'un vase d'airain en eût été
endommagé. Ramassant alors le vase, il le montra à
l'empereur, tout déformé ; mais, tirant aussitôt un
marteau de son sein, il en redressa les bosses et le
remit dans le même état qu'auparavant. Cet infortuné
s'attendait à de nouveaux éloges et à une récompense
méritée, lorsque Tibère lui demanda si aucun autre
que lui ne connaissait cette manière d'apprêter le

verre. L'artiste l'ayant assuré qu'il était le seul qui
possédât ce secret, l'empereur ordonna qu'on lui
tranchât la tête, de crainte, dit-il, que l'or et l'argent
ne vinssent à être réputés plus vils que la boue. »

Le même fait est rapporté par Dion Cassius, en des
termes à peu près semblables ; quelques autres auteurs en font aussi mention.

Démocrite, le père de la philosophie expérimen-
tale, après un long séjour en Égypte pour s'y instruire
dans les sciences occultes, revint en Grèce où il se livra à des travaux de chimie. Il avait coutume de sceller
de son anneau les expériences qui avaient réussi, afin
de les livrer à ses élèves comme certaines. Pétrone
assure que ce philosophe passa la dernière moitié de
sa vie en expériences physiques et chimiques ; il
connaissait les vertus de toutes les plantes et les propriétés d'une foule de substances du règne minéral.
C'est lui qui le premier construisit un fourneau à
réverbère ; c'est encore lui qui trouva le moyen de
ramollir l'ivoire et de le rendre malléable. Enfin, il
excella dans l'art de fabriquer les pierres précieuses
artificielles, surtout les topazes et les émeraudes.
Parmi les nombreuses découvertes attribuées à Démocrite, figure une composition chimique analogue
à celle de la poudre à canon. Cette poudre, qui ne fut
connue en Europe que vers le quinzième siècle, se
fabriquait dans l'Inde et l'Égypte depuis un temps
immémorial. La chimie possède ce secret depuis plus

de trois mille ans. Les nombreux documents historiques sur l'emploi de cette composition, chez les
anciens, prouvent évidemment l'antiquité de son
origine. (Voyez à ce sujet le chapitre *Pyrotechnie*
de cet ouvrage.)

CHAPITRE XVI.

CYSMOLOGIE. — MÉTÉOROLOGIE

ART DE PRÉVOIR LES TREMBLEMENTS DE TERRE ET LES DIVERS PHÉNOMÈNES ATMOSPHÉRIQUES

L'art de prévoir les tremblements de terre, les orages, les inondations, les disettes, etc., paraît avoir été, chez les anciens, le partage de la classe savante ou sacerdotale. Les études sur la physique et l'histoire naturelle que cette classe poursuivait incessamment, et dans lesquelles elle lançait ses adeptes les plus intelligents, ne permettent aucun doute à cet égard. L'histoire des brahmes, des mages, des prophètes, des devins et des philosophes, est semée de ces sortes de pronostics qui se réalisaient dans la majorité des cas. Ainsi Phérécide, premier maître de Pythagore, après avoir examiné attentivement l'eau d'un puits et l'avoir goûtée, dit aux Samiens que la journée ne se passerait pas sans qu'ils éprouvassent un *cysme,* ou tremblement de terre. En effet, le soir même, plusieurs secousses se firent sentir, et sur plusieurs points de l'île la terre s'entr'ouvrit, laissant échapper des vapeurs sulfureuses. La dégustation de l'eau trouble et chaude d'un puits qui était toujours froide et limpide, suffit au philosophe pour prévoir la secousse qu'on ressentit.

A Lacédémone, le philosophe Anaximandre prédit un tremblement de terre qui occasionna la chute de quantité de rochers du mont Taygète. Cette prédiction était basée sur le bruit sourd et formidable qui précède toujours de quelques heures les violentes secousses et l'éruption d'un cratère. Les hommes qui ont voulu tirer parti de ces circonstances toutes naturelles pour effrayer leurs semblables, ont dit que c'était la voix d'un dieu courroucé qui allait se venger, si l'on ne trouvait un moyen de l'apaiser. De là, les temples et les offrandes !

Il fut constaté à Bologne, en l'année 1695, que l'eau des puits et des fontaines se troubla et devint tiède, précisément la veille d'un tremblement de terre. Le même phénomène eut lieu en Sicile, en février 1818, également la veille d'une terrible éruption de l'Etna.

Des phénomèmes semblables ont donné l'occasion à plusieurs savants du siècle passé, de préciser le jour et même l'heure de plusieurs tremblements de terre.

M. Cadet, de Metz, annonça publiquement, quinze
jours d'avance, le tremblement de terre qui ravagea
la Calabre citérieure. — En 1828, un de nos savants
prédit également, une quinzaine de jours d'avance,
l'affreux tremblement qui bouleversa Lima et porta
ses ravages jusqu'à la Martinique.

Plus faciles à étudier, par cela même qu'ils se manifestent plus fréquemment, les phénomènes météorologiques furent de tous temps une source féconde
où puisa le thaumaturge. Zoroastre, Moïse et les
principaux chefs de la classe sacerdotale de l'antiquité, cultivèrent, avec plus ou moins de succès,
cette branche importante de la science, et s'en servirent pour donner aux peuples une haute idée de leur
mission. Cependant nous dirons à la louange des
Grecs, que leurs philosophes rejetèrent loin d'eux ces
orgueilleuses prétentions, et n'usèrent de leurs connaissances météorologiques que dans un but louable :
celui d'éclairer les masses, d'apprendre à tout individu raisonnable que TOUT suit un cours fatal dans
l'univers, et qu'il n'est donné à nul être de pouvoir
détourner le cours des choses. Thalès, Pythagore,
Démocrite et plusieurs autres savants de ces époques
lointaines, annonçaient à leurs compatriotes, avec le
désintéressement qui caractérise le vrai philosophe,
qu'ils eussent à se prémunir contre une année de
disette, ou à préparer leurs caves et leurs greniers
pour recevoir une abondante récolte.

Le lecteur aura sans doute remarqué la différence qui existait entre les ministres des dieux et les philosophes ; les premiers faisaient tourner la science à leur profit et à leur bien-être personnel, tandis que les seconds l'appliquaient à l'instruction et au bonheur des peuples.

L'art des prévisions météorologiques découlait naturellement de l'étude des phénomènes célestes. Cette étude, ainsi que nous venons de le dire, poursuivie avec persévérance, donna une grande importance et une certaine précision à l'art météorologique. Les devins, augures, aruspices et philosophes, pronostiquaient souvent vrai, à l'inspection du ciel. Empédocle, après son initiation aux mystères, enseignait secrètement les moyens occultes d'enchaîner les vents, d'exciter ou d'apaiser les tempêtes. — Les druidesses des Iles Britanniques s'attribuaient le pouvoir de déchaîner les ouragans, de rétablir le calme sur la mer agitée. Les prêtres égyptiens étaient fort habiles en prévisions de ce genre, les marins venaient les consulter avant de se mettre en mer. Thalès, qui tenait ses connaissances des Égyptiens, avait composé un petit traité sur les signes annonçant les variations atmosphériques. Ainsi, par exemple, l'apparition d'un petit nuage blanc à l'horizon, lorsque le ciel est pur, annonce une pluie prochaine ou des coups de vent. Le voyageur Brard, qui a séjourné longtemps en Égypte, affirme, d'après ses observations personnelles, que ce pronostic est presque toujours certain. Au cap de Bonne-Espérance les ouragans sont également précédés d'un petit nuage à l'horizon, que les marins ont nommé *œil de bœuf*. Il en est de même sur la côte de Guinée, de petits nuages brunâtres semés comme des taches annoncent une tempête qui ne tarde pas à éclater. Les fortes chaleurs et les grands froids ; les vents et les calmes plats ont aussi leurs signes précurseurs. — Dioscoride prédisait la pluie pour le lendemain, quand sur le soir il voyait un nuage épais et noirâtre former rideau à l'horizon ; il ne se trompait jamais. Il prédisait aussi un vent plus ou moins violent, lorsqu'après de grandes chaleurs le ciel se rayait de bandes rougeâtres. — L'historien Pausanias a vu des initiés aux grands mystères détourner un énorme nuage de grêle qui aurait très-probablement ravagé la campagne sur laquelle il allait crever. Leurs opérations consistaient à élever vers le nuage de grandes perches ornées de phylactères. Le même procédé contre la grêle fut au huitième siècle mis de nouveau en pratique, et, vers la fin du siècle dernier, le physicien Bertholon proposa des paragrêles à peu près semblables à ceux des anciens. Enfin, il y a quelques années, un mémoire sur de nouveaux paragrêles a été lu à l'Institut de France. Voyez à ce sujet, les Comptes-rendus de ce corps savant.

Il existait autrefois, de même qu'il existe aujourd'hui, une météorologie populaire journellement pratiquée par les gens des campagnes ; cette météorologie, fruit d'une expérience de plusieurs générations, trompe rarement le paysan observateur. Il peut se faire, néanmoins, que la prédiction du paysan ne soit pas strictement exacte ; qu'au lieu de la pluie il fasse du vent, *et vice versâ ;* mais il y aura toujours changement de temps.— J'ai souvent causé avec un vieux fermier qui passait pour l'oracle du village en matière de changement de temps.—« Voyez-vous, me dit-il un jour, ce ciel d'un bleu pâle et ces petits nuages blancs irréguliers et comme déchirés qui semblent immobiles? eh bien ! c'est du vent, un grand vent pour cette nuit ou, au plus tard, pour demain matin. » Le fait se vérifia dans la soirée même. Ce vent souffla trois jours entiers. Le matin du quatrième, le paysan me fit remarquer un gros nuage noir qui s'élevait peu à peu à l'horizon et prenait de vastes proportions. « Petite pluie abat grand vent, c'est le proverbe, me dit-il ; dans quelques heures il pleuvra. » En effet, une pluie légère d'abord, puis plus abondante, tomba aux approches de midi et fit taire le vent. Ce vieux paysan prévoyait les temps secs et humides, les brumes, les gelées, les vents, les calmes et généralement toutes les variations atmosphériques; il devait cette faculté à son esprit observateur et à sa vieille expérience.

Nous concluons de ces faits que l'art de prévoir

les changements atmosphériques et terrestres, était
regardé par les anciens peuples comme un don des
dieux ; que ceux qui le possédaient accréditaient
cette croyance qui leur rapportait honneurs et profits.

CHAPITRE XVII.

PRODIGES. — FAITS MIRACULEUX CHEZ LES ANCIENS

Pour l'homme ignorant et crédule, tout fait inexplicable en apparence est un prodige, un miracle; pour le savant et l'homme de bon sens, au contraire, il n'y a point de prodiges. Ainsi, un être monstrueux, un bruit au milieu des airs ou dans les entrailles de la terre; l'apparition de signes insolites dans le ciel, une statue qui marche et se met à parler, des fantômes gigantesques au milieu d'un ouragan, etc., etc., effrayent le vulgaire qui ne voit que par les yeux et non par l'esprit. Le philosophe ne considère ces faits prodigieux que comme l'effet d'une cause qu'il connaît déjà ou qu'il recherche s'il l'ignore.

Tous les peuples du monde ont des miracles à citer, des prodiges, des faits merveilleux et surnaturels; tous ont leurs fables plus ou moins grossières; et, malheur à quiconque oserait s'en moquer! Pourquoi donc toujours le mensonge au lieu de la vérité?

12.

Hélas! c'est que partout et toujours il y eut des charlatans et des gens crédules ; c'est qu'il faut aux premiers l'ignorance et la crédulité des seconds pour bâtir leur réputation et leur fortune. Quoique aujourd'hui le nombre des charlatans n'ait pas beaucoup diminué, ils sont néanmoins forcés de prendre d'autres allures et de mieux habiller leurs fables pour y faire croire, et encore le nombre de leurs vrais croyants diminue-t-il chaque jour.

C'est au moyen des sciences et des arts, dont il était l'unique dépositaire, que le corps sacerdotal et ses adhérents, chez les anciens, opéraient des prodiges qui impressionnaient vivement le vulgaire. Le résultat de ces pratiques était d'entretenir au cœur des populations, la crainte et le respect envers les ministres des dieux. Les notions d'astronomie, de physique et de chimie, de mécanique, de médecine et de pharmacologie que possédaient les prêtres, les mettaient à même de passer pour des êtres privilégiés, communiquant avec la divinité; d'où la croyance qu'ils étaient les intermédiaires entre les dieux et les hommes.

Déjà, dans le courant de cet ouvrage, nous avons signalé une foule de prodiges. Comme il serait beaucoup trop long d'énumérer ceux que l'histoire nous a transmis, nous nous bornerons à citer les principaux.

Les Chaldéens, propagateurs de l'ouranisme ou culte du feu, n'élevaient des autels que pour adorer le feu. Leurs mages, afin de convaincre le peuple de l'excellence de cette religion, jetaient au milieu d'un bûcher ardent, les statues des divinités étrangères qui s'y trouvaient aussitôt dévorées ; c'était la preuve qu'ils donnaient de l'impuissance de ces divinités à se défendre du feu. Un prêtre de Canope s'avisa de faire fabriquer une statue creuse, représentant le ciel ; il la remplit d'eau et en ferma l'ouverture avec un bouchon de cire ; puis il la présenta aux mages qui lui firent aussitôt subir l'épreuve du bûcher ardent. La cire s'étant fondue, l'eau sortit avec abondance et éteignit le feu sacré. Alors les Chaldéens, trompés par cette supercherie, restèrent convaincus de l'excellence du dieu des Égyptiens, et ne considérèrent désormais le feu principe que comme divinité subalterne.

Porphyre et Jamblique nous apprennent que, depuis fort longtemps, les prêtres égyptiens connaissaient le secret de faire, au moyen de vapeurs condensées, apparaître en l'air les images des dieux. La miraculeuse apparition de la *croix de Migné* n'est donc que la répétition naturelle de ce que faisaient les anciens. On sait que cette croix fut aperçue dans le ciel ; de même que le fameux *labarum* de Constantin, c'était la croix de l'église réfléchie par un épais nuage. De nos jours, la physique amusante produit de semblables prodiges.

Sous le règne de Pépin, on vit dans les airs, dit

l'abbé de Villars, des créatures de forme humaine, tantôt marchant en bataille et tantôt voguant sur des navires aériens. On lui avait même assuré que quatre de ces créatures, trois hommes et une femme, étaient descendus de leur navire pour se promener dans la ville de Lyon. — Ah! M. de Villars, étiez-vous dans le plein exercice de vos facultés intellectuelles lorsque vous avez écrit ce conte bleu?

Le crédule Mézerai raconte aussi qu'en 1192, près de Nogent-le-Rotrou, on vit des armées aériennes prendre terre, se former en bataille et combattre avec acharnement, au grand effroi des habitants du pays.

Cardan rapporte le fait suivant : — Le bruit s'était répandu à Milan qu'il y avait un ange planant dans les airs ; étant accouru sur la place publique, encombrée par la foule qui considérait cette merveille, Cardan l'aperçut très-distinctement, et deux mille personnes le virent avec lui ; il n'y avait pas à se tromper avec quatre mille yeux!... Toute la foule était saisie d'admiration, lorsqu'un savant jurisconsulte arriva et fit remarquer aux groupes qui l'entouraient, que cet ange n'était autre chose qu'un ange de pierre élevé sur le clocher de Saint-Gothard, dont la figure, imprimée sur un épais nuage, se réfléchissait aux yeux des spectateurs.

Le Père Deschalles rapporte, dans sa *Dioptrique*, un phénomène semblable dont il fut témoin oculaire.

On vit dans l'air, en plein jour, à Vezelai, un géant qui semblait menacer la ville de sa longue épée qu'il brandissait sur sa tête. Des paysans l'ayant aperçu, s'enfuirent épouvantés; mais quelques personnes sensées ayant examiné ce prodige de sang-froid, reconnurent la statue de saint Michel, placée sur une tour de l'église et réfléchie par un gros nuage.

Maintenant, supposons qu'un charlatan ventriloque eût voulu porter la terreur dans l'esprit de ces paysans timorés; il serait parvenu bien certainement à son but en faisant venir sa voix d'en haut et lançant quelques paroles; sans nul doute, tout le village aurait affirmé qu'on avait vu un géant dans l'air et qu'on avait entendu sa terrible parole. Eh bien ! presque tous les prodiges, tous les faits surnaturels de cette nature qu'on raconte, ressemblent à celui-ci et peuvent être classés dans la même catégorie.

Les moyens mécaniques employés par les thaumaturges étaient aussi variés que nombreux ; ils excitaient l'admiration du peuple qui croyait à l'intervention d'un être supérieur:—les planchers mouvants des temples de Memphis et d'Éleusis, — les statues vocales de Memnon, — la colombe volante d'Archytas, — les serpents d'airain qui glissaient sur l'herbe et sifflaient en dardant leur langue, — les oiseaux d'or qui battaient des ailes et chantaient, — le taureau d'airain qui mugissait, — une foule de statues, dans presque tous les temples, qui se mouvaient et agitaient leurs membres, etc., etc., tous ces chefs-d'œuvre prouvent que le mécanisme des automates avait été porté à un degré de perfection très-avancé.

Apollonius de Thyane vit, chez les sages de l'Inde, des trépieds qui, sans moteur apparent, venaient se ranger d'eux-mêmes autour d'une table.

Macrobe rapporte que, dans le temple d'Hiérapolis, il a vu des statues quitter leur place, marcher, puis revenir se mettre au point d'où elles étaient parties.

Dans les ruines du temple d'Éleusis, on voit encore, de nos jours, de profondes rainures et de larges trous taillés dans le roc, destinés à recevoir les chevilles énormes d'un plancher mouvant.

Le temple de Delphes possédait également une foule de moyens fantasmagoriques, propres à laisser dans l'esprit du vulgaire l'admiration, la crainte et le respect envers ses ministres.

La statue de Memnon rendait des sons plaintifs aussitôt qu'elle était frappée par les rayons solaires. Plusieurs conjectures ont été hasardées sur la vocalité de cette statue. Juvénal, qui vivait sous l'empereur Adrien, et Philostrate parlent de cette merveille comme existant encore de leur temps. Langlès a fait sur elle une très-savante dissertation.

La statue de Cybèle, lors de sa translation du palais d'Attale à Rome, fit entendre ces belles paroles :

— « Enlevez-moi vite d'ici et conduisez-moi en

toute diligence à Rome, la seule cité digne d'être habitée par les dieux. »

La Diane d'Éphèse parlait de temps en temps, levait les bras, tournait sur elle-même et opérait d'autres prodiges qui attiraient la vénération et les offrandes des dévots.

La statue de Jupiter Ammon fronçait le sourcil en signe de mécontentement.

A Phygalée, sur le mont Cotyle, existait un temple magnifique où l'on adorait la statue d'Apollon. Cette statue était assise ; mais elle se levait en signe de satisfaction lorsqu'on lui présentait une offrande.

On voyait sur l'autel de Vénus, en Sicile, une flamme inextinguible qui brûlait nuit et jour, sans qu'on pût savoir ce qui l'alimentait. — Auprès de Paraca, dans l'Inde, l'autel de Wichnou offrait le même phénomène. Les thaumaturges, qui en connaissaient la cause, se gardaient bien de la divulguer, car ils en tiraient de gros profits. C'était tout simplement un courant de gaz hydrogène, s'échappant à travers une fissure du rocher, que les prêtres avaient fait passer par un tuyau secret. Aujourd'hui, dans les villes, l'éclairage s'opère généralement par ce moyen.

Les flammes qui s'élèvent constamment de l'*Atesch-Gah* (terre de feu), en Géorgie, proviennent de l'inflammation du naphte dont la terre est saturée.

Le fleuve Adonis revêtait chaque année, à la même époque, une teinte ensanglantée ; c'était le sang

d'Adonis, publiaient les thaumaturges attachés au
temple élevé en l'honneur du favori d'Aphrodite. Ce
prodige était une indication précise des cérémonies
funèbres qu'on devait rendre immédiatement à ce
demi-dieu.

Le naturaliste De Candolle a démontré que ce phénomène prenait sa source dans l'immense développement de l'*Oscillaria rubescens*. L'analyse a également prouvé au chimiste Ehremberg que la couleur
que revêt parfois la mer Rouge, est due à la même
cause.

Les pluies, aussi rares qu'effrayantes, de chair
humaine, furent pour les anciens peuples une cause
de terreur, parce qu'on leur faisait croire qu'elles
étaient un signe manifeste de la colère divine. Le
naturaliste Gimbernat vit, dans les vallées de Né-
grepont et de Sinigaglia, les rochers recouverts d'une
substance semblable à de la chair humaine et qu'il
nomma *zoogène*. Soumise à l'analyse chimique,
cette substance donna des produits analogues à la
chair animale. Le zoogène, de même que le frai de
grenouilles, peut se vaporiser par une forte chaleur
et retomber ensuite condensé sur le sol, d'où est
venue la croyance aux pluies de chair humaine.

Les pluies de pierres, ou chutes d'aérolithes, sont
assez fréquentes. Autrefois, ce phénomène était pris
tantôt comme une vengeance des dieux, tantôt
comme une faveur, lorsque, par exemple, un dieu

favorisant une armée, faisait pleuvoir une grêle de pierres sur l'ennemi.

Saint Épiphane dit qu'à Cybire, ville de Carie, il existe une fontaine dont l'eau, à certaines heures, se change en vin. Il déclare sur parole avoir bu de ce vin miraculeux, et soutient que ce prodige arrive à plusieurs autres endroits. Ce qu'on peut dire de plus avantageux pour saint Épiphane, c'est qu'il fut la dupe de quelque mauvais plaisant qui, en lui donnant du vin, lui fit accroire qu'il venait d'une fontaine miraculeuse.

Au château de Cadebrate, près d'Alexandrie, il existait des fonts baptismaux d'une seule pierre, qui se remplissaient d'eux-mêmes le jour de Pâques ; cette eau miraculeuse y restait jusqu'au jour de la Pentecôte, après quoi elle disparaissait. « Et si quelqu'un doutait de ces deux miracles, ajoute l'auteur du *Pré spirituel*, qu'il aille lui-même s'assurer de la vérité. »

Ces deux derniers prodiges peuvent être classés à côté de celui du sang de saint Janvier.

En Égypte, près du vieux Caire, se trouve un cimetière où les habitants de la ville et des environs, tant Coptes que Grecs, Turcs ou Maures, soutiennent qu'à un jour de l'année les morts ressuscitent, puis le soir rentrent dans la tombe. Le voyageur Thévenot alla, par curiosité, à ce cimetière et y trouva une foule compacte persuadée de la vérité du miracle. « Ces gens, ajoute-t-il, me parurent atteints de folie momentanée, ou mieux d'une hallucination qui leur représentait les images qu'ils avaient en tête, mais qui n'existaient pas en réalité. »

Les Mahométans, les Indous et autres peuples d'Asie, citent des faits d'une évidente impossibilité : des bossus redressés en un moment, des claudicants remis en équilibre sur leurs jambes, des aveugles, des sourds-et-muets, guéris radicalement, des morts ressuscités par centaines !!!

En résumé, toutes les religions ont leurs miracles à opposer aux autres religion, et c'est bien ici le cas de dire que, si l'on réunissait toutes les fables, tous les contes débités sur cette matière, on composerait une volumineuse bibliothèque.

CHAPITRE XVIII.

MÉDECINE THAUMATURGIQUE OU SACERDOTALE

L'origine de la médecine remonte aux premières
sociétés humaines, car il est naturel à l'homme qui
souffre de chercher à se guérir. Les diverses maladies
dont il fut atteint l'obligèrent à recourir à divers
moyens thérapeutiques plus ou moins efficaces ; ces
moyens, tantôt dus à l'expérience et tantôt au hasard,
se transmirent d'abord par la tradition. Plus tard,
des hommes doués d'intelligence et d'esprit d'observation, recueillirent les secrets traditionnels et en
composèrent un ouvrage, bien imparfait sans doute,
mais qui résumait toutes les découvertes des époques
antérieures, et qui, chaque jour, devait s'enrichir de
découvertes nouvelles, pour arriver enfin à former un
art, une science. Ces premiers collecteurs furent des
mages dans la vieille civilisation indoue, des prêtres
ou des initiés chez les Égyptiens et les Grecs.

Le livre brahmique où se trouvait écrites les for-

mules curatives, se nommait *Wagadasastir*. —
L'ouvrage égyptien portait le nom de son auteur,
TAAUT, ou l'*Hermès trismégiste* des Grecs; il se
composait de quarante-deux livres, dont trente-six
contenaient l'histoire de toutes les connaissances humaines, et six traitaient de l'anatomie du corps, des
maladies et de leur guérison.

La médecine étant alors le partage exclusif de la
caste sacerdotale, il est facile de deviner l'usage qu'on
en fit. La plupart des maladies, selon les médecins
thaumaturges, devaient être regardées comme une
manifestation de la colère des dieux, et n'étaient gué-
rissables qu'après qu'on avait apaisé cette colère par
des offrandes et des prières. Or, comme les profanes
ne pouvaient être entendus de la divinité, les prêtres
s'offraient comme médiateurs et se chargeaient d'im-
plorer, d'obtenir même le pardon, moyennant une
rétribution proportionnée à la gravité de la colère
divine et de la maladie. Ils eurent soin de tenir secrètes les drogues dont ils faisaient usage ; leurs formules étaient écrites dans un langage allégorique,
compris d'eux seuls, et la médecine passa pour un
art divin, dont les dieux ne dévoilaient la connaissance qu'à leurs favoris.

La médecine se divisait en deux genres : la haute
médecine et la petite médecine. La *haute médecine*
se composait, en partie, de formules magiques, et n'é-
tait pratiquée que par les *Hécamims*, ou prêtres

supérieurs qui se vantaient de pouvoir, à leur gré, produire des prodiges et des effets surnaturels. Les Hécamims indiquaient le genre de maladie, prédisaient les changements qui surviendraient pendant son cours et pronostiquaient la terminaison bonne ou mauvaise. La médecine pratique, ou *petite médecine*, comprenait le traitement et ses divers accessoires ; elle était abandonnée aux prêtres inférieurs ou *Pastophores*. Ceux-ci devaient strictement se conformer, pour le traitement, aux règles tracées dans les livres d'Hermès ; s'ils s'en écartaient, et si le malade guérissait ou mourait, contre le pronostic du prêtre supérieur, les Pastophores étaient châtiés par une prison perpétuelle et quelquefois par la mort.

Chez le petit peuple Hébreux, dont les mœurs furent calquées sur celles des Égyptiens leurs maîtres, les maladies passaient également pour un effet de la colère de *Jéhova*, et la classe sacerdotale s'était arrogé le droit d'exercer seule la médecine. Moïse, leur législateur, établit dans son livre des lois, que les prêtres seraient à la fois juges et médecins du peuple. Personne, hormis eux, ne pouvait s'occuper du traitement des maladies.

La lèpre, cette hideuse affection si commune parmi les Israélites, et que l'on regardait comme un châtiment du Dieu terrible, exigeait des jeûnes, des prières, des offrandes, et les Lévites furent chargés du soin de la guérir. Les prophètes se mêlèrent aussi de médecine : Élie, Élisée, Jézajah et plusieurs autres opérèrent des cures plus ou moins incroyables.

Apportée en Grèce par les colonies égyptiennes, la médecine suivit la même direction ; ce fut dans les temples qu'elle s'exerça, et la guérison des maladies exigea toujours des prières et des offrandes. Orphée, Musée, Mélampe, Bacis, Esculape, Machaon, Podalyre et beaucoup d'autres, appartenant à la classe des initiés, se rendirent célèbres dans l'art de guérir. Vers la cinquantième Olympiade, la médecine, brisant les entraves qui la retenaient au fond des temples, franchit leur enceinte et s'exerça publiquement ; des hommes habiles s'en emparèrent, l'étudièrent avec succès et la dégagèrent, autant qu'il fut en leur pouvoir, de toutes les pratiques superstitieuses. Hippocrate parut enfin ! Son vaste génie, son esprit observateur et méthodique, tira la médecine du chaos où elle languissait depuis si longtemps, et en fit une belle et noble science. Alors, on s'aperçut que les médecins sortis de la classe populaire étaient plus savants et méritaient plus de confiance que les médecins routiniers de la caste sacerdotale.

La pharmacopée magique ou sacerdotale contenait, en partie, les substances les plus usitées par les thaumaturges ; nous nous bornerons à tirer çà et là, de l'histoire de ces époques, les faits les plus saillants dont la plupart doivent être relégués dans le domaine des fables.

La théurgie égyptienne reconnaissait trente-six génies qui se partageaient les trente-six parties du corps ; les prêtres avaient composé des formules pour invoquer chaque génie en particulier, et, au moyen des trente-six herbes sacrées découvertes par *Taaut* ou Hermès, ils obtenaient la guérison de la partie malade. Les Hécamims, prêtres, médecins et magiciens à la fois, prétendaient chasser l'esprit malin du corps des possédés et proclamaient leur pouvoir de ressusciter les morts!!! — Les Hébreux copièrent leurs maîtres et crurent les dépasser par le nombre de résurrections qu'ils prétendirent opérer.—Les Grecs, qui tenaient leur science des Égyptiens, renchérirent encore sur leurs instituteurs. Hercule, Chiron, Empédocle, Esculape, Apollonius, etc., etc., non-seulement guérissaient les maladies incurables, arrêtaient la peste, les épidémies; mais, lorsque le cas l'exigeait, ils savaient aussi ressusciter les morts. Esculape surtout opéra tant de cures merveilleuses, qu'on lui érigea de tous côtés des temples sous l'invocation du dieu de la médecine. De tous ces temples, desservis par des prêtres médecins, le plus célèbre était celui d'Épidaure, et le territoire de cette ville portait le nom de terre sacrée.

Les établissements ïatriques, où l'on recouvrait la santé par des prières et des offrandes, étaient toujours bâtis en des lieux salubres, environnés de sites pittoresques et de tout ce qui pouvait récréer l'esprit et influer hygiéniquement sur le tempérament de ceux qui s'y rendaient. Les distractions du voyage, le changement d'air et des habitudes de la vie ordinaire, les bains et boissons thermales; car, le temple se trouvait toujours près d'une source d'eau thermale; certains remèdes éprouvés, et enfin le régime diététique, tout concourait à la guérison du malade. Mais, là ne se bornait pas encore le traitement. Les prêtres avaient soin d'agir fortement sur le moral de l'individu; ils lui racontaient les cures merveilleuses qu'ils avaient opérées; ils lui montraient les inscriptions votives et les offrandes des malades guéris; ils le promenaient par tous les endroits du temple où les moribonds avaient retrouvé la santé et fait des offrandes; puis ils faisaient avec pompe un sacrifice à Esculape, et, après d'autres cérémonies imposantes et propres à frapper l'imagination du malade, ils lui promettaient une guérison prochaine. On conçoit que tous ces moyens réunis obtenaient le plus souvent le succès désiré.

Au nombre des établissements thermaux, il existait certaines sources qui rendaient la fraîcheur aux femmes ridées, la virginité à celles qui l'avaient perdue, et la fécondité aux épouses stériles. La fontaine Canathos, en Argolide, possédait cette dernière vertu à un éminent degré; aussi, on la voyait encombrée toute l'année par une multitude de vieilles femmes qui désiraient redevenir vierges. Cette croyance était fondée sur l'aventure arrivée à Junon, qui, au sortir des bras de son époux, se plongea dans cette fontaine et en ressortit plus vierge que jamais. On prétend que la grande déesse s'y rendait chaque année et remontait ensuite dans l'Olympe.

Il n'est pas indifférent de faire observer ici que, parmi la foule des malades qui se rendaient dans les temples pour y recouvrer la santé, il n'y avait que les riches qui fussent admis et traités; les prêtres se bornaient à indiquer aux pauvres le traitement qu'ils devaient suivre. Si le riche, atteint d'une affection rebelle, incurable, continuait toujours à faire des offrandes, on le berçait d'une guérison prochaine, on soutenait son espoir par de nouvelles cérémonies, par de nouveaux mensonges; mais, si ses moyens pécuniaires s'épuisaient, si les offrandes manquaient, alors on ne lui cachait plus l'incurabilité de sa maladie qu'on attribuait à la colère divine; on le renvoyait dans un autre temple pour s'en débarrasser, et s'il venait à mourir, c'était encore l'effet du courroux des dieux. On avait soin d'ébruiter cette mort; le vulgaire, toujours crédule, toujours dupe, s'inclinait devant les ministres du temple dont le crédit augmentait en raison du nombre de leurs fourberies.

Voici un document très-remarquable : c'est une inscription grecque, tirée du temple d'Esculape à Rome, et qui contient diverses guérisons miraculeuses:

« Ces jours-ci, l'oracle ordonna à un aveugle

nommé Caïus, de venir à l'autel sacré, de se mettre à genoux ; puis d'aller de droite à gauche, de mettre cinq doigts sur l'autel, de lever la main et de la mettre sur ses yeux. Caïus ayant fait ce qu'on lui ordonnait pendant que le prêtre récitait des prières, il recouvra la vue en présence d'un grand concours de peuple qui fit retentir l'enceinte de cris d'admiration en l'honneur d'un si grand prodige.

« Lucius était depuis quelque temps atteint d'une si vive douleur au côté, qu'il demandait la mort tant il souffrait. L'oracle d'Esculape, qu'il était venu consulter, lui ordonna de prendre de la cendre sur l'autel, de la mêler avec du vin, et d'appliquer cet apozème sur le côté malade. Lucius s'empressa d'exécuter l'ordonnance et fut immédiatement guéri. Il remercia publiquement Esculape, lui fit des offrandes et le peuple rendit des honneurs au dieu médecin.

« Julius vomissait à flots le sang ; on désespérait de sa vie. Conduit devant l'oracle, comme dernière ressource, le Dieu lui ordonna de prendre des noix de pin et de les manger avec du miel pendant trois jours. Le troisième jour n'était pas encore à son déclin que Julius se trouvait parfaitement guéri. Il vint donc remercier Esculape en présence du peuple qui se joignit à lui pour l'honorer. »

Baronius a consigné ce document dans ses *Annales* et l'a fait suivre d'un commentaire.

La cautérisation par le fer rouge est employée, dès

la plus haute antiquité, contre la morsure des animaux venimeux ou enragés; mais ce puissant moyen ne réussit pas toujours : tel individu est guéri, tandis que tel autre expire, malgré la cautérisation la plus profonde. Cette incertitude dans la guérison ne pouvait échapper à des hommes qui ne négligeaient aucune occasion d'accroître leur puissance. Ils ébruitèrent donc qu'en Toscane les enragés étaient promptement et radicalement guéris par la cautérisation pratiquée avec les clous de la vraie croix.

A la même époque, d'autres hommes, appartenant à la même confrérie, mais d'un pays différent, publièrent qu'il n'était pas besoin d'aller chercher la guérison par delà les Alpes ; que la clef de saint Hubert guérissait tout aussi bien et aussi solidement la rage que les vrais clous; et, qu'en portant une amulette ayant l'empreinte de cette clef miraculeuse, on se préserverait de la rage et de toutes les atteintes vénimeuses. On ajoutait, néanmoins, que le remède n'était efficace que dans les mains des personnes qui tenaient à la généalogie de saint Hubert ; notez bien que cette généalogie était immense. Ces deux moyens, aidés par l'enthousiasme de la foi, guérirent beaucoup d'enragés et rapportèrent de gros bénéfices aux vendeurs.

« Depuis le sixième siècle, dit le savant Sprengell, les moines, formés sur le modèle des Esséniens et des

Thérapeutes, exerçaient presque exclusivement la médecine ; mais, étant remplis d'ignorance et de préjugés, au lieu d'étudier l'art de la médecine, ils eurent recours aux prières et aux reliques. »

Vint ensuite le règne de la médecine astrologique et cabalistique ; on ne faisait plus rien sans consulter les astres et les esprits élémentaires. — La conjonction de la lune avec les planètes indiquait les jours *critiques ;* son opposition les jours *neutres.* Le passage du soleil dans les différents signes du zodiaque, était de toute nécessité pour entreprendre ou rejeter, commencer et finir tel ou tel traitement. Une potion confortante, prise pendant que le soleil s'était arrêté dans le signe du *Lion,* eût été un poison violent ; elle devenait, au contraire, un bienfaisant cordial, lorsque l'astre du jour entrait dans le *Verseau.* Il existait une connexion intime entre le soleil et le cœur, entre la lune et le cerveau. *Jupiter* portait son influence sur le foie, *Saturne* sur la rate, *Mercure* sur le poumon, *Mars* commandait à la bile, *Vénus* aux organes de la génération.

Les gnômes, les salamandres, les ondines étaient consultés dans les affections sérieuses ; car ces esprits élémentaires de l'air, du feu et de l'eau connaissaient parfaitement les maladies et les remèdes à leur opposer. Il s'agissait donc de les forcer à révéler à l'homme leurs secrets ; c'est ce que savaient faire les cabalistes. Le traitement des maladies était un amas grossier de formules, de phrases, de mots plus ou moins barbares, de signes plus ou moins bizarres qui n'avaient d'autre effet que d'agir sur l'imagination. La médecine, qui ne méritait plus ce nom, était encombrée d'arcanes, de panacées, d'élixirs calligénésiques et de longue vie, etc., etc.. Le chapitre *Talismans* de cet ouvrage donnera, plus loin, une idée des figures, signes et formules innombrables prônés par les charlatans, et de l'incroyable bonne foi de ceux qui en faisaient usage.

Le temps n'est pas très-éloigné de nous où la médecine des amulettes et des neuvaines avait cours parmi le peuple. Il a fallu toutes les lumières du dix-huitième siècle pour déraciner cette profonde superstition, et l'on trouve encore dans les campagnes des êtres qui préconisent cette médecine.

Plusieurs thaumaturges modernes ont paru tour à tour, se disant doués du privilége de guérir les maladies réputées incurables. De qui tenaient-ils ce privilége? De Dieu, cela va sans dire. Ils ne font, en cela, qu'imiter leurs prédécesseurs, les anciens thaumaturges, qui soutenaient avoir des communications avec les dieux. Les thaumaturges guérisseurs de notre époque sont beaucoup plus nombreux qu'on ne le pense; la liste en serait trop longue pour cet ouvrage; nous nous bornerons à en citer quelques-uns.

Fox, le fondateur des Quakers, a fait, dit-on, des guérisons si surprenantes que tous ceux qui en

étaient témoins criaient au miracle, et restaient saisis
d'admiration, de respect pour le thaumaturge... C'est
tout justement ce que celui-ci demandait. Lorsqu'un
malade était abandonné des médecins, Fox allait le
voir et ne tardait pas à le guérir, en prononçant quelques paroles mystiques et levant les mains au ciel.

L'Irlandais Gréatric se présenta résolûment comme
ayant le don de guérir toute espèce de maladies par
de simples attouchements. Voici comment il procédait : Il attaquait d'abord le mal à son siége par des
pressions et frictions ; il le conduisait peu à peu aux
extrémités des doigts ou des orteils ; puis, au moyen
d'un mouvement brusque, l'expulsait violemment.
La réputation de ce thaumaturge acquit un immense
retentissement ; les malades arrivaient en foule de
tous côtés lui demander leur guérison, et la plupart,
dit-on, s'en retournaient satisfaits. On dit même que
quelques médecins écrivirent en sa faveur, et certi-
fièrent que les guérisons opérées par ses attouchements étaient réelles.

Il n'y a pas vingt-cinq ans que toute l'Allemagne
et une partie de la France retentissaient des cures
merveilleuses du prince de Hoënlohe ; ses admirateurs, ou plutôt ses ennemis, firent courir le bruit
qu'il avait guéri un boiteux dont la jambe gauche
avait trois pouces de moins en longueur que la
droite. .. Aujourd'hui encore on distribue dans les
campagnes de petits livres où sont relatées les cures

de ce genre faites après l'abandon du médecin et lorsqu'il n'y avait plus d'espoir de guérison. Les faits que rapportent ces petits livres sont-ils faux ou vrais? Nous répondrons que, chez quelques malades, une imagination exaltée et une confiance absolue dans le pouvoir du thaumaturge peuvent opérer des guérisons inattendues. Voyez le chapitre *Imagination*, où sont consignés les cas les plus rares sur cette question.

La médecine, cette belle et noble science qui absorbe en partie toutes les autres, languit ainsi pendant de longs siècles et fut exploitée par des charlatans de toutes conditions. Ce ne fut guère qu'au dix-septième siècle qu'elle sortit du linceul où on la tenait ensevelie. Les progrès récents de la physique, de la chimie et surtout de l'anatomie pathologique, lui ont donné un prodigieux élan, et les savants de notre temps travaillent incessamment à la perfectionner. Honneur à eux! car on doit les compter au nombre des bienfaiteurs de l'humanité.

CHAPITRE XIX.

Nous avons déjà vu que les colléges sacerdotaux furent, chez tous les peuples, les seuls dépositaires des connaissances encyclopédiques acquises par une longue expérience. L'Inde nous a offert ses mages, versés dans l'étude de l'histoire naturelle et de la médecine ; — l'Égypte, ses prêtres conservant précieusement, au fond des temples, les formules ïatriques ; —aux premiers temps de la Grèce héroïque, ce sont les ministres du culte ou des initiés qui perpétuent dans leur famille l'art de guérir et d'opérer des prodiges ; les Scythes eurent aussi leurs thaumaturges dans Zamolxis et Abaris ; — et, chez les Celtes, ce furent encore des prêtres, les druides, qui jouirent d'une grande célébrité dans les sciences occultes.

La physique et la chimie n'existaient, chez les anciens, qu'à l'état d'empirisme, c'est-à-dire qu'un fait donné par le hasard ou acquis par des recherches, sans théorie, était transmis aux initiés, qui, à leur tour, le transmettaient à d'autres. Démocrite est le seul homme de l'antiquité qui ait senti la nécessité d'expérimenter, et de classer les faits; c'est donc par le défaut de méthode que les connaissances physico-chimiques des anciens thaumaturges n'ont pu progresser et ont été, en grande partie, perdues pour les siècles à venir.

Une circonstance très-remarquable et qu'on doit signaler, c'est que les colléges sacerdotaux, loin de répandre leurs lumières sur les peuples pour en hâter la civilisation, enveloppaient, au contraire, leurs opérations des ombres du mystère, afin de faire croire à une communication avec la divinité; c'était là le grand ressort de leur puissance. Ils possédaient une langue *hiératique*, comprise d'eux seuls, pour rédiger les annales de la science; les caractères de cette langue leur servaient à dresser des formulaires où se trouvait la manière de préparer diverses drogues et substances d'une action plus ou moins violente sur l'économie humaine. C'est dans cette espèce de pharmacopée magique, fermée au vulgaire, qu'ils puisaient les recettes propres à obtenir tel ou tel effet.

D'après les documents que fournit l'histoire ancienne, les thaumaturges devaient être fort avancés dans cette partie de l'art, et leurs moyens aussi nombreux que variés ; nous aurons occasion de voir qu'ils employaient non-seulement une foule de drogues simples et composées, mais qu'ils avaient recours encore aux parfums, aux odeurs, à la musique, aux fortes impressions morales, pour ébranler le système nerveux et porter le désordre dans tout l'organisme.

Si l'on remonte aux mystères de Misithra, d'Isis, de Samothrace et d'Éleusis, on découvre çà et là, au milieu des fabuleuses descriptions de l'antiquité, différents secrets employés par les thaumaturges pour halluciner les initiés ; ici, c'est le *cicéion*, qui exalte l'esprit ; là, c'est l'*eau du Léthé*, qui fait perdre la mémoire ; plus loin, c'est le *népenthès*, qui calme les plus vives douleurs et plonge dans un bien-être ineffable ; partout ce sont des breuvages, des onctions, des bains où l'on reconnaît sans peine l'action de substances stimulantes ou narcotiques ; et, telle est l'étroite liaison du physique et du moral, que les substances qui agissent fortement sur l'un, doivent nécessairement retentir sur l'autre.

La coupe de Circé, dit Homère, contenait un breuvage qui changeait les hommes en bêtes. Fatiguée des poursuites amoureuses de Calchus, roi des Dauniens, la magicienne l'invite à un festin ; mais à peine a-t-il vidé la coupe qu'elle lui présente, qu'il tombe dans l'imbécillité, et Circé le relègue dans une étable. Il est facile de reconnaître, à ce récit, les effets d'une stupide ivresse. Calchus se voyant au milieu de bœufs, de pourceaux, de chèvres, de moutons, et ayant perdu le sentiment de son individualité, se croit changé en brute; lorsque l'attentive Circé s'aperçoit que les vapeurs de l'ivresse se dissipent et que Calchus va bientôt recouvrer son intelligence, elle le retire de l'étable et le renvoie dans ses États. — La métamorphose des compagnons d'Ulysse s'explique de la même manière : l'herbe *moly*, que leur fit prendre ce prince, indique une préparation qui les retira de la stupide ivresse où ils étaient plongés.

Ovide nous a conservé une foule de métamorphoses opérées par des breuvages magiques et dont le sens allégorique désigne également un profond assoupissement, un état voisin de l'imbécillité.

Si Nabuchodonosor se crut changé en bœuf, à l'issue d'un festin, il est très-probable qu'on lui avait fait avaler une liqueur circéenne.

Saint Augustin parle d'un prêtre qui, après avoir mangé un morceau de fromage, se crut changé en âne et forcé de porter le fardeau qu'on lui mit sur les épaules. Évidemment, ce fromage recélait une drogue narcotique et vertigineuse.

Les dévots de l'Inde boivent une liqueur connue d'eux seuls, et arrivent à ce degré d'exaltation qui fait mépriser les dangers et braver les plus atroces douleurs. Ils se précipitent fougueusement sur des lances, des épées nues, s'arrachent le nez et les oreilles, se tailladent. se déchiquètent le corps et se font de profondes blessures sans donner aucun signe de douleur. — Les veuves du Malabar boivent une potion que leur donnent les prêtres avant d'être conduites au bûcher; alors elles montent, s'asseyent elles-mêmes sur le bûcher ardent et sont dévorées par les flammes sans pousser le moindre gémissement. En 1822, un voyageur anglais, témoin oculaire d'un de ces sacrifices, vit la victime de cet usage barbare arriver dans un état complet d'insensibilité physique, par suite du violent effet des drogues qu'on lui avait fait avaler; ses yeux étaient stupidement ouverts; elle répondit machinalement aux questions légales qui lui furent adressées sur l'entière liberté de son sacrifice; et lorsqu'on l'aida à monter sur le bûcher, elle offrait les symptômes d'un narcotisme complet.

Les chroniques hébraïques font connaître une liqueur dans laquelle il entrait de la myrrhe, qui possédait la propriété d'assoupir les sens, et qu'on faisait boire aux criminels condamnés au supplice de la croix. — Apulée parle d'un traître qui, s'étant prémuni contre les douleurs en avalant une potion narcotique, fut écorché vif sans jeter le moindre cri.

C'était sans doute au moyen de drogues semblables que les sorciers du moyen âge se rendaient insensibles aux tortures. On prétend même que les geôliers connaissaient ces recettes et qu'ils en faisaient commerce. Wierius et Taboureau ont donné d'intéressants détails sur l'état soporeux qui dérobait les sorciers aux douleurs de la roue, et ils assurent que l'insensibilité physique était si complète chez ces malheureux, que les tortures de la question devenaient inutiles.

Diodore de Sicile et Pline font mention de diverses recettes merveilleuses connues de leur temps; les unes plongeaient les hommes dans un délire pythique, et ils prédisaient l'avenir; les autres provoquaient un sommeil agité, pendant lequel les coupables, en proie à de vifs remords, avouaient les crimes qu'ils avaient commis. Il existait encore un breuvage d'un effet aussi puissant que singulier; les individus à qui en le faisait prendre se croyaient assaillis par les Euménides, les Gorgones et mille autres hideux fantômes; la terreur que ces visions leur inspirait était si grande, qu'ils en mouraient subitement ou tournaient contre eux-mêmes un fer homicide. Les prêtres seuls connaissaient la composition de ce terrible breuvage et le réservaient aux initiés sacriléges.

Passant à un autre genre de préparations, nous voyons que les hommes ont toujours recherché les moyens d'endormir leurs souffrances et leurs chagrins dans une douce ivresse.

Le fameux *népenthès* des temps homériques jouissait de l'inappréciable vertu d'apaiser les plus vives douleurs et de ramener le calme au fond des cœurs.

Les Indiens ont toujours fait usage de plusieurs boissons enivrantes, dont la principale est composée avec la *bangue* (espèce de chanvre) et l'opium.

Les Scythes se procuraient un délire gai en respirant la vapeur des semences de chanvre grillées sur une pierre rougie au feu.

Les Turcs et les Chinois mâchent ou fument l'opium pour obtenir des extases et des songes ravissants.

Les Américains mâchent une herbe nommée *cohoba* et tombent dans un sommeil rempli de rêves attrayants.

Les Arabes de la Thébaïde connaissent, depuis un temps immémorial, la composition d'une liqueur qui produit une douce ivresse accompagnée de délicieuses rêveries.

Le Vieux de la Montagne, ce chef des Assassins si célèbre et si redouté au treizième siècle, faisait boire aux jeunes fanatiques dont il s'entourait, deux sortes de breuvages : l'un, pour leur ouvrir le ciel de Mahomet, peuplé de voluptueuses Péris ; l'autre, pour leur inspirer une frénétique audace et aller frapper la victime désignée.

Les seigneurs persans, à la vie molle et nonchalante, usent fréquemment d'un breuvage qui les plonge dans un délicieux sommeil ; lorsque ce sommeil se prolonge trop longtemps, un esclave est chargé de réveiller son maître, en lui faisant respi-

rer un parfum destiné à cet usage. — L'assoupissement que produit le *datura stramonium* se dissipe
en mettant les pieds du dormeur dans l'eau chaude ;
ce remède est employé par les Chinois, qui boivent
une liqueur préparée avec cette plante narcotique.

Le voyageur Carver a été témoin, chez les Nadoës-
sis, peuplade américaine, de la réception d'un nouveau membre dans le collége sacerdotal. Les prêtres
mirent dans la bouche du récipiendaire une espèce
de fève, et aussitôt il entra en convulsions, puis
tomba comme mort. Alors, on lui appliqua sur le
dos des coups assez violents sans qu'il donnât aucun
signe de vie. Au bout de quelques minutes, on lui fit
avaler une autre drogue qui provoqua des nausées, à
la suite desquelles il rendit la fève et se releva
guéri, mais très-fatigué.

Les Portugaises de Goa mêlent aux boissons de
leurs maris une décoction de *datura* qui les plonge,
pendant vingt-quatre heures, dans une stupidité telle
que rien de ce qui se fait sous leurs yeux ne peut les
affecter. Lorsqu'ils recouvrent leurs sens, ils ne conservent aucun souvenir de ce qui s'est passé. — Les
hommes se servent du même procédé pour vaincre
l'opiniâtreté des femmes rebelles à leurs désirs.

Outre le grand nombre de recettes merveilleuses
que nous a transmis l'histoire, il en existe une foule
d'analogues que la tradition a perpétuées chez les
peuples, et qui toutes recèlent des substances plus

ou moins dangereuses. Nous allons faire connaître quelles sont celles principalement employées dans ces recettes magiques.

Opium. Suc épaissi du pavot somnifère. — L'usage de l'opium date de la plus haute antiquité. Homère, Hérodote, Hippocrate en parlent comme d'une substance très-connue des Asiatiques. Les grandes vertus attribuées au *pavot somnifère* lui valurent une origine céleste : on dit que Morphée, ému de la profonde douleur de Cérès qui pleurait la perte de sa fille, fit naître le pavot et en composa un philtre dont la merveilleuse action porta le calme dans le sein de cette mère éplorée.

Lorsqu'une substance possède des vertus réelles, l'usage s'en transmet de famille en famille, d'âge en âge, c'est ce qui arriva pour le pavot somnifère, qui devint, en Orient, d'un usage presque général. Les Orientaux font encore aujourd'hui une énorme consommation d'opium. Ils le prennent sous forme d'opiat, de poudre, de potions ; ils le mâchent, le fument, le mêlent à leurs aliments et à leurs boissons ; il est, pour ainsi dire, indispensable à leur existence.

L'opium s'administre soit à l'état naturel, soit combiné à divers aromates ; ces mélanges possèdent chacun une propriété particulière, et, selon la dose plus ou moins élevée, on obtient des résultats différents. Ainsi, l'opium à faible dose procure de douces rêveries, tandis qu'une forte dose provoque le vertige et la fureur.

L'opium uni à la *bangue* (chanvre indien), étant pris à l'intérieur ou fumé, appesantit les paupières, procure un heureux sommeil et des songes ravissants.

Un mélange d'opium et d'ambre musqué plonge dans une voluptueuse extase, durant laquelle tout est amour, tout est plaisir.

Bu avec le café, l'opium excite à la joie, à la gaieté: le front du mélancolique se déride un instant, et les bouches silencieuses d'habitude laissent passer des flots de paroles ; c'est un véritable breuvage exhilarant.

L'opium, combiné à la muscade, au cardamome, à la cannelle, au macis, à l'ambre et au musc, développe également des idées de joie et d'amour. On prétend qu'une potion préparée avec ces six substances est un puissant aphrodisiaque et influe prodigieusement sur la fécondité des femmes (1). Le médecin James a connu un Turc de Smyrne qui faisait usage de cette composition depuis quinze ans, et s'en trouvait bien. Ce Turc avait eu, pendant ce laps de temps, trente-cinq enfants des femmes de son harem.

L'opium seul ou mélangé à l'ellébore, pris à haute

(1) Voyez à ce sujet l'*Hygiène du Mariage*, ouvrage dont les éditions multipliées prouvent tout l'intérêt.

dose, développe le courage et fait mépriser le danger. Les Turcs avaient l'habitude de s'enivrer d'opium quelques heures avant la bataille, et, pleins d'une ardeur belliqueuse, s'élançaient comme des lions sur les bataillons ennemis.

Une boisson composée avec l'opium et le *machmorr*, espèce de champignon vénéneux, jette les Malais dans un si violent accès de fureur homicide, qu'ils s'élancent, armés de leurs poignards, et courent dans les rues frappant toutes les personnes qu'ils rencontrent. On est obligé de les abattre à coups de fusil, comme des bêtes enrägées, souvent encore ces forcenés ont-ils immolé un grand nombre de victimes avant qu'on ait pu les tuer.

L'opium agit presque exclusivement sur le cerveau, qu'il engourdit et stupéfie. Les divers phénomènes qu'offrent les buveurs d'opium, les nausées, les éblouissements, les hallucinations, le délire, la fureur, l'état apoplectique, dépendent de la compression du cerveau par le sang. Lorsque cette compression se prolonge, la sensibilité générale diminue peu à peu et finit par s'éteindre plus ou moins complétement, par la raison que le cerveau est l'organe central qui distribue la vie et l'action aux autres organes. L'homme fortement narcotisé semble n'être plus qu'un corps inorganique, et, si l'art ne vient promptement à son secours, la mort est inévitable. Il faut ajouter que, malgré ces secours, l'économie se ressent toujours de l'atteinte qu'elle a éprouvée, et que les fonctions vitales ne se rétablissent jamais dans leur intégrité primitive.

JUSQUIAME. Plante âcre et narcotique appelée par les anciens *herbe d'Apollon.* — Les observations suivantes donneront une idée de sa puissante action sur le cerveau.

Neuf personnes ayant mangé des racines de jusquiame cuites dans du bouillon, en guise de panais, furent saisies de violents spasmes avec distorsion de la bouche et des membres ; bientôt un rire sardonique se fixa sur leurs lèvres ; leurs yeux se troublèrent, la tête s'embarrassa ; elles éprouvèrent un tel engourdissement dans les jambes qu'elles pouvaient à peine se soutenir ; enfin, elles tombèrent sur le plancher au milieu des symptômes d'une fureur menaçante ; et elles se seraient battues, déchirées, si les forces musculaires n'eussent été complétement enrayées.

Jean-Baptiste Porta, s'étant introduit un suppositoire de racine de jusquiame qu'il tenait d'une sorcière, eut pendant la nuit des songes diaboliques et crut assister au sabbat.

Un élève d'Albert-le-Grand s'amusa un jour à répandre de la poudre de jusquiame dans un local où dansait une noce de village. L'agitation de l'air ayant fait monter cette poudre au nez des danseurs, il s'éleva une dispute générale ; des injures, on en vint aux menaces, puis aux coups; bientôt la rixe s'alluma si furieuse que le sang allait couler, lorsque l'auteur de cette mauvaise plaisanterie aspergea le sol d'eau vinaigrée : la rixe s'apaisa presque aussitôt et les danses recommencèrent.

Le fait suivant, qui s'est passé à Dresde au commencement de notre siècle, est encore plus remarquable :

Une vieille baronne habitait le premier étage d'une maison dont le rez-de-chaussée était occupé par une pharmacie. La baronne éprouvait, depuis quelque temps, des coliques nerveuses que rien ne pouvait calmer; son médecin lui ordonna de s'appliquer sur le ventre des sachets de jusquiame préalablement chauffés. Cette application assoupit les douleurs ; la baronne tomba dans une somnolence agitée, tandis que les deux servantes chargées de faire chauffer les sachets se sentirent comme ivres et eurent des vomissements. L'action de la jusquiame continuant toujours, les servantes se prirent de querelle, s'injurièrent, puis se battirent, s'arrachèrent leurs bonnets en poussant des cris furieux. Les voisins accoururent et les séparèrent; leur fureur parut s'apaiser un instant; mais, aussitôt qu'elles faisaient chauffer les sachets, la querelle et les coups recommençaient.

Pendant que cette scène avait lieu chez la baronne, une autre, non moins singulière, se passait dans la pharmacie : un garçon pharmacien ayant placé au

bain-marie un vase contenant de la jusquiame pilée,
le laboratoire se remplit bientôt des émanations de
cette plante ; une sorte d'ivresse vertigineuse s'empara du garçon et se communiqua à l'élève qui préparait des paquets. Quelques mots assez vifs furent
d'abord échangés entre eux ; ils en vinrent ensuite
aux injures, aux menaces ; enfin, la querelle s'engagea si violemment que nos deux individus se ruèrent
l'un contre l'autre et se frappèrent à coups redoublés.

Plusieurs personnes étant accourues à ce tapage,
éprouvèrent elles-mêmes les terribles effets de la jusquiame, et les voilà qui, au lieu de séparer les com-
battants, se mettent à s'injurier et à se battre. Les
fioles, bocaux électuaires, onguents, volaient de tous
côtés dans la pharmacie ; on brisait tout, on criait à
pleins poumons ; c'était un tapage à effrayer le quar-
tier. Le commissaire arriva pour rétablir l'ordre, et
la garde, qui le suivait, allait se prendre aux cheveux,
lorsque le maître pharmacien fit ouvrir portes et fenêtres ; les émanations de la jusquiame se dissipèrent, et le calme se rétablit peu à peu au milieu de
cette foule encore tout émue. Ce fait, sans doute
exagéré par le narrateur, prouve néanmoins la puissante action de la jusquiame sur l'économie animale.
Nous avons relaté dans les *Mystères du Sommeil* un
fait presque aussi extraordinaire. Voyez cet ouvrage.

Belladone — Plante narcotico-âcre, de la famille des solanées. Les propriétés de la belladone sont de diminuer considérablement l'activité de la circulation et de rendre quelquefois le pouls insensible. A faible dose elle provoque un délire gai, avec loquacité et force gesticulations ; ensuite, vient la somnolence qui, dans quelques cas, est suivie de léthargie. A haute dose, elle détermine l'accélération du pouls, le gonflement de la face, le délire, les convulsions, la mort. — L'extrait de belladone appliqué sur une plaie, cause un sommeil délirant, accompagné de visions ; introduit dans l'œil, il occasionne *l'ambliopie* ou duplicité des images, c'est-à-dire qu'on voit tous les objets doubles.

Buchan rapporte le fait suivant : Les Écossais étaient en guerre avec les Danois, et, ne pouvant les vaincre par la force, ils eurent recours à la ruse ; ils préparèrent donc une grande quantité de bière avec de la belladone et laissèrent les tonneaux dans un village qu'ils feignirent d'abandonner. Les Danois entrèrent dans le village, et, ayant bu cette bière, furent saisis d'une gaieté folle, au point de jeter leurs armes et de se mettre à danser. Les Écossais survinrent alors et défirent sans peine l'armée danoise.

Bang ou Bangue, *hachich*. — Espèce de chanvre, cultivé dans l'Inde, exclusivement pour mâcher, fumer ou composer certains breuvages dont les effets sont à peu près analogues à ceux de l'opium.

Lorsque les Indiens veulent étourdir leurs chagrins, calmer leurs souffrances et obtenir un sommeil exempt d'inquiétudes, ils avalent une préparation faite avec la bangue, l'opium, l'arec et du sucre pulvérisés ; c'est le *hachich* des Orientaux.

S'ils veulent s'exciter aux plaisirs sensuels, la préparation se fait avec la bangue, le musc et l'ambre, en y ajoutant une goutte d'essence de jasmin, probablement pour rendre cet aphrodisiaque plus agréable à prendre.

Les préparations narcotiques les plus en usage en Orient sont celles qui plongent le corps dans l'assoupissement, tandis que les facultés intellectuelles restent à demi éveillées. C'est durant ce sommeil, qui a quelques rapports avec la catalepsie, que les Orientaux éprouvent ces rêves délicieux, presque toujours accompagnés de voluptueuses extases.

Le voyageur Kœmfer rapporte qu'étant invité un jour à la table d'un seigneur persan, on lui donna à boire une liqueur qui le mit dans une gaieté singulière ; il riait, chantait, dansait et s'en donnait à cœur joie. Au sortir du festin, on le fit monter sur un beau cheval pour lui procurer l'amusement de la promenade ; alors, il lui sembla qu'il était monté sur un nouveau Pégase, et qu'il franchissait les immenses plaines de l'air.

Le *malach* des Turcs, de même que le *hachich*, n'est autre chose qu'un mélange de bangue et d'opium. Ce mélange se fume dans le narghileck ou la chibouque, et procure aux fumeurs ces muettes extases pendant lesquelles l'imagination franchit les espaces célestes et transporte l'homme au séjour des dieux.

La poudre d'*aconit-napel*, prise dans du vin, ouvre l'esprit, amène de riantes idées et met en jeu tous les ressorts de l'imagination.

STRAMOINE. — *Pomme épineuse*. — Les semences de cette plante, infusées dans le vin, plongent le buveur dans une ivresse que l'on peut comparer à celle de l'opium. Les Orientaux composent une espèce d'hydromel dans lequel il entre une infusion de stramoine; cette boisson leur procure des rêveries délicieuses, mais il faut connaître la dose, car si elle était outre-passée, le buveur, au lieu de trouver l'extase qu'il cherche, serait agité d'un délire furieux.

On dit que les dames romaines d'autrefois, pour tromper la surveillance incommode de leurs maris, mêlaient à leurs boissons de la poudre de stramoine, et que ceux-ci s'endormaient en riant.

Les Indiens composent avec le datura-stramonium un breuvage qui plonge dans un sommeil léthargique; — les Bayadères s'en servent pour endormir et dépouiller les amoureux imprudents qui se laissent prendre à leurs caresses.

Un médecin de Hambourg a donné la curieuse observation de deux époux qui, ayant bu une infusion de semences de stramoine et d'ellébore, sortirent de leur lit où ils ne pouvaient dormir, et se mirent à danser et à rire jusqu'à ce qu'ils tombassent sur le sol, épuisés de fatigue.

Mandragore.— La mandragore est une des plantes sur lesquelles on a débité le plus de contes ; la ressemblance humaine qu'on a cru reconnaître dans sa racine lui a fait attribuer de merveilleuses propriétés aphrodisiaques ; mais, qui en réalité, sont purement imaginaires. Nous ne parlerons point des cérémonies superstitieuses qu'on pratiquait en arrachant sa racine ; Théophraste et Pline en ont donné tous les détails puériles ; nous dirons seulement que les propriétés réelles de la mandragore sont à peu près celles de la belladone. Les Grecs connaissaient ses vertus hypnotiques, et, dans la classe populaire, lorsqu'on voyait un homme indolent, apathique, on disait qu'il avait mangé de la mandragore. — L'odeur de la mandragore détermine aussi des malaises, des vertiges et des hallucinations. Voyez à ce sujet les exemples rapportés dans l'*Histoire des Parfums et des Fleurs* (1).

Cigue. — Cette plante, devenue célèbre par la mort de Socrate, est un poison narcotique et stupéfiant. Elle entrait dans la composition des breuvages léthifères que les anciens faisaient boire aux condam-

---

(1) *Les Parfums et les Fleurs*, ouvrage où se trouvent consignées toutes les merveilles de l'empire de Flore. Ce livre convient à tous les âges.

nés à mort. Thrasias de Mantinée et Alexias acquirent une grande réputation dans l'art de préparer ces breuvages ; ils étaient parvenus à donner la mort sans que la personne empoisonnée éprouvât la moindre douleur. — La ciguë était aussi employée contre les passions érotiques ; elle calmait l'excitation des organes génitaux et conduisait insensiblement à la frigidité.

Laurier-cerise. — On lui attribuait la vertu d'exciter l'enthousiasme prophétique, et l'on surnommait ceux qui prédisaient l'avenir *daphniphages*, mangeurs de laurier. —Une couronne de feuilles de laurier gardée sur la tête pendant le sommeil, procure, dit-on, les rêves les plus singuliers. —Le suc exprimé des baies de cet arbre passait pour neutraliser le venin des serpents.—L'eau distillée de laurier-cerise a une action très-marquée sur le cerveau et le cœur ; elle ralentit considérablement la circulation, donne des éblouissements, des vertiges et provoque diverses illusions d'optique. Le fait suivant est assez remarquable pour que nous le citions :

Les Toulousains sont dans l'habitude de se régaler avec une bouillie nommée *cruchade*, qui est faite avec de la farine de panis, du sucre, de l'eau de fleur d'orange et du lait, dans lequel on a laissé tremper plus ou moins longtemps des tiges de laurier-cerise, pour lui donner un goût amer assez agréable. Un honnête bourgeois de Toulouse qui mangeait tranquillement sa cruchade, en compagnie de son épouse, trouva qu'elle était trop amère ; en conséquence, on y ajouta du sucre ; mais le sucre ne servit qu'à masquer cette perfide amertume. Une demi-heure après le souper les époux se mirent au lit et attendirent vainement le sommeil : une agitation insolite, accompagnée de bouffées de chaleur les empêchait d'en goûter les douceurs. Ils éprouvaient des démangeaisons extrêmes sur tout le corps et particulièrement autour du nez. Le mari, étant descendu du lit pour uriner, aperçut des figures grimaçantes, des fusées, des jets de lumière qui partaient en tous sens ; il lui fut impossible d'excréter une goutte d'urine. On alla chercher le médecin, qui leur administra des antispasmodiques et du vin de Bordeaux à fortes doses. Les symptômes de la vessie disparurent, mais il resta une grande faiblesse et une extrême lassitude dans les membres. Le mari, qui avait mangé plus de cruchade que sa femme, éprouva pendant quelques jours encore du malaise dans son sommeil et des rêves fantastiques.

Safran. — Le safran, dont les Méridionaux font un grand usage dans leurs aliments, passait pour faciliter toutes les fonctions du corps et porter à la tête des vapeurs fort agréables. Les anciens faisaient, dans leurs festins, griller sur des plaques de tôle, des feuilles de safran, et l'odeur qui se répandait dans la salle plongeait les convives dans une délicieuse ivresse.

A haute dose, le safran provoque un rire immodéré, puis un profond assoupissement qui quelquefois devient funeste. On a vu mourir des personnes qui s'étaient endormies imprudemment sur des ballots de safran.

RENONCULE SCÉLÉRATE. — Ce nom lui a été donné parce qu'elle provoque un rire forcé, sardonique, un rire qui n'est pas celui de la gaieté, mais le symptôme d'un empoisonnement.

SEDON BRULANT. — Les anciens connaissaient une préparation de cette plante qui occasionnait chez l'homme des symptômes d'épilepsie.

SABINE. — Les propriétés obstétriques de cette plante sont connues depuis fort longtemps. Galien dit que les dames romaines cherchaient dans les préparations de la sabine des moyens criminels de détruire les fruits de l'amour. — Ovide tonne contre ces vieilles corruptrices qui indiquaient aux jeunes imprudentes le funeste moyen de conserver leur réputation. — Aujourd'hui encore, les femmes de la campagne regardent la sabine portée dans les souliers comme un excellent cataménial.

EUPHORBES. — Presque toutes les plantes de cette famille sont dangereuses ; leur suc laiteux occasionne des démangeaisons, des éruptions cutanées, etc., et, si l'on s'endort sous leur ombrage, on éprouve de violents maux de tête, des vertiges, quelquefois la mort peut en être la suite. (Voyez l'article

Mancenilier, dans l'*Histoire des Parfums et des Fleurs* (1).)

Bétoine. — Cette plante procure un profond assoupissement assez semblable à celui qu'occasionne l'ivresse par les boissons alcooliques.

Le **Potamensis** et le **Gélatophyllis**, plantes qui croissent sur les bords de l'Indus et aux environs de Bactres, entraient dans la composition de deux breuvages dont les effets étaient réputés magiques. La première procurait, pendant l'état de veille, des visions fantasmagoriques, et la seconde provoquait un rire bruyant qu'on ne pouvait arrêter qu'en plongeant le rieur dans l'eau froide.

L'absorption du suc de l'**Ophiusa**, plante originaire de l'Éthiopie, causait des hallucinations pendant lesquelles on se croyait assailli par une multitude de serpents.

La racine de l'**Achæmenis**, préparée sous forme de pastilles et avalée avec du vin, tourmentait les coupables, qui s'imaginaient être poursuivis par les dieux vengeurs et précipités dans le Tartare.

Le **Moucha-morr**, espèce de champignon qu'on rencontre en Tartarie, au Kamtchatka et en Rus-

______

(1) *Les Parfums et les Fleurs*, ouvrage dans lequel toutes les merveilles de l'empire de Flore sont exposées de la manière la plus intéressante. Sa lecture est amusante et instructive. — 1 beau vol. Prix : 3 fr.

sie, mangé cru ou pris en infusion , produit un délire tantôt gai, tantôt sombre, mais le plus souvent furieux, et dispose l'homme au meurtre. Krachnin-nikof, dans son *Histoire du Kamtchatka*, rapporte qu'un soldat, ayant bu du *moucha-morr*, s'imagina qu'il lui était ordonné d'étrangler son colonel, et il l'eût fait, si ses camarades ne s'y fussent opposés. — Un autre soldat, qui avait usé de la même boisson, devint si furieux qu'il voulait s'ouvrir le ventre avec son sabre; on eut beaucoup de peine à l'en em-pêcher. — Enfin, un troisième, ayant mangé du *moucha-morr* dans du lait, fut pris d'un rire convul-sif, si prolongé, qu'au bout de deux heures il tomba sur le sol et mourut.

Outre les plantes dont nous venons de parler et beaucoup d'autres que nous passons sous silence, le formulaire magique indiquait un grand nombre de substances minérales et animales ayant une action plus ou moins forte sur nos organes, et dont plu-sieurs sont décrites au chapitre *Philtres* de cet ou-vrage. Les parfums et les odeurs étaient aussi employés par les thaumaturges dans le même but; tout le monde connaît leur énergique influence sur le système nerveux. Pour ne point répéter ce que nous avons déjà dit dans notre *Histoire des Parfums et des Fleurs,* nous y renvoyons nos lecteurs cu-rieux de détails *osphrésiologiques;* ils trouveront dans cet ouvrage l'énumération de toutes les influences secrètes, souvent .tyranniques et bizarres, que les odeurs exercent sur l'économie humaine.

Nous terminerons ce chapitre par quelques observations modernes, sur les propriétés de certaines substances pharmacologiques.

Les physiologistes sont d'accord sur ce point, que toutes les substances excitantes, alcool, café, opium, etc., déterminent l'afflux du sang au cerveau et l'excitent momentanément, lorsque la quantité de substance excitante ne dépasse pas une certaine limite. De plus, on a observé que chaque excitant a un mode d'action qui lui est propre et un organe d'élection. Ainsi, l'ammoniaque et les préparations dont il forme la base, le musc, le castoréum, le vin, l'éther, le café, etc., développent l'imagination et rendent les idées plus faciles. Les huiles pyrogénées disposent à la mélancolie, à la mauvaise humeur, aux hallucinations. La jusquiame et ses succédanés produisent les mêmes effets. Le phosphore, les boissons et aliments qui en contiennent stimulent les organes de la génération. —L'iode et ses préparations activent la résorption des glandes et occasionnent une diminution notable de l'intelligence. — L'arsenic, pris à doses médicinales, détermine la tristesse; l'or, au contraire, dispose à la gaieté. — Le mercure entretient une sensibilité morbide et donne un dégoût prononcé pour toute occupation. — L'inspiration du *protoxyde d'azote* procure des sensations délicieuses. On a donné à ce protoxyde le nom de *gaz hilariant*, parce qu'il dispose à la gaieté et provoque le rire.

La famille des narcotiques possède également ses divers modes d'action sur l'économie humaine. — L'opium, pris à certaines doses, active l'instinct érotique et l'imagination : de là les hallucinations, les extases chez les Orientaux qui boivent ou fument l'o-pium. — Le chlorhydrate de morphine provoque la loquacité et facilite la prononciation. — La belladone et la ciguë diminuent sensiblement l'activité intellec-tuelle. — La jusquiame rend le caractère irritable, excite à la colère et même à la rixe. — L'amanite ou fausse oronge excite les Kamtchadales à une fu-reur sauvage.— La digitale apaise les désordres de la circulation. — Le bangue ou chanvre indien fait éclore d'heureux songes, de charmantes hallucina-tions, etc., etc.

CHAPITRE XX.

La connaissance des substances vénéneuses était dans l'antiquité un des grands moyens de la magie et de la thaumaturgie. L'art de préparer les poisons sortit de l'Inde, comme toutes les découvertes, puis il se perfectionna chez les Égyptiens et les Grecs qui le répandirent chez les nations européennes. Au rapport des historiens, les mages, les prêtres et leurs adhérents se transmettaient fidèlement les formules des breuvages *léthifères,* dont la terrible action servait merveilleusement leurs haines et leur ambition. Ils avaient des poisons dont l'action était instantanée, et d'autres qui ne tarissaient que lentement les sources de la vie; ils en possédaient qui donnaient la mort au milieu d'atroces douleurs, et d'autres, enfin, qui, au contraire, procuraient une sorte de volupté sensuelle au moment où l'individu rendait le dernier soupir.

L'activité du poison se graduait selon les besoins

de ceux qui l'employaient, il donnait la mort sur-le-champ ou au bout de quelques heures, de quelques jours, ou enfin, après des mois et des années. Au commencement de notre siècle, lorsque les Anglais voulurent s'opposer au sacrifice d'une veuve du Malabar, les Brahmes leur dirent nettement que si l'on empêchait cette femme de monter sur le bûcher, elle ne survivrait pas trois heures à la violation de cet usage, et c'est ce qui arriva, en effet, le poison administré ayant été gradué pour ce temps.

Les rois d'Assyrie, d'après Hérodote, tenaient des prêtres de la Bactriane un poison qui tuait subitement ; ils le conservaient pour leur usage et celui de leur famille ; les grands de la cour en étaient souvent les victimes.

Dans la conquête de l'Inde, Alexandre eut souvent à souffrir des flèches empoisonnées des Indiens. Les habitants de la ville de Harmata, qu'il assiégeait, se fiant sur la violence du poison dont leurs armes étaient imprégnées, osèrent sortir de leurs murs. Aussitôt que le Macédonien les eut fait charger par quelques troupes légères, les Indiens décochèrent leurs traits empoisonnés, qui produisirent de si grands ravages, que les soldats blessés périrent presque tous d'une mort affreuse.

Le puissant collége sacerdotal qui établit le gouvernement théocratique en Égypte, faisait un fréquent emploi de cet art perfide ; plus d'un prince indocile, plus d'un roi fut frappé de mort subite, et l'on faisait passer cette mort, aux yeux du peuple, pour un châtiment des dieux.

Chez le petit peuple hébreu, l'art de préparer les poisons était devenu le partage de certaines familles ; leur pouvoir, croissant en raison de la crainte qu'elles inspiraient, porta ombrage à Moïse, qui défendit à quiconque, sous peine de mort, de porter ou de conserver chez soi toute substance vénéneuse ; cet habile législateur s'en réserva exclusivement l'usage et le transmit à ses descendants. Nous voyons, plus tard, le prophète Élie annoncer au roi Joram qu'il eût à se préparer à mourir, parce que le Dieu d'Israël, irrité de ses impiétés, avait prononcé son arrêt de mort. Joram expira le lendemain, offrant des symptômes qui, de nos jours, feraient traduire en police criminelle l'auteur d'une prédiction semblable. L'histoire juive est remplie de morts soudaines que le peuple ignorant regardait comme une punition du terrible Jéhova, et qui n'étaient, en réalité, que l'effet d'un poison secrètement administré.

Chez les Grecs, depuis les âges héroïques jusqu'à la décadence, l'art toxicogénique fit d'immenses progrès ; ce fut surtout dans la Thessalie et la Colchide qu'il brilla d'un affreux éclat ; les Médée, les Circé, les Hermonide, les Mycale, les Locusta, et beaucoup d'autres dont l'histoire nous a transmis les noms, effacèrent, par leur abominable célébrité, la réputation des empoisonneurs déjà connus; et, s'il est permis d'en juger par les faits que cachent les allégories de ces temps reculés, l'art de préparer les poisons était arrivé à un effrayant degré de perfection.

Théophraste nous apprend que, dans certaines contrées de la Grèce, existaient des empoisonneurs sans rivaux; il cite les noms de Thrasyas, de Mantinée, et d'Alexias, son disciple. Le premier se vantait de donner la mort instantanément ou lentement, avec ou sans douleur; le second, supérieur à son maître, avait composé différentes sortes de poisons qui agissaient spécialement sur tel ou tel organe: le cerveau et la moelle épinière, le poumon, le cœur et le sang, etc... On pouvait les mélanger soit à l'air qu'on respirait, soit à l'eau d'un bain, aux aliments, aux boissons, ou en imprégner les vêtements, les bijoux, enfin jusqu'aux murs des appartements. Les uns développaient un violent paroxysme de fièvre chaude et l'on expirait au milieu d'un transport de fureur; ou bien l'on était saisi d'une folle gaieté: on riait, on dansait, on se trémoussait violemment; puis les jambes pliaient, le corps s'affaissait, et l'on mourait en poussant un affreux éclat de rire. Les autres poisons plongeaient dans un profond engourdissement, avec une insensibilité complète: le corps se glaçait de la circonférence au centre; on s'endormait pour ne plus se réveiller. Théophraste ajoute que dans ces poisons entraient, en diverses proportions, la ciguë, le pavot, l'aconit, la jusquiame, le chanvre indien, le toxicodendron, le venin de plusieurs serpents et la bave des animaux surmenés.

La manière dont Parysatis, mère d'Artaxerce Memnon, empoisonna sa bru, démontre combien le crime était fécond en ressources. Dans un festin , elle se servit, pour couper une perdrix, d'un couteau dont la lame avait été enduite de poison d'un côté seulement, et offrit à sa bru le morceau qui avait touché le poison, celle-ci l'ayant mangé mourut deux jours après.

Plusieurs écrivains prétendent qu'Alexandre le Grand mourut à Babylone, non à la suite d'excès, mais par l'effet d'un poison que lui fit prendre un de ses ennemis secrets. Ce poison provenait, dit-on, de l'Inde.

Le breuvage léthifère que l'Aréopage d'Athènes faisait boire aux condamnés à mort n'était pas composé de ciguë seulement, ainsi que presque tous les historiens l'ont répété, d'après Pline. Dans le *Phédon*, où se trouve la relation détaillée de la mort de Socrate, son disciple n'emploie pas une seule fois le mot *conium* (ciguë). Platon dit qu'après avoir vidé la coupe empoisonnée, le plus sage des hommes n'éprouva ni douleurs, ni coliques, ni vomissements, ni convulsions ; ses jambes fléchirent, la circulation se ralentit, les membres se glacèrent, le froid gagna peu à peu le cœur, sans que l'intelligence fût trou-

blée, enfin, lorsque Socrate sentit ses paupières s'ap-
pesantir, il se coucha en recommandant, avec le
sourire sur les lèvres, de sacrifier, pour lui, un coq
à Esculape, et s'endormit du sommeil qui n'a plus
de réveil.

Si l'on compare les symptômes qui ont accompagné cette mort avec ceux qu'offre aujourd'hui l'empoisonnement par la ciguë, on sera forcé d'admettre
qu'ils sont entièrement opposés ; et que le breuvage
toxique des Athéniens dut être composé de diverses
drogues narcotiques éteignant la vie sans douleur, et
dont la recette ne nous est point parvenue.

Pline s'étend longuement sur un poison terrible
dont se servaient les Scythes pour empoisonner leurs
armes. Les blessures qu'elles faisaient offraient tant
de gravité, qu'il les nomme *blessures scythiques* ou
incurables ; et, malgré les nombreux alexipharmaques dont il conseille l'emploi, il est forcé d'a-
vouer que leur efficacité n'est rien moins que certaine. Pline et Démocrite pensent, d'après Hérodote,
que ce poison était un mélange de venin de vipère et
de sang humain. Cette assertion n'est pas dépourvue
de vraisemblance : aujourd'hui encore, certaines
hordes de la Tartarie présentent un gâteau de sang
à la vipère, préalablement irritée, qui le mord et
l'humecte de son venin. Ce sang, délayé ensuite, sert
à empoisonner leurs armes, dont les blessures sont
le plus souvent mortelles.

Les Carthaginois préparaient également d'énergiques poisons avec les venins des reptiles et des sucs d'herbes. Hamilcar défit les Lybiens et Annibal vainquit les Pergamiens avec ce poison.

Les Gaulois, selon J. César, empoisonnaient aussi leurs armes; les Druides devaient à la connaissance des poisons le pouvoir qui les rendait si redoutables.

Valère Maxime rapporte que les Phocéens de Marseille administraient à leurs condamnés à mort, un breuvage toxique exempt de douleurs : la vie s'éteignait si doucement, que les criminels imploraient des juges la faveur de mourir par ce poison.

Strabon parle des habitants de Chio, des Ibériens et des Colchidiens, comme de très-habiles empoisonneurs.

La république romaine, malgré ses mœurs et sa police austères, ne put empêcher cet art funeste de pénétrer dans son sein. On voit, sous le consulat de Flaccus et de Marcellus, périr une multitude de personnes de toutes conditions sans cause connue. L'édile ordonna des prières aux dieux, croyant avoir affaire à une épidémie; mais une esclave vint dénoncer cent soixante-dix patriciennes comme la cause unique du fléau, par les breuvages et poudres qu'elles répandaient. Vingt des accusées furent amenées sur la place publique et condamnées à boire les substances empoisonnées saisies à leurs domiciles;

à peine les eurent-elles avalées qu'elles tombèrent sur le sol et expirèrent dans d'horribles convulsions. Les autres empoisonneuses reçurent aussi le châtiment qu'elles méritaient.

Au temps de Pompée, le sénat gardait un poison national pour certaines occasions. Les individus qui ne pouvaient survivre à d'irréparables revers ou au déshonneur, venaient le demander aux magistrats dépositaires; car, à eux seuls appartenait le droit de juger si les malheurs dont se plaignaient les postulants étaient assez graves pour exiger ce remède.

Ce fut surtout sous les Césars que les poisons promenèrent de tous côtés leurs ravages; les premières têtes de l'empire n'étaient point respectées; des quartiers de Rome furent décimés et des familles entières disparurent. Sous les règnes de Tibère et de Néron, l'exécrable Locusta servit si bien ces monstres couronnés, en empoisonnant une foule de hauts personnages, que ceux-ci la comblèrent d'honneurs et de richesses; ils lui donnèrent même des disciples pour apprendre le métier d'empoisonneurs. L'effroi régnait partout; il n'y avait de sécurité pour personne. Au sein de sa famille même, on craignait d'être victime d'un poison secret.

Après le morcellement de l'empire, les empoisonneurs suivirent les empereurs à Constantinople, et cette capitale devint le théâtre de leurs crimes.

L'histoire du moyen âge nous montre l'Europe

entière infectée d'empoisonneurs, et ce monstrueux métier ne fut point seulement pratiqué par des êtres obscurs, car des hommes issus de familles illustres y acquirent une horrible célébrité. Nous ne citerons que quelques-uns de ces grands scélérats, dont on ne peut lire ou entendre prononcer les noms sans frémir d'indignation et d'horreur.

Les Borgias, d'exécrable mémoire, infectèrent l'Italie de leurs poisons ; rien n'était sacré pour eux : parents, amis, gens dévoués, vieillards et enfants, ils empoisonnaient impitoyablement tous ceux qui les gênaient. On dit que le Borgia connu sous le nom de pape Alexandre VI, fabriquait lui-même un poison plus violent et plus sûr que tous les poisons connus. Voici comment il l'obtenait : on suspendait un porc par les pieds, la tête en bas ; on le battait, on le piquait, on le torturait pendant plusieurs jours, jusqu'à ce que l'animal, arrivé à un état de fureur morbide, offrît des symptômes de rage ; alors on recueillait sa bave et on la mélangeait à un autre virulent poison, contenu dans une boîte d'or. Ce venin, d'une activité dévorante, avait été nommé *cantarella*, parce que les malheureux à qui on l'administrait périssaient en poussant des hurlements affreux. Cette famille possédait d'autres poisons qui, assure-t-on, donnaient la mort à heure ou à jour fixe ; il ne s'agissait que d'en augmenter ou d'en diminuer la dose pour obtenir ce résultat.

Vers la même époque, l'empoisonneuse Toffana semait la désolation et la mort dans la ville de Naples; on croit que c'est elle qui donna au pape Alexandre VI la recette de plusieurs poisons.

La France ne fut pas exempte de ces monstres à face humaine, et, pour ne pas feuilleter ces tristes pages de notre histoire, nous ne citerons que trois noms fameux dans les annales du crime : la Voisin, la Vigoureux et la Brinvilliers. Les deux premières, aussi habiles qu'effrontées, se signalèrent par un si grand nombre d'empoisonnements, qu'elles renouvelèrent, à Paris, le désastre qui avait eu lieu à Rome, sous le consulat de Flaccus et de Valérius. Ces infâmes distribuaient le poison sous toutes les formes à quiconque en voulait, pour se débarrasser promptement ou lentement d'un père, d'un mari, d'un amant, sans qu'on pût découvrir aucun signe d'empoisonnement. Une multitude d'hommes et de femmes s'en servirent contre leurs ennemis et leurs argus. Il n'y avait pas de jour qu'on n'entendît parler de morts soudaines. Les chroniques de ce temps disent qu'après l'arrestation et le jugement de ces empoisonneuses, beaucoup de personnes de distinction furent convaincues d'avoir participé à leurs crimes et plusieurs hauts personnages furent sérieusement compromis.

La Brinvilliers, non moins célèbre que les deux précédentes, fut encore plus habile. Servie par son amant Sainte-Croix et l'Italien Exili, ses dignes aco-

lytes, cette misérable empoisonna une foule de personnes de toutes conditions, en commençant par son
père. Les poisons dont elle se servait ne laissaient
aucune trace; ils étaient composés, dit-on, de bru-
cine, de strychnine ou de morphine qu'Exili avait
découvertes en faisant des opérations alchimiques.
La Brinvilliers exerça longtemps, avec impunité, son
abominable industrie; mais l'heure de la justice
humaine sonna enfin, et la France fut à jamais dé-
livrée de ce monstre odieux.

Enfin, d'habiles empoisonneurs, sachant que le poison peut être introduit dans le corps par les pores absorbants de la peau et par la respiration, se signalèrent dans la composition de pâtes, poudres, eaux et
vapeurs toxiques dont les molécules pénétraient par
ces voies.

Un prince du seizième siècle faillit être empoisonné par une lettre.—Catherine de Médicis empoisonna, dit-on, Jeanne d'Albret avec une paire de
gants glacés. — Une noble Vénitienne consomma le
même crime, dans un bal, au moyen d'un masque
donné à son amant. — Le célèbre Zacchias assure
que le pape Clément VII fut empoisonné par la fumée d'une bougie, et qu'un théologien dissident eut
le même sort en respirant une pastille odorante. La
Brinvilliers, dont nous venons de parler, empoisonna
beaucoup de personnes avec de la poudre à poudrer,
avec des pâtes d'amandes pour blanchir les mains, du

rouge pour le teint, des joyaux, des vêtements, etc., préparés avec des poisons.

Arrêtons-nous à ces exemples, et, disons-le à la louange des sociétés actuelles, l'art des empoisonnements est presque oublié ; les empoisonneurs deviennent de plus en plus rares, et la justice, éclairée par la science, rend impossible tout espoir d'impunité.

Poisons américains. — Le vaste continent de l'Amérique offre des substances vénéneuses d'une violence extrême. Les Indiens en empoisonnent leurs armes, et les blessures qu'elles font sont presque toujours mortelles, si l'on n'applique immédiatement le contre-poison. Le premier Européen qui se pencha sur le rivage américain pour ramasser de l'or, dit le savant de Pauw, fut tué par une flèche empoisonnée.

Parmi ces poisons terribles, on compte le *curare*, le *woorara*, le *mavacure*, le *mancenilier*, *l'upas*, etc., et les venins de plusieurs reptiles, beaucoup plus dangereux que celui de la vipère.

Les *Ticunas*, peuplade sauvage de l'Amérique méridionale, préparent un poison des plus terribles avec le *curare*, espèce de liane croissant au milieu des marais, qu'ils font bouillir dans une chaudière, avec d'autres herbes vénéneuses, jusqu'à ce que le suc soit épaissi.

La Condamine, et après lui plusieurs autres voyageurs, assurent que les vapeurs sortant de la chaudière sont mortelles pour ceux qui les respirent ;

aussi les Ticunas n'emploient-ils que de pauvres vieilles femmes décrépites . à cette préparation. Ils éprouvent le poison en y trempant la pointe d'une flèche qu'ils plongent ensuite dans du sang frais. Si le sang se coagule aussitôt, le poison a acquis toute sa force, on le retire du feu ; dans le cas contraire, on continue la cuisson en ayant soin de remuer continuellement le *curare* avec une spatule de bois. Quand le suc épaissi a acquis ses propriétés mortelles, on le verse dans des pots qui sont soigneusement conservés dans un endroit sec. Les Indiens se transmettent la recette du *curare* avec autant de scrupules qu'en mettaient les anciens apothicaires à préparer la thériaque. Les flèches trempées dans ce poison conservent, pendant plusieurs années, leurs propriétés funestes. On rapporte qu'un curieux, visitant l'arsenal d'une ville de Hollande, se piqua le doigt avec une de ces armes et qu'il mourut des suites de la piqûre. Ce violent poison agit directement sur le sang, qu'il coagule sur-le-champ de la même manière qu'une goutte d'acide acétique fait cailler le lait. La chair des animaux tués avec des flèches enduites de *curare*, ne conserve aucune qualité malfaisante, car aussitôt après la coagulation du sang, le venin se neutralise.

Les insulaires de Macassar possèdent le plus terrible poison qu'on connaisse; il découle d'un arbre, sous consistance de miel ; les Macassariens s'en servent pour empoisonner de petites flèches ou alènes qu'ils lancent au moyen de sarbacanes. Le voyageur Tavernier, témoin de l'effrayante promptitude de ce poison, raconte ainsi un fait qui se passa sous ses yeux :

« Sumbaco, roi de Macassar, voulant me montrer l'activité d'un poison qu'il possédait et dont lui seul connaissait l'antidote, fit amener à ses pieds un Anglais condamné à mort pour crime d'assassinat ; il fit également venir deux chirurgiens, l'un anglais et l'autre hollandais, et leur accorda la grâce du criminel, s'ils pouvaient lui conserver la vie. Ensuite, il prit sa canne creuse, la chargea d'une flèche empoisonnée, et me demanda à quel endroit je voulais que le patient fût blessé ; je lui indiquai le gros orteil du pied droit ; au même instant la flèche partit et atteignit le but indiqué. Les deux chirurgiens coupèrent immédiatement l'orteil blessé, espérant que l'absorption du venin n'aurait point lieu, mais ce fut en vain ; le malheureux expira un instant après l'amputation.»

Existe-t-il des poisons qui puissent se mêler, se combiner à l'air atmosphérique, et, semblables aux fléaux pestilentiels, frapper de mort tous les êtres qui les respirent ? Un grand nombre de faits historiques semblent résoudre affirmativement cette question. Hippocrate, Aristote, Arétée, Galien ont parlé de certaines plantes qui avaient les funestes propriétés d'empoisonner l'air et de le rendre aussi meurtrier que les effluves des marais. Ces végétaux, accumulés par des mains criminelles autour des hameaux et des villages, infectaient l'air de leurs molécules délétères et frappaient tous les êtres vivants d'une véritable intoxication.

Sur les bords du golfe Persique, on signalait autrefois des arbustes lactescents, doués d'une telle virulence, que le vent qui les frisait emportait avec lui des qualités mortelles. Chardin assure que dans certains endroits de la Perse, le *gubad-samour*, plante arborescente à grappes laiteuses, empoisonne l'air dans une grande étendue. En Europe, la décomposition de plusieurs conferves et de l'hippuris développe également des maladies mortelles.

Strabon indique une poudre puante que les Soanes, peuples de Colchide, lançaient sur leurs ennemis et qui étouffait ceux que leurs flèches n'avaient pu atteindre.

Dans un ancien traité de pyrotechnie vénitienne, on trouve la composition d'une poudre puante avec laquelle on chargeait des obus, des grenades ou des boîtes disposées pour cela ; ces projectiles, en éclatant, répandaient une odeur si infecte, si pénétrante, qu'elle portait autour d'elle l'asphyxie et la mort. M. de Pauw raconte qu'un chimiste de Londres, voulant éprouver une poudre puante qu'il venait de composer, la jeta dans la rue et que plusieurs passants tombèrent asphyxiés. On sait que des marins anglais essayèrent, au commencement de ce siècle, d'empoisonner les côtes de Bretagne et de Normandie avec des boîtes remplies de nitrate d'arsenic et de poudre puante en ignition.

Démocrite rapporte, dans un chapitre de ses ouvrages, que des magiciens mal intentionnés empoisonnaient les troupeaux, les moissons, et faisaient sécher sur pied les plantes et les arbres. De nos jours, on a expérimenté qu'une combinaison de soufre et de chaux jetée au pied des arbres les fait périr, et que les eaux saturées de gaz délétères, ou tenant en dissolution certains sels métalliques, peuvent dessécher les prairies et même les grands végétaux dont elles baignent les racines.

Le nombre des auteurs, tant anciens que modernes, qui ont écrit sur les poisons est si prodigieux, que l'immense liste de leurs noms formerait de gros volumes. De tous ces ouvrages de toxicologie plus ou moins remarquables, il résulte que les poisons doivent être distingués en *corrosifs, narcotiques et putréfiants ou septiques.*

Les premiers enflamment et corrodent les tissus avec lesquels ils sont en contact ; — les seconds agissent exclusivement sur le cerveau et sur le système nerveux qu'ils frappent d'engourdissement, de stupeur et de mort ; les troisièmes portent leur terrible influence dans les parties où ils ont été déposés ; la peau se refroidit, change de couleur et se gangrène.

Les trois règnes de la nature produisent des poisons, mais le règne végétal en fournit plus que les deux autres. Les poisons animaux se nomment *venins*, lorsqu'ils sont élaborés par des reptiles ou des insectes venimeux, et *virus*, lorsqu'ils sont le produit d'une maladie, comme la rage, la peste, etc.

C'est dans la famille des serpents à crochets qu'on trouve les venins les plus dangereux : le venin du serpent à sonnette tue en quelques minutes; celui de la vipère, quoique beaucoup moins actif, provoque toujours d'assez graves accidents, si l'on n'a soin de cautériser immédiatement la partie mordue.

Dans le règne végétal, les champignons, les pavots, les ciguës, les euphorbes, les renoncules et une infinité d'autres plantes vénéneuses, donnent lieu à des empoisonnements mortels ; plusieurs arbres et arbustes, comme nous l'avons déjà vu, fournissent de violents poisons, surtout en Amérique.

Les poisons les plus communs, tirés du règne minéral, sont les oxydes d'arsenic, de cuivre, d'antimoine et de plomb.

L'acide arsénieux est le poison le plus généralement employé de nos jours par les empoisonneurs, qui, fort heureusement, deviennent de plus en plus rares.

La chimie moderne a découvert quelques poisons d'une énergie, d'une promptitude sans exemple, et que très-probablement ne connurent jamais les anciens.

On place en première ligne l'acide prussique ou cyanhydrique, donnant la mort presque subitement. Ce poison existe dans l'écorce du merisier à grappes, dans les fleurs et les amandes de pêcher, etc... l'industrie le retire du prussiate de fer. L'acide cyanhydrique, ainsi que l'ont démontré les expériences de Gay-Lussac, de Magendie et autres savants, agit sur l'économie avec une effrayante rapidité ; il suffit d'une goutte de cet acide, mise sur une membrane muqueuse ou sur un point de la peau dénudée, pour tuer l'individu en quelques secondes. Magendie et Robert de Rouen ont versé une goutte d'acide cyanhydrique sur la langue d'un chien, et l'animal, après avoir fait deux grandes inspirations, est tombé roide mort comme s'il eût été foudroyé. Des boulettes de mie de pain, pétries avec cet acide, ont été jetées dans la cour de leur laboratoire, et les moineaux venus pour les manger sont tombés morts en les becquetant.

Existe-t-il des antidotes ? Les traités de contre-poisons, de remèdes alexipharmaques, alexitères sont infiniment nombreux ; les anciens prétendaient avoir découvert un antidote à chaque poison ; mais, en réalité, ces traités ne sont qu'un ramas de formules plus ou moins indigestes, dont l'efficacité n'a presque jamais été reconnue par l'usage. Et ce que l'on dit du fameux Mithridate, roi de Pont qui, s'étant habitué, dès le bas-âge, aux poisons et contre-poisons, offrait un corps à l'épreuve de toute substance toxique, doit être regardé comme fort douteux. Le corps de Mithridate avait pu se familiariser avec certaines substances délétères, ainsi qu'on habitue peu à peu un malade à des médicaments qui empoisonneraient un individu en santé ; mais, on peut assurer, en général, qu'il est des poisons corrosifs contre lesquels l'habitude ne peut rien, et dont les terribles effets sont une mort inévitable.

Le traitement des poisons n'a réellement été assis sur des bases solides que depuis le jour où, éclairée par l'anatomie physiologique et servie par la chimie, la médecine s'est débarrassée des langes grossiers qui l'entouraient. Notre siècle surtout s'est signalé par de sérieuses études sur cet important sujet, et plusieurs savants, professeurs de nos Facultés, ont consacré leurs veilles, leurs lumières, à composer des traités de toxicologie qui resteront comme des monuments dans la science et comme un bienfait pour l'humanité.

CHAPITRE XXI.

Du jour où l'homme s'aperçut qu'il pouvait tirer
profit de certains animaux, il se mit aussitôt à la recherche des moyens les plus prompts pour les dompter, les domestiquer, et les faire servir à ses besoins,
à ses caprices. Parmi ces moyens, les aliments et les
boissons narcotiques, la privation du sommeil, la
musique, les odeurs et surtout le magnétisme du regard, inspirant la crainte et la terreur, tiennent le
premier rang.

Les récits de l'antiquité, sur ce sujet, sont tellement empreints de merveilleux, que les modernes ont
refusé d'y ajouter foi et les considèrent comme des
fables. L'histoire d'Orphée, de Pandion, de Linus et
d'autres fameux musiciens, dont les divins accords
civilisaient les hommes demi-sauvages et enchaî-
naient les bêtes féroces : — les Psylles, les Marses,

les Ophiogènes qui maniaient impunément les plus dangereux reptiles; — les Ménades qui jouaient avec des tigres; — les Bacchantes qui attelaient des lions à leurs chars pendant les fêtes de Bacchus; tous ces faits, dont retentit l'antiquité, ne seraient-ils que d'ingénieuses allégories? Il est permis de croire le contraire, et nous sommes encore témoins de nos jours de la puissante action que l'homme exerce sur les animaux; il ne s'agit que de connaître les moyens employés pour faire cesser toute incrédulité à cet égard.

Personne ne nie que certains animaux soient très-sensibles à la musique; l'expérience le prouve tous les jours : aux doux accords des flûtes, l'éléphant nouvellement tombé au pouvoir de l'homme, oublie son esclavage, et le plaisir qu'il éprouve à les écouter se manifeste par des élans amoureux. — Le morse, le dauphin, nagent autour du navire où l'on fait de la musique, et longtemps après qu'elle a cessé ils le suivent encore. — L'informe hippopotame, le hideux crocodile, aiment les sons guerriers de la trompette et suivent à la nage le tambour qui bat sur les rives du fleuve. —Le cheval s'anime et s'élance au bruit des fanfares. — Le cerf s'arrête ému aux sons lointains du cor et devient victime de la meute acharnée à sa poursuite. — Le lézard sort de son étroite crevasse pour mieux écouter les sons de la flûte ou du flageolet. — Presque tous

les oiseaux chanteurs montrent le plaisir que leur procure la musique, en répétant les airs qu'on leur a
appris. — Enfin, les insectes même n'y sont pas
insensibles; les sons pénétrants de l'harmonica font
sortir l'araignée de son trou et la retiennent immobile sur sa toile. — Le bruit d'une tôle agitée, le son
d'une bassine de cuivre, arrêtent les essaims d'abeil-
les qui émigrent, et les forcent à s'arrêter. Le pas-
teur arcadien Lycétas usait, dit-on, de ce moyen
pour attirer autour de sa demeure les essaims fugitifs
du voisinage. — De tous les animaux, le chien seul
semblerait éprouver des sensations douloureuses aux
sons des instruments, surtout des instruments métalliques; ces sons agissent si violemment sur ses nerfs,
qu'il pousse malgré lui des hurlements plaintifs. J'ai
eu occasion d'observer, pendant plusieurs années, un
chien qui, lorsque midi sonnait à l'horloge, sortait
de son chenil et commençait à hurler d'une façon
étrange : à chaque coup de marteau sur l'airain, il poussait un cri absolument semblable au
cri que lui aurait arraché un vigoureux coup de
fouet.

Les substances narcotiques sont en très-grand
nombre et leurs effets très-variés, depuis une légère
somnolence jusqu'à l'engourdissement le plus profond. En mélangeant ces substances aux aliments ou
aux boissons des animaux, il est facile de comprendre
que l'état d'assoupissement ou de stupeur qui en ré-

sultera, pourra permettre à l'homme de les approcher sans danger.

C'est aussi par la privation du sommeil, que plusieurs écuyers sont parvenus à dompter les chevaux les plus fougueux.

Les odeurs produisent des effets très-prononcés, et qui se soutiennent pendant un temps plus ou moins long, selon leur nature et leur ténacité. —Les chiens et les chats suivent de même la personne qui a écrasé sous son pied ou entre ses doigts une herbe nommée *cataire*, dont l'odeur nauséeuse flatte leur odorat. Près du temple de Jupiter, à Olympie, existait une cavale de bronze inspirant les plus violents désirs aux chevaux entiers qui en approchaient. Élien et Pausanias nous ont donné le secret du miracle en rapportant que les prêtres du temple frottaient le bronze avec de l'*hippomane*. — C'était par un semblable artifice que les taureaux s'attroupaient autour de la génisse d'airain, chef-d'œuvre du sculpteur Myron. — Les chasseurs qui veulent attirer les loups, renards et autres animaux, les hommes qui font métier de détourner les chiens pour s'en emparer, portent sur eux un linge imprégné d'odeurs particulières. Tel fut probablement le secret de ces mortels favorisés des dieux, qui entraînaient à leur suite les lions indomptables et les tigres les plus terribles. — Aux premiers siècles du christianisme, grand nombre de néo-religionnaires furent condamnés à être jetés

dans les arènes pour être dévorés par les bêtes féroces, et plusieurs de ces martyrs se trouvèrent miraculeusement garantis de leurs dents affamées, entre
autres sainte Thècle. L'explication de ce prodige est
ainsi consignée dans les *Actes de Thècle et de Paul,
apôtre* :

« Et comme on avait lâché sur Thècle les fauves
les plus redoutables, les femmes qui étaient présentes
jetèrent sur elle, l'une du nard, l'autre du cassia,
celle-ci divers aromates, celle-là de l'huile parfumée,
et les bêtes furent comme accablées de sommeil, elles
ne touchèrent point à Thècle. »

Galien prétend que des magiciens sauvèrent plus
d'une fois la vie à des malheureux condamnés à être
dévorés par des animaux carnassiers. Selon lui, il
suffisait de frotter le corps du condamné avec de la
graisse d'éléphant corrompue ; la fétidité de cette
onction éloignait les carnassiers les plus affamés.
Tertullien fait aussi mention d'un jongleur qui, au
moyen du même procédé, défiait les bêtes féroces et
se promenait au milieu d'elles sans jamais en être
attaqué. — Firmus d'Alexandrie nageait dans le Nil
au milieu d'une troupe de crocodiles qui, comme par
respect, n'osaient s'approcher de sa personne et le
suivaient à distance. Ce Firmus s'oignait, avant de se
jeter dans le Nil, d'une huile fétide dont les crocodiles
fuyaient l'odeur. — Les Mexicains se frottent avec
une pommade si puante qu'ils peuvent impunément

errer la nuit dans les forêts, sans craindre l'attaque des carnassiers et des reptiles qui fuient à leur approche. — L'odeur de la massue d'Hercule écartait les chiens du temple consacré à ce demi-dieu, à Amyclée. Comme le prodige se renouvela pendant quatorze siècles, il est probable que les desservants du temple avaient soin de renouveler de temps à autre l'odeur dont ils imprégnaient la statue, odeur qui était imperceptible à l'odorat des hommes.

Les Psylles jonglaient avec des serpents venimeux sans jamais en être mordus ; les Marses d'Italie, les Ophyogènes de Chypre, qui prétendaient tirer leur origine d'une nymphe et d'un dragon, formaient des tribus privilégiées, jouissant de l'immunité contre les morsures de toute espèce de serpents. Aristote et Pline ont indiqué plusieurs plantes stupéfiantes ayant la propriété d'engourdir les reptiles, telles que l'aristoloche anguicide, dont se servent encore les Indiens, la grande ciguë, l'huile de laurier, etc. Outre cette immunité, les Psylles, les Marses possédaient la faculté de découvrir le secret asile des serpents et de guérir leurs morsures. On venait de fort loin les consulter, en pareille circonstance, et la plupart des personnes piquées ou mordues s'en retournaient guéries, pourvu toutefois qu'elles se fussent mises entre les mains des Psylles peu de temps après l'accident. Un des généraux d'Alexandre, mordu par une vipère, eut recours aux Psylles et s'en retourna parfaitement

16.

guéri. Antoine, apprenant que Cléopâtre s'était fait piquer par un aspic, dépêcha en toute diligence trois Psylles pour la sauver; mais ils arrivèrent trop tard, cette reine orgueilleuse et superbe venait de rendre le dernier soupir.

La faculté de découvrir les serpents avec l'odorat se rencontre à un haut degré chez les Indiens et chez les nègres des Antilles; plusieurs voyageurs en ont été témoins. Le serpent, au dire des nègres, exhale une odeur fade, nauséabonde, très-prononcée pour leur odorat et imperceptible au nôtre. En Égypte, il existe des hommes qui se vouent exclusivement à la chasse des reptiles et les éventent mieux qu'un chien n'éventerait le lièvre ou la perdrix; ce métier est héréditaire dans leurs familles; leurs enfants y sont exercés dès le bas âge, et, comme dit le proverbe, chassent de race. Ceci ne doit nullement surprendre; on sait qu'un sens exercé sans cesse acquiert un développement prodigieux.

Les voyageurs Bruce et Marchand se sont assurés que les Indiens et les Égyptiens se prémunissaient contre l'atteinte des serpents en se baignant dans une décoction d'herbes qu'ils tiennent secrètes et qui sont probablement les mêmes ou les analogues de celles dont se servaient les Psylles.

Les nègres et les sauvages de l'Amérique possèdent depuis longtemps le secret de se rendre invulnérables à la morsure de tout animal venimeux. M. Matis, peintre distingué, acheta d'un nègre ce secret, et se soumit à l'opération qu'on lui dit être indispensable. Voici comment le nègre opéra : Il fit à M. Matis six petites incisions, deux aux mains, deux aux pieds, et deux sur les côtés de la poitrine ; puis il y introduisit du suc d'une plante appelée *guaco*. On lui fit également avaler deux cuillerées de ce suc, et on l'avertit qu'il était nécessaire d'en prendre cinq ou six fois par mois la même quantité, s'il voulait conserver sa qualité d'invulnérable ; enfin, le nègre termina son opération en donnant à M. Matis deux feuilles de *guaco* qu'il devait porter sur sa poitrine, parce que cette plante fait fuir les serpents. Cela fait, M. Matis se fit mordre assez fortement par un serpent venimeux et n'en fut nullement incommodé. Les jours suivants, il répéta plusieurs fois cet essai, et il acquit la conviction de son invulnérabilité.

Si ce fait est vrai, on est en droit de s'étonner que la botanique et la médecine n'aient point signalé la vertu alexitère de cette plante, et n'en aient pas préconisé et répandu l'usage.

Du reste, tous les serpents ne sont pas venimeux ; il en est qui s'apprivoisent avec une grande facilité et qui finissent par devenir d'une familiarité importune. Dans presque tous les temples païens, les prêtres élevaient d'énormes serpents et se promenaient au milieu d'eux pour imposer à la foule ignorante. A Thèbes, à Memphis, outre les serpents, on montrait d'énormes crocodiles, assez familiers pour venir manger dans la main des prêtres. Ces monstrueux crocodiles, énervés par divers moyens, étaient devenus tout à fait inoffensifs. Ajax, fils d'Oïlée, conserva longtemps un énorme serpent qui le suivait comme un chien. Les gardes de Ptolémée Aulètes prirent un serpent monstrueux, et, à force de soins et de persévérance, le rendirent aussi doux qu'un agneau. — Le major Laing a vu dans l'Afrique centrale un serpent qui exécutait, à la voix de son maître, des tours surprenants : il se roulait autour de son bras, de son cou, se mettait en peloton, sautait ensuite sur une table, dansait, puis s'élançait à la tête du maître, qu'il entourait de ses replis, de façon à lui former un turban. — Dans la Guyane hollandaise, on trouve des négresses qui ont le pouvoir de charmer les plus gros serpents ; en effet, le reptile descend, à leur voix, de l'arbre où il était caché, et vient se rouler à leurs pieds. Mais tout cela n'a plus rien de merveilleux, puisque nous savons mainténant que les serpents s'apprivoisent et peuvent être conduits à la domesticité.

Existe-t-il véritablement un antidote contre le venin des serpents? Les uns l'admettent, les autres le nient ; les personnes plus réfléchies n'osent se prononcer et attendent de la science et de l'expérience la solution de cette question importante. — Les premiers disent que cet antidote était un des secrets conservés dans les temples d'Égypte ; ils citent à l'appui Orphée qui, piqué par un serpent très-dangereux, fut guéri presque miraculeusement ; et si sa chère Eurydice mourut d'une semblable piqûre, c'est que le poëte ne se trouvait point auprès d'elle pour lui administrer le remède. Ils citent encore les Psylles, les Ophyogènes et les Marses qui se faisaient mordre par les reptiles les plus venimeux, sans qu'il en résultât le moindre accident et qui, au rapport de Pline, d'Aristote et de Sénèque, guérissaient parfaitement, nous l'avons déjà dit, toute espèce de. morsure et de piqûre venimeuses. — Leurs antagonistes répondent que les Psylles, les Ophiogènes, les Marses et autres guérisseurs de plaies envenimées, n'étaient que d'habiles jongleurs dont le secret consistait à arracher la dent creuse du serpent où se trouve logée la vésicule qui contient le venin ; ou bien encore à les forcer à mordre plusieurs fois dans un morceau de viande coriace de façon à épuiser cette vésicule. Cela fait, le reptile cessait d'être dangereux, les jongleurs pouvaient les manier et s'en faire mordre impunément.

Le fait historique suivant semblerait cependant prouver que les anciens avaient un moyen d'arrêter la marche du venin des reptiles et d'en neutraliser les effets. L'empereur Héliogabale, voulant s'assurer si les Marses possédaient réellement le secret de fasciner les serpents et de guérir leurs morsures, donna un jour l'ordre de recueillir tous les reptiles avec lesquels jouaient ces jongleurs, et les fit jeter dans le Cirque au moment où des milliers de spectateurs s'y pressaient. Un grand nombre de personnes périrent des morsures de ces reptiles ; il n'y eut que celles traitées par les Marses qui purent échapper à une mort inévitable.

Chez les Indiens et les Chinois on voit, de nos jours, dit-on, des hommes qui, pour montrer que leur antidote contre les morsures de serpents est exempt de charlatanisme, se font mordre par une vipère et laissent agir le venin pendant un certain temps ; lorsque la partie mordue s'enfle et prend une teinte violacée, ils appliquent le remède ; aussitôt les rapides effets du venin s'arrêtent et quelques heures suffisent pour que la plaie revienne à son état primitif. Malgré les historiens et les voyageurs qui attestent ce fait, comme témoins oculaires, nous n'osons lui donner pleine confiance ; car, le secret de combattre un poison déjà si avancé dans ses progrès, est trop merveilleux pour qu'on l'accepte sans examen. Nous avouons toutefois que ces cures ne sont pas impossibles, et que si les propriétés du *guaco,* dont nous avons parlé précédemment, sont réelles, cette plante serait le véritable antidote contre la morsure des serpents.

Parmi les moyens employés pour dompter les animaux, l'influence du regard tient peut-être le premier rang. Tout porte à croire que ce moyen était connu

dans l'antiquité et que la classe sacerdotale le mit au
nombre des secrets qui servaient à consolider sa puissance. Une foule d'exemples de lions, de tigres et
autres grands carnassiers vaincus et soumis à la volonté de l'homme, attestent l'influence du regard.
Depuis les expériences mesmériennes, on a donné
le nom de *magnétisme du regard* à cette influence
merveilleuse, et notre siècle a été souvent témoin
des prodiges opérés par certains hommes, vrais domp-
teurs de bêtes féroces ; les Martin, les Van Ham-
burg, les Carter, etc. Ce dernier surtout était parvenu
à dominer ses animaux d'une manière surprenante ;
il s'en faisait obéir au moindre geste et les frappait
même sans qu'ils osassent se révolter, tant était
grande la crainte qu'il avait su leur inspirer.

Cette puissance du regard, tantôt intolérable et terrible, tantôt douce et bienfaisante, dépend de la forme
et de la couleur des yeux. Les faisceaux lumineux
qu'envoie un objet à l'œil fixé sur lui, ne pénètrent
pas tous au fond de cet organe ; la rétine reçoit seulement les faisceaux nécessaires à la peinture de l'objet ;
les autres faisceaux sont réfléchis par la sclérotique
et renvoyés selon un angle semblable à l'angle d'inci-
dence. De cette réflexion résulte le pinceau lumineux
ou magnétique qui va opérer la fascination sur un
œil étranger. Les yeux ronds à reflets verdâtres sont
les plus puissants à inspirer la crainte, l'effroi et à
faire baisser le regard qui ose se fixer sur eux. Les

yeux de Carter, en colère contre son tigre, s'illuminaient d'une légère phosphorescence, et le tigre aussitôt se couchait comme s'il eût craint un châtiment. Nous renvoyons le lecteur à notre ouvrage intitulé : *Mystères du Sommeil et du Magnétisme*, où se trouve traitée, avec tous les détails qu'elle mérite, la grande question du magnétisme du regard.

CHAPITRE XXII.

SECTION PREMIÈRE.

L'art de composer des feux de diverses couleurs, de différentes formes, s'allumant avec ou sans détonation et brûlant dans l'eau, était connu des peuples anciens. Le phosphore, divers pyrophores, le feu grégeois, une composition semblable à la poudre à canon et plusieurs autres matières pyriques étaient employés dans les cérémonies de l'initiation aux mystères égyptiens et grecs, pour frapper l'imagination des initiés et leur donner une haute idée de la puissance des hiérophantes. Nous verrons aussi qu'on s'en servit comme moyen d'attaque et de défense.

Un phosphore qui brille la nuit ; une pierre qui jette des flammes lorsqu'on l'asperge d'eau ou qu'on crache dessus ; un feu qui brûle dans l'eau ;

17

une détonation semblable à un coup de tonnerre et précédée d'un brillant éclair; un dragon embrasé qui traverse les airs avec grand bruit et laisse une pluie de feu sur son passage, tout cela devait plonger le vulgaire dans l'étonnement et le remplir de crainte ou d'admiration. Les colléges sacerdotaux, dépositaires de ces divers secrets, s'en servaient habilement pour établir et asseoir sur des bases solides leur redoutable puissance.

Ainsi, le premier Zoroastre paraissait dans les solennités nocturnes avec une ceinture flamboyante; les flammes de cette ceinture s'attachaient aux mains de ceux qui la touchaient, sans cependant les brûler. Les thaumaturges égyptiens traçaient sur les murs de leurs temples des caractères qui, dans l'obscurité, semblaient être en feu. — Les hommes réputés saints parmi les rabbins cabalistes, se présentaient en public le front ceint d'un bandeau de flammes. — Le magicien Simon se montra, de nuit, sur une tour avec un manteau enflammé; la moindre agitation de l'air multipliait les flammes, augmentait leur intensité, sans qu'il en fût nullement incommodé; et la foule, étourdie de ce prodige, le prenait pour un dieu. Qui ne reconnaît aujourd'hui, dans ces exemples, l'effet d'une lumière phosphorescente?

Il est hors de doute que les anciens tiraient leur phosphore de l'urine humaine, et l'alchimiste Brandt, qui en découvrit le procédé, ne fit que retrouver ce-

lui des anciens depuis longtemps perdu. — Aujour-
d'hui, on retire le phosphore des os ; on peut encore
l'obtenir en mélangeant une dissolution de phosphate
de soude. avec une dissolution d'acétate de plomb,
dans les proportions de quatre parties pour la.première
et d'une partie pour la seconde ; il se forme un précipité de phosphate de plomb qui, soumis à la distil-
lation, donne du phosphore pur.

Les thaumaturges de l'Inde fabriquaient une pierre
qui s'enflammait en la frottant ou en l'écrasant.
Pausanias vit des mages mettre du bois sur un autel
couvert d'une cendre jaunâtre, et, après avoir invoqué leurs dieux, le bois prit feu et brûla avec une
flamme très-claire. Cette cendre jaunâtre était indu-
bitablement un composé de soufre et de phosphore.

Valère Maxime rapporte le trait d'une vestale qui,
condamnée à mort pour avoir laissé éteindre le feu
sacré, étendit son voile sur l'autel et le feu se ralluma
soudain. Un grain de phosphore jeté sur les cendres
chaudes fut très-probablement le moyen dont elle se
servit pour se soustraire au supplice.

Le thaumaturge Maximus, environné de la foule,
invoquait Hécate, et les flambeaux que la déesse tenait dans chaque main s'allumaient spontanément.

Les prêtres d'Agrigente plaçaient sur l'autel de
Jupiter des sarments qui s'embrasaient à leur voix.
Nous n'en finirions pas si nous voulions rapporter
tous les faits analogues conservés par l'histoire ; il

nous suffira de dire que ces miracles d'autrefois sont aujourd'hui des tours de physique amusante.

Des pyrophores. — Le pyrophore était une composition, ayant la propriété de s'embraser à l'air humide ou lorsqu'on la plongeait dans l'eau; une fois allumé, il ne s'éteignait plus et brûlait jusqu'à entière combustion. On connaissait plusieurs espèces de pyrophores, dont les principaux ingrédients étaient du naphte, des résines, des bitumes, réduits en pâte, avec incorporation d'huile grasse. Ces compositions, auxquelles le moyen âge a donné le nom de *feu grégeois* ou feu des Grecs, servirent parfaitement les desseins de ceux qui en possédaient le secret.

Longtemps avant Ninus, fondateur de l'empire d'Assyrie, les Indiens faisaient usage *d'un feu qui brûle et petille au sein de l'onde,* sous le nom de *barawa.* « Aux bords de l'Hyphasis, dit Ctésias, on composait une huile inflammable qui, étant lancée contre les ouvrages en bois ou contre les portes assiégées, les embrasait soudain d'une flamme inextinguible. Tout ce qu'on fabriquait de cette huile dangereuse devait être livré au roi, nul autre que lui n'avait le droit d'en conserver même une goutte. »

On sait positivement que les prêtres de Thessalie, longtemps avant le siége de Troie, cultivaient avec succès les sciences occultes; c'est pourquoi tous les faits extraordinaires et prodigieux des temps héroïques ne doivent pas être regardés comme des fables. Parmi les hommes appelés *Centaures*, plusieurs étaient versés dans les arts et les sciences : Chiron s'occupait de médecine, Nessus de chimie, Hippias de physique, etc. — La fin tragique d'Hercule, que beaucoup de modernes regardent comme fabuleuse, peut donc fort bien avoir eu lieu de la manière dont le rapporte l'histoire de ces temps reculés. Nessus, voulant se venger d'un rival, trempe sa tunique dans un pyrophore ayant la propriété de s'enflammer à une température peu élevée. Hercule en est revêtu par Déjanire ; au moment où il s'approche de l'autel pour sacrifier aux dieux, la chaleur du bûcher enflamme la tunique fatale ; tous les moyens pour éteindre ce feu dévorant, tous les secours qu'on lui prodigue sont impuissants ; les douleurs qu'il éprouve sont atroces ; pour les abréger , le héros se jette au milieu du bûcher et meurt consumé par les flammes. — Médée se servit d'un pyrophore à peu près semblable pour préparer la robe incendiaire qu'elle envoya à Créüse. A peine cette princesse infortunée se fut-elle approchée de l'autel, que sa robe s'enflamma soudain, et l'eau qu'on jeta en abondance pour éteindre les flammes ne servit qu'à les aviver.

Dans sa lutte contre les prophètes de Baal , Élie, ayant construit un autel, y plaça la victime et ordonna de jeter de l'eau sur le bûcher pour l'allumer.

Au contact de l'eau une décrépitation eut lieu, des flammes s'élancèrent, le bois et la victime furent consumés et les faux prophètes restèrent, dit-on, confondus. Ce bûcher recélait très-probablement une substance analogue au potassium ou au sodium qui s'enflamment au contact de l'eau. — La chimie moderne connaît des phosphures qui peuvent opérer de la même manière; une fois enflammés rien ne saurait s'opposer à leurs affreux ravages. Cadet-Gassicourt a démontré la possibilité de ce prodige ainsi qu'il suit : Sous l'autel existait un lit de chaux vive, au-dessus se trouvait une couche de soufre sublimé ou un mélange de soufre et de chlorate de potasse, ou encore une certaine quantité de phosphore. La chaux vive, arrosée d'eau, développa un degré de chaleur suffisant pour enflammer les matières pyriques cachées sous le bois; le feu se communiqua ensuite au bûcher qui fut consumé avec la victime.

Lorsque Alexandre pénétra dans les contrées qu'arrose le Gange, son armée souffrit beaucoup des traits enflammés que lançaient les Indiens. L'eau ne pouvait éteindre ces feux; l'huile, au contraire, semblait les arrêter.

Les prêtres étrusques, aussi, possédaient plusieurs pyrophores contre lesquels l'eau n'avait aucune action; ils s'en servirent avec succès pour sauver la ville de Narnia, sur le point de tomber au pouvoir des barbares. Les assiégeants furent tellement épouvantés de ces feux qu'ils ne pouvaient éteindre, qu'ils levèrent le siége et se retirèrent.

Vers l'an 186 de notre ère, on voit à Rome les nouveaux initiés se servir, dans leurs cérémonies, d'une composition pyrique inextinguible par l'eau. Pour exciter l'admiration du peuple, ils plongeaient leurs torches dans le Tibre sans les éteindre. L'alchimiste Porta pensait que ces flambeaux étaient composés d'un mélange de cire, de camphre, de naphte, de soufre et de chaux vive.

Pendant les trois siècles suivants l'on n'entend plus parler de l'usage de ces feux; ce n'est qu'au septième siècle que l'ingénieur Callinicus, d'Héliopolis, découvrit une matière pyrique, supérieure peut-être aux anciens pyrophores. Cette matière s'obtenait en calcinant de l'alun à base de potasse avec un corps organique. — Constantin Pogonat ou le Barbu, se servit de ce pyrophore dans un combat naval qu'il livra aux Sarrasins; trente mille hommes périrent et la flotte ennemie fut presque entièrement consumée.

Constantin Porphyrogénètes fabriquait lui-même ses pyrophores de guerre et recommandait strictement à son fils de bien se garder d'en découvrir la composition aux barbares, parce que de ce secret dépendait le salut de l'empire.

Alexis et Manuel Comnène, empereurs de Constantinople, firent usage de ces feux avec un grand succès, le premier contre la flotte des Pisans, qu'il incendia ; le second, contre Roger, roi de Sicile, qui fut aussi battu.

C'est à partir de cette époque, du moyen âge, que le nom de feu grégeois (*foco griego*), fut substitué à celui de pyrophore, par les peuples d'Italie et de Sicile qui en avaient éprouvé le terrible effet. Cette dénomination indiquait toute matière enflammée que l'eau ne pouvait éteindre.

Les Mahométans apprirent des Constantinopolitains le secret du feu grégeois, et s'en servirent pour anéantir les croisés dont les troupes innombrables menacèrent à diverses reprises l'empire des Sultans. Pendant la malheureuse croisade de saint Louis, le feu grégeois fit de grands ravages parmi les chrétiens. Le sire de Joinville rapporte que tous ceux qui en étaient atteints périssaient sans remède.

La composition du feu grégeois se perdit encore pendant plusieurs siècles, jusqu'à nos jours, où le célèbre artificier Ruggieri la retrouva et en donna la formule :

> Quatre parties de salpêtre,
> Deux parties de soufre,
> Une de naphte.

Le tout parfaitement combiné.

Mais, le pyrophore par excellence est, sans contredit, le *potassium*, découvert en 1807 par le chimiste anglais Davy. L'avidité de ce métal pour l'oxygène est si grande, qu'un morceau jeté dans l'eau la décompose aussitôt, s'enflamme et brûle avec une vive lumière. Quand la flamme est éteinte, il reste un petit globule transparent qui disparaît bientôt en petillant. Ce globule est de la potasse fondue.

Les diverses combinaisons du potassium avec le soufre et le charbon sont aussi de très-bons pyrophores qui s'enflamment à l'air humide, et, à plus forte raison, lorsqu'on les jette dans l'eau.

Plusieurs historiens, Pline, Théophraste, Élien, Dioscoride, parlent de certaines pierres, dues à l'art magique, ayant la propriété de jeter des étincelles lorsqu'on les arrosait d'eau; d'autres pierres s'enflammaient subitement au contact de l'eau et s'éteignaient lorsqu'on les plongeait dans l'huile.

Parmi les nombreuses compositions pyriques de l'antiquité, les deux suivantes sont parvenues jusqu'à nous.

```
Huile de lin. . . . . . .   3 livres
Huile d'œuf. . . . . . .   3  —
Chaux vive récente. . .   8  —
```

Mêlez parfaitement ces matières, pétrissez-les, et quand elles seront réduites en pâte, faites-les sécher au four. Il suffit, dit-on, de jeter de l'eau sur cette pâte durcie pour l'enflammer.

17.

AUTRE :

Soufre et salpêtre, parties égales,
Camphre et chaux vive, parties égales.
Ajoutez un peu de colophane en poudre.

Broyez ces matières en les arrosant d'eau ardente, puis mettez ce mélange dans un creuset que vous luterez parfaitement. Cela étant fait, plongez le creuset dans une fournaise et retirez-le après une heure; laissez ensuite refroidir à l'air. Les matières contenues ont été calcinées et forment une pierre noirâtre qui laisse sortir des étincelles lorsqu'on l'arrose d'eau.

Ces deux formules nous semblent avoir une grande analogie avec les recettes qu'ont laissées plusieurs alchimistes célèbres, tels que Wiérius, Agrippa, Rosellus, Albert, Porta, Raymond-Lulle et Fallopius. On prétend qu'ils avaient des cannes dont la pomme, formée d'une pierre de leur composition, laissait échapper des flammes bleuâtres lorsqu'on crachait dessus. Nous ne saurions garantir la vérité de cette assertion.

SECTION II.

Poudre a canon. — Non-seulement les Mages opéraient leurs prodiges avec le phosphore et divers pyrophores, ainsi que nous l'avons dit, mais ils possédaient, en outre, une composition pyrique analogue à celle de notre poudre à canon et ils s'en servaient, au dire d'Hérodote, dans certains sacrifices, pour embraser subitement le menu bois sur lequel ils plaçaient les victimes. Cette composition était connue des Indous même avant Zoroastre. Le code des *Gentous* défend positivement l'usage de la poudre et des armes à feu dans toute l'étendue de leur pays et ne le permet que contre les barbares ennemis. Dans ce code, sont distinguées les armes à feu *tuant un homme* et les armes à feu *tuant cent hommes à la fois;* ce qui serait l'équivalent de nos mousquets et de nos canons. Enfin, un commentaire des *Védas* (livres saints) attribue l'invention de la poudre à canon à Wiswacharma, ou artiste-dieu.

Philostrate, en parlant des Mages de l'Inde, dit : « Lorsqu'ils sont attaqués par des ennemis, ils ne sortent point de leurs murailles pour les combattre, mais ils lancent sur eux la foudre, et les mettent bientôt en fuite. Bacchus et Hercule, ajoute-t-il, ayant tenté de les attaquer, dans une petite citadelle ils s'étaient retranchés, furent tellement étourdis et maltraités par les coups de tonnerre que les Mages lançaient sur eux, qu'ils furent forcés de se retirer. »

Beaucoup de voyageurs qui ont exploré l'Inde s'accordent à dire que le nitrate de potasse (salpêtre) et le soufre se rencontrent, dans certaines parties de cette vaste contrée, à un tel état de pureté, qu'il n'est point nécessaire de leur faire subir aucune prépara-

tion pour fabriquer la poudre à canon. On conçoit
dès lors, qu'il a été facile aux savants de l'Inde d'a-
malgamer le salpêtre, le soufre et le charbon et d'obtenir une poudre plus ou moins bonne.

Pendant les mystères de l'initiation, les Égyptiens,
qui tenaient leurs sciences des Mages, exécutaient,
au moyen de compositions pyriques, des fulgura-
tions, des inflammations spontanées accompagnées
de détonations variées. Les initiés grecs emportèrent
ces secrets dans leur patrie, et nous voyons les prêtres de Delphes en tirer un immense avantage pour
défendre leur pays de deux invasions, celle des Perses et celle des Gaulois. Selon le récit de Pausanias,
des explosions épouvantables ébranlèrent la montagne
de Delphes ; des gouffres s'entr'ouvrirent, livrant
passage à des tourbillons de fumée et de flammes; les
rochers furent déracinés, lancés en l'air, et tombèrent
en grêle de pierres sur les assaillants, qui furent
presque tous écrasés, engloutis ou brûlés.

Plusieurs philosophes ont prétendu que Moïse
connaissait la composition de la poudre à canon
et le secret de soutirer l'électricité des nuages. Ils
citent à l'appui de leur opinion, la mort instantanée
des fils d'Aaron. Ces jeunes imprudents, ignorant que
Moïse seul pouvait manier impunément la composition pyrique regardée par le peuple comme un feu
sacré, voulurent l'enflammer eux-mêmes pour allumer leurs encensoirs ; mais, tout à coup, un brillant

éclair jaillit de l'autel et les fils du grand-prêtre tombèrent morts au même instant.

Samuel se servit des mêmes moyens pour arrêter, par des explosions, les Philistins qui étaient venus l'attaquer, la terre se fendit sous leurs pas, lança des flammes et les engloutit.

Les prêtres qui gardaient le tombeau de David et de Salomon, mirent le feu à une composition pyrique préparée à l'avance, lorsqu'Hérode voulut y descendre pour piller les trésors qu'on y croyait cachés. Une flamme impétueuse en sortit et deux gardes du roi furent brûlés.

L'historien Flavius Josèphe nous apprend qu'un roi de Juda fut puni de mort pour avoir voulu s'emparer des fonctions sacerdotales, malgré les protestations du grand-prêtre Azarias. A peine le téméraire eut-il porté la main à l'encensoir, qu'un violent coup de tonnerre ébranla les voûtes du temple et qu'il fut dévoré par une flamme sortie de l'autel.

Lorsque l'empereur Julien voulut, contre les prophéties juives, relever le temple de Jérusalem, de violentes explosions eurent lieu, la terre s'ouvrit sur divers points, les constructions commencées s'écroulèrent et, du milieu des décombres, s'élança un feu qui brûla ou mit en fuite les travailleurs.

Dans les faits que nous venons de citer, il est facile de reconnaître l'explosion de mines, telles qu'on les pratique aujourd'hui avec de la poudre à canon.

En Chine, l'usage de la poudre est aussi très-ancien. Les missionnaires qui ont fréquenté ce vaste empire s'accordent à dire que, depuis un temps immémorial, les Chinois se servent de la poudre à canon pour composer de magnifiques feux d'artifices. Au rapport des savants du pays, l'invention de la poudre serait due à un de leurs premiers rois, très-versé dans les arts magiques. De tout temps, les empereurs chinois se sont servis de *chars à foudre*, espèce d'artillerie dont les différentes pièces, en fer battu, étaient assujetties par des cercles de même métal et pouvaient se démonter et se rajuster. Ces chars à foudre, chargés de poudre et de divers projectiles, vomissaient la mort à de grandes distances ; ce sont eux qui très-probablement ont servi d'ébauche à notre artillerie. Les annales chinoises rapportent que vers l'an 3,600, c'est-à-dire plusieurs milliers de siècles avant notre ère, l'empereur **Wit-Hey** conduisit des chars à foudre contre les Tatars qui lui faisaient la guerre, et que cette artillerie lui assura une victoire complète. La conquête du **Pégu** par les Chinois fut faite à l'aide d'un moyen semblable.

Une foule d'historiens, nous en avons déjà cité plusieurs, avant et pendant les premiers siècles de notre ère, ont parlé d'une matière pyrique si parfaitement semblable à notre poudre à canon qu'il n'est pas possible de la méconnaître. Servius et Valérius Flaccus décrivent les étonnants effets d'une poudre dont l'inflammation subite simulait la foudre et dont la violente explosion imitait le bruit du tonnerre. Julius Africanus, au troisième siècle, indique les procédés qu'on employait de son temps, et antérieurement à lui, pour la fabrication de cette composition fulgurante. Au cinquième siècle, Claudien donnait une description poétique des feux d'artifice et particulièrement des soleils tournants dont on amusait le peuple dans les grandes fêtes. Agathias nous apprend qu'au sixième siècle, Anthelme de Tralles, architecte de l'église de Ste-Sophie à Constantinople, pour se venger du rhéteur Zénon, contre lequel il avait des griefs, incendia sa maison avec des feux aussi prompts que l'éclair et accompagnés d'un bruit effrayant. Au neuvième siècle, Marcus Grœcus, dans son livre des *Feux pour brûler l'ennemi*, donne la composition de la poudre, à peu près dans les mêmes proportions que celles usitées aujourd'hui. Au onzième siècle, elle fut employée par les Sarrasins et les Syriens contre les croisés; les historiens arabes, de cette époque, font mention de traînées de poudre, de mines, de pétards et de fusées.

La connaissance de la poudre à canon est donc, comme on le voit, très-ancienne sur le globe; l'usage s'en serait répandu de l'Inde ou de la Chine chez les autres nations, soit par la Tartarie, soit par les Arabes qui trafiquaient sur les mers de l'Inde; par conséquent, l'invention de la poudre, attribuée au moine allemand Schwartz, n'est pas un fait exact ; ce moine voyageur tenait très-probablement cette composition des Turcs et des Arabes, et on ne doit le regarder que comme son importateur en Europe.

Les matières premières et le mode de fabrication de la poudre sont constamment restés les mêmes, sauf quelques améliorations dans la préparation du charbon et du grénage. A l'époque de la Convention, on essaya cependant de substituer au salpêtre le chlorate de potasse ; mais le moulin à poudre d'Essonne, où l'on tenta cet essai, ayant sauté, ce procédé fut abandonné comme trop dangereux ; d'ailleurs, il fut constaté que la poudre au chlorate de potasse détériorait trop promptement les armes, et qu'elle deviendrait une source d'accidents funestes.

On compte trois espèces de poudres, quant à la qualité et au degré de force ; le tableau suivant donne les proportions des trois ingrédients :

POUDRES :

	de guerre	de chasse	de mine
Nitrate de potasse,	75	78	65
Soufre,	12,5	10	20
Charbon,	12,5	12	15

Les ingrédients doivent être purifiés de toute matière étrangère ; tous les charbons ne sont pas également bons : plus ils sont légers et faciles à diviser, meilleurs ils sont. En France, les charbons les plus usités sont fournis par les bois de coudrier, de peuplier, de fusain et de bourdaine; le mélange du charbon avec le nitrate de potasse et le soufre doit s'opérer selon l'art du poudrier.

CHAPITRE XXIII.

DES POUDRES FULMINANTES ET DU COTON-POUDRE

SECTION PREMIÈRE.

FULMINATES.

Si les progrès que font faire à la chimie les savants de notre époque, continuent avec la même rapidité, il est permis de prévoir que la nature sera forcée un jour dans ses plus profonds secrets. Il est incontestable que cette science a porté la pyrotechnie à un point infiniment supérieur à celui où l'avaient laissée les anciens, et tous les jours sont marqués par de nouvelles découvertes, en ce genre, plus ou moins étonnantes, plus ou moins dangereuses. Hier, c'était l'air comprimé, la vapeur, les chlorates, les fulminates ; aujourd'hui c'est l'azotate de coton (*coton-poudre*) ; demain, ce sera peut-être l'électricité qui sera rendue maniable.

On donne, en général, le nom de *poudre-fulminante* à tout sel détonant par la percussion, le frottement ou la chaleur. Ces sels explosifs sont assez nombreux : tantôt ils sont le produit de la combinaison d'un métal avec l'acide nitrique et l'alcool, tels que les fulminates d'argent, de mercure, etc.; tantôt celui de l'acide chlorique combiné avec une base, tels que les chlorates de potasse, d'ammoniaque, etc... D'autres fois, ils proviennent de la combinaison de l'ammoniaque liquide avec un métal, comme les ammoniures d'or, d'argent, de platine, etc... Enfin, la chimie connaît une foule de combinaisons semblables qu'il serait trop long d'énumérer dans cet essai. Nous ne parlerons que des fulminates les plus usités.

Préparation du fulminate d'argent.

Pour obtenir ce fulminate, on met dans un matras 250 grammes d'acide nitrique et une pièce d'argent de 50 centimes. Lorsque l'argent est dissous, on verse la liqueur dans 60 grammes d'alcool très-fort et l'on fait bouillir ce mélange sur un feu modéré. Après quelque temps d'ébullition, le liquide se trouble et commence à déposer du fulminate d'argent. Alors on retire le vase du feu et l'on ajoute, par fractions, 60 autres grammes d'alcool froid pour apaiser peu à peu l'ébullition. Le liquide étant tout à fait refroidi, on le verse sur un filtre de papier et le fulminate d'argent s'y dépose sous forme de poudre blanche. On le fait sécher avec précaution, et lorsqu'il est bien sec, on l'enferme dans des vases en verre se bouchant hermétiquement afin de le préserver contre l'humidité.

Préparation du fulminate de mercure.

Indroduisez dans un ballon à col court :

$$
\begin{array}{ll}
\text{Mercure.} \dots \dots \dots & \text{60 grammes.} \\
\text{Acide nitrique, à 36°.} \dots & \text{578} \quad —
\end{array}
$$

Chauffez doucement jusqu'à ce que le liquide ne dégage plus de vapeurs rutilantes et arrive à une teinte orangée. Après quinze minutes, versez dans un autre ballon contenant :

$$
\text{Alcool à 36°.} \dots \dots \dots \text{725 grammes.}
$$

Bouchez exactement le ballon avec un bouchon de liége et faites chauffer pendant trois heures à une température de 80 degrés.

L'opération est terminée lorsqu'il ne se dépose plus de fulminate de mercure au fond du ballon. Alors, on verse sur un filtre et l'on fait sécher de la même manière que pour le fulminate d'argent.

C'est avec le fulminate d'argent ou de mercure que se font les capsules ou amorces d'armes à percussion. Selon le calcul d'un homme compétent dans cette matière, il se fabriquerait en France sept cent cinquante millions de capsules, par année, sans comprendre, dans ce chiffre, l'énorme consommation qu'en fait l'armée et qui est l'objet d'une exploitation spéciale. Parmi les nombreux ouvriers employés à la fabrication des fulminates et des capsules, les deux tiers au moins, offrent une santé détériorée par les gaz délétères qu'ils respirent. Frappé de ce triste état de choses, **M.** Pelouze a trouvé un autre mode de fabrication qui n'entraînerait point ces graves inconvénients ; il suffirait de remplacer le fulminate de mercure par un peu d'azotate de coton qui, uni à quelques grains de poudre, enflammerait la charge de l'arme tout aussi bien que la capsule ordinaire.

C'est aussi avec le fulminate d'argent ou de mercure que se fabriquent les petites boules, les cornets et les bonbons dits fulminants ; préparations qui sont toujours dangereuses dans les mains des enfants.

Argent fulminant.

Il ne faut pas confondre l'argent fulminant avec le fulminate d'argent dont nous venons de parler ; ce sont deux sels tout à fait différents. L'argent fulminant est beaucoup plus explosible ; il détone au moindre contact et quelquefois même spontanément: sa préparation est, par conséquent, plus dangereuse encore que celle des autres matières fulminantes dont nous avons parlé jusqu'ici.

L'argent fulminant s'obtient de la manière suivante:
— On se procure d'abord de l'oxyde d'argent en versant dans une dissolution de nitrate de ce métal, une dissolution de potasse ou de soude, ou encore de chaux ; ensuite on décante la liqueur ; ce qui reste sur le filtre est de l'oxyde d'argent. Cela fait, on prend deux ou trois grains de cet oxyde que l'on met dans un godet ou dans un verre de montre, puis on les arrose avec de l'ammoniaque liquide concentré, jusqu'à ce qu'ils soient délayés en bouillie, et l'on abandonne ce mélange à la dessication naturelle qui a lieu par l'évaporation. Alors, on attache une plume à un long bâton et, avec les barbes de cette plume, il suffit de toucher la poudre noirâtre restée au fond du verre de montre, pour la faire détoner avec une violence égale à un coup de canon. Le verre est brisé et les fragments en sont dispersés au loin.

Ainsi, comme on le voit, l'argent fulminant ne peut être manié que lorsqu'il est encore humide ; une fois desséché, il détone violemment au moindre contact. On risquerait sa vie si l'on essayait de renfermer l'argent fulminant dans un flacon.

SECTION II.

COTON-POUDRE, OU FULMI-COTON, OU AZOTATE DE COTON

A peine le docteur Schœnbein avait-il annoncé la

découverte d'un coton-poudre, dont il se réservait le secret, que plusieurs de nos savants nous en donnaient le procédé ; car, avec la chimie moderne, il n'est plus de secrets possibles : quelques tâtonnements suffisent pour les mettre au grand jour. Voici donc l'histoire du coton-poudre, qui, si elle ne porte pas atteinte à la priorité d'invention dont se targue le docteur allemand, en atténuera du moins singulièrement le mérite.

En 1833, M. Braconnot, chimiste de Nancy, en dissolvant de l'amidon et d'autres matières organiques dans de l'acide nitrique, découvrit une substance douée d'une excessive combustibilité, qu'il nomma *xyloïdine*.

Quelques années plus tard, notre savant chimiste Pelouze reprit les expériences de M. Braconnot, et, ayant plongé une feuille de papier dans une dissolution d'acide nitrique concentré, il obtint un fulmi-papier qui s'enflammait promptement sans laisser de résidu.

« J'ai préparé en 1838 , a dit M. Pelouze à la séance du 17 octobre dernier, un papier inflammable en plongeant dans l'acide nitrique concentré une feuille de papier connu dans le commerce sous le nom de *papier ministre* , c'est celui qui m'a paru le mieux se prêter à la préparation d'une matière très-inflammable. Au bout de vingt minutes, j'ai retiré ce papier de l'acide nitrique, et, après un lavage à grande eau, je l'ai desséché à une douce chaleur. J'en ai introduit un décigramme dans un pistolet à balle forcée, se chargeant par la culasse ; une planche de deux décimètres, placée à une distance de vingt mètres, a été percée, et la balle s'est aplatie contre la muraille.

« J'ai prié récemment **M.** Prélat d'essayer ce papier azotique avec des armes de diverses formes ; l'opinion de ce habile armurier est que, dans les pistolets avec lesquels seulement il a tiré jusqu'ici, le papier azotique peut remplacer la poudre ordinaire, sans que la justesse du tir perde rien à ce changement.

« Quand on réfléchit à la facilité et à la rapidité avec laquelle les personnes les plus étrangères à la chimie peuvent convertir en une poudre énergique le papier, le coton, le chanvre, etc... on ne peut s'empêcher de reconnaître l'extrême gravité de la question que soulève la découverte de **M.** Schœnbein. »

Cette déclaration est formelle et ne laisse aucun doute dans l'esprit du lecteur sur la question de priorité de découverte, et cependant, notre célèbre chimiste Pelouze, plein de cette modestie qui caractérise le vrai talent, ne conteste nullement au docteur Schœnbein le mérite d'application du coton-poudre.

M. Otto, professeur de chimie à Brunswich, a écrit à l'Institut de France pour lui faire savoir qu'il avait été conduit, par les travaux de **M.** Pelouze, à préparer un coton explosif dont la force balistique ne le cédait en rien à celle de la meilleure poudre à canon.

Des balles de fusil, chassées par une charge de six grains de poudre-coton, se sont, à cinquante pas de distance, enfoncées de deux pouces dans du bois de chêne.

Le docteur Knopp, préparateur au laboratoire de l'université de Leipzig, écrit qu'avec douze grains de coton-poudre, la balle d'un fusil, tirée à quatre-vingt-dix pas, a traversé deux planches juxta-posées, l'une de sapin, l'autre de chêne, offrant chacune deux pouces d'épaisseur.

MM. Martin, Louzer et Morel, ingénieur, sont également parvenus à préparer du coton-poudre, probablement guidés par les expériences de **M.** Pelouze. **M.** l'ingénieur Morel, dès la première annonce de la découverte du docteur Schœnbein, adressa au ministre de la guerre sa formule pour la préparation du fulmi-coton, et le ministre ordonna immédiatement des expériences, dirigées par le général Neigre, sur l'emploi de cette nouvelle poudre, afin de s'assurer s'il y avait des avantages balistiques réels à remplacer la poudre ordinaire par le fulmi-coton.

Voici le résumé des essais qui ont été faits à la direction des Poudres et Salpêtres de Paris, sur le meilleur mode de fabrication du coton-poudre et sur son emploi dans les armes à feu.

18

Préparation. — Prenez du coton cardé, exempt de toute impureté nuisible à sa combustion, et plongez-le dans un mélange composé de parties égales d'acide nitrique et d'acide sulfurique concentrés. Tournez et retournez le coton en tous sens de manière à ce qu'il s'imprègne parfaitement. Lorsque l'imbibition est complète, c'est-à-dire après dix minutes, retirez le coton et soumettez-le immédiatement à un lavage à l'eau froide. Ce lavage est indispensable pour débarrasser le coton de son excès d'acide. Ensuite, faites-le sécher en l'éparpillant sur une tôle légèrement chaude si l'on veut s'en servir de suite, ou bien sur une table, dans un endroit à l'abri de l'humidité, si l'on peut attendre. Toutefois, la chaleur de la tôle ne doit pas s'élever à plus de 50 degrés, car de 60 à 70 degrés, le fulmi-coton s'enflamme.

Pour reconnaître si l'opération a été bien faite et si le coton a acquis toutes ses qualités explosibles, roulez un peu de coton en boulette que vous mettez sur une assiette, et touchez-le avec un chardon ardent ; il doit fulgurer vivement comme la poudre ordinaire, mais sans produire de fumée ni de résidu. Si, au contraire, il prend feu lentement et laisse des cendres, c'est que le mélange d'acides nitrique et sulfurique n'avait pas assez de force, ou bien que le lavage a été mal fait, dans ce cas, le coton-poudre est impropre aux armes à feu. Enfin, si l'on allume sur la main nue du coton-poudre bien préparé, il

s'enflamme et disparaît avec rapidité sans qu'on res-
sente la moindre brûlure. Si on en répand sur de la
poudre à canon et qu'on y mette le feu, le fulmi-
coton seul s'enflamme sans que le feu se communique
à la poudre.

Mais, le coton n'est pas la seule substance qui de-
vienne explosible par son immersion dans l'acide nitrique. MM. Pelouze, Flandrin, Bley, Bomburg et
plusieurs autres chimistes se sont assurés, par des
expériences réitérées, que des chiffons, du chanvre,
du papier, des copeaux, de la sciure de bois, etc.,
préparés de la même manière acquéraient les mêmes
qualités explosives que le coton, et pouvaient avantageusement remplacer la poudre ordinaire, soit dans
les armes à feu, soit pour les mines.

Nous signalerons succinctement les divers procédés
usités dans sa préparation : — Selon M. Otto, le
coton doit être plongé à plusieurs reprises dans un
mélange d'acides nitrique et sulfurique.— M. Knopp
prétend qu'il faut l'y laisser plonger pendant quinze à
vingt minutes. — M. Louzer veut, au contraire, qu'on
ne lui donne que le temps de s'imprégner, dans la
crainte qu'il ne se combustionne et ne se décompose.
— M. Morel, de même que M. Schœnbein, n'a point
ébruité son secret. Mais les expériences de MM. Flo-
res-Domonte et Menars, jeunes chimistes distingués,
ont démontré que la durée de l'immersion avait peu
d'importance et n'influait en rien sur les degrés de

force ou de faiblesse de l'azotate de coton ; toutefois, le meilleur coton obtenu a été trempé pendant douze à quinze minutes.

Expériences sur la force et la vitesse des projectiles lancés par le fulmi-coton. — Le résultat des essais faits par **MM.** Suzane, capitaine d'artillerie, et Mézières, commissaire à la raffinerie des Salpêtres de Paris, avec le fusil-pendule, sont :

	CHARGES	VITESSES	
De 1 gramme,		180 m.	960 c.
De 2 —		218	970
De 3 —		383	881
De 4 —		463	304
De 5 —		518	393

Il résulte, en outre, des comparaisons faites du tir avec la poudre de guerre au tir avec le fulmi-coton, que cinq grammes de ce dernier lancent une balle de fusil avec autant de force que quatorze grammes de poudre ordinaire.

La détonation de l'arme chargée avec le fulmi-coton est très-forte, mais le bruit est d'une autre nature que celui produit par la poudre de guerre ; c'est un coup sec, bien moins fatigant pour l'oreille. Tout le coton brûle dans l'intérieur du canon et ne produit aucune trace de fumée ni de crasse ; on n'aperçoit qu'une très-courte flamme au bout de l'arme et la force de projection est beaucoup plus grande que celle de la poudre ordinaire. Après la détonation, on sent une odeur analogue à celle de la plume brûlée. Mais si la combustion du coton n'encrasse point l'arme, elle laisse, en revanche, une assez grande quantité de vapeur d'eau condensée qui force, à chaque coup, de passer un linge dans le canon pour le sécher; cette précaution étant négligée pendant trois à quatre coups, le coton s'imprègne d'humidité et ne brûle qu'imparfaitement au cinquième coup; sa force de projection devient alors presque nulle.

Ainsi donc, si, d'un côté, le fulmi-coton offre les avantages d'une combustion très-prompte, sans résidu, sans fumée ni mauvaise odeur, s'il offre des avantages réels, quant à la légèreté, la facilité du transport et la force balistique, d'un autre côté, il présente les inconvénients majeurs de s'altérer à la moindre humidité et de produire une si grande vapeur d'eau dans le canon, que le tir, après plusieurs coups, devient impossible.

Il est hors de doute qu'on trouvera bientôt les moyens de faire disparaître cet inconvénient, et si l'on en juge par les succès qu'ont obtenus les premiers essais tentés à ce sujet, il est facile de prévoir l'époque très-rapprochée où le fulmi-coton, perfectionné, sera avantageusement substitué à la poudre de guerre.

18.

CHAPITRE XXIV.

DE L'ÉLECTRICITÉ CHEZ LES ANCIENS

Les oracles magiques de Pléthon et les oracles Chaldaïques de Psellus, parlent de l'art de soutirer l'électricité des nuages comme d'un art pratiqué depuis un temps immémorial, dans l'Inde et dans la Chaldée.

L'électricité fut un des moyens dont se servit Zoroastre pour prouver sa mission divine ; ce moyen, il le tenait, sans doute, de l'Inde, si versée dans les sciences occultes. On trouve, parmi les vers attribués à ce sage législateur et conservés par Pléthon, le passage suivant ; c'est Dieu qui parle à l'initié :

« Si tu m'invoques à plusieurs reprises, tu me verras partout autour de toi ; car tu ne verras autre chose que toutes les foudres, c'est-à-dire le feu voltigeant, se répandant partout et embrasant l'immensité du ciel. »

Ce passage ne laisse aucun doute sur le feu dont il est question ; évidemment c'est l'électricité.

Suidas et la chronique d'Alexandrie disent positivement que Zoroastre, sur le point d'être fait captif par Ninus, pria les dieux de le foudroyer et, qu'en présence de ses amis, la foudre tomba d'un nuage et le réduisit en cendres. Ses disciples recueillirent pieusement ces cendres et les portèrent aux Perses, pour être adorées, comme celles d'un prophète, de l'élu des dieux. Les Mages, depuis cette époque, dit Ammien Marcellin, conservent toujours, sur leur autel, le feu qui, à la voix de leur instituteur, descendit du ciel.

Salmonée, roi d'Élide, s'occupa fructueusement de magie naturelle ; Eusthatius dit positivement que ce prince était parvenu à découvrir le secret de manier la foudre, de la diriger et d'imiter le fracas du tonnerre. Il avait élevé, à Olympie, un autel consacré à *Jupiter tonnant*. Il allumait le bois, placé sur l'autel, avec la foudre qu'il soutirait des nuages. Une imprudence mit fin aux prodiges qu'opérait Salmonée : un jour, ayant omis une des précautions dont il s'entourait d'ordinaire, ce malheureux prince devint victime de son art et tomba foudroyé.

Le législateur des Juifs, Moïse, connaissait aussi le secret d'attirer la foudre ; nous en avons parlé dans un chapitre de cet ouvrage.

Il est très-probable que l'ancien mythe qui nous

représente **Prométhée** dérobant le feu du ciel, signifie qu'un homme de ce nom a possédé le secret de se servir de la foudre. Virgile rapporte que Prométhée découvrit et enseigna aux hommes l'art de faire descendre sur terre le feu du ciel.

Alladus, un des premiers rois latins, se faisait passer pour un dieu, parce qu'il connaissait l'art de s'entourer de foudres et de tonnerres. Mais un jour qu'il était distrait, en soutirant l'électricité d'un nuage, il tomba roide mort sur le sol. Ses ennemis publièrent aussitôt que les dieux courroucés de l'impiété d'Alladus l'avaient foudroyé.

Selon quelques historiens, Numa, pour prévenir les accidents de la foudre qui tombait fréquemment sur les édifices de Rome, inventa le paratonnerre. Le temple de Jupiter fut le premier qu'on arma d'un parafoudre ; d'où lui vint le nom de *Jupiter Elicius*, c'est-à-dire qui soutire et fait descendre l'électricité des nuages.

Tullius-Hostilius, en parcourant les mémoires qu'avait laissés Numa, trouva des renseignements précieux sur les procédés dont se servait son prédécesseur pour diriger la foudre, et les mit en pratique. Mais Tullius, moins expérimenté que Numa, oublia certaines précautions indispensables en pareille circonstance, et, de même que Salmonée, périt foudroyé. (Au siècle dernier, le professeur de physique Reïchmann, éprouva le même sort.)

D'après Dion Cassius, Caligula aurait acheté à un magicien de Chaldée le secret de commander à l'électricité. Il opposait des éclairs artificiels aux éclairs naturels et imitait le bruit du tonnerre à s'y méprendre.

M. La Boessière, dans un savant Mémoire publié en 1822, prouve d'une manière convaincante que le secret de soutirer la foudre des nues et de la diriger était connu des anciens.

Pendant quinze siècles l'histore reste muette sur cette question ; mais au dix-septième le **P.** Imperati écrivit : «Qu'au château de Duino, il existait une ancienne coutume de *sonder la foudre*, pendant les temps orageux. La sentinelle approchait le fer de sa lance d'une barre de fer élevée sur un mur, et dès qu'à cette approche elle apercevait une étincelle, aussitôt elle sonnait l'alarme pour avertir les bergers et les journaliers de se retirer des glacis du château. »

Cette barre de fer n'était autre chose qu'un paratonnerre ; or, pour construire un paratonnerre, il fallait avoir des notions sur le fluide électrique.

Les faits précis que nous venons d'exposer nous amènent à cette conclusion :

L'antiquité connut l'électricité ainsi que les moyens de la diriger ; mais cette connaissance n'était

pas érigée en théorie et ne faisait pas, comme aujour-
d'hui, une partie importante de la physique; c'était
un secret conservé, comme tant d'autres, par le corps
sacerdotal qui s'en servait au besoin.

CHAPITRE XXV.

SECTION PREMIÈRE.

DES PHILTRES

Philtre, de φιλεῖν, *aimer*, désignait certaines préparations dont on usait fréquemment autrefois, dans le but de s'attirer l'affection d'une personne indifférente, ou pour s'exciter soi-même à l'amour. Ces préparations irritantes, souvent vénéneuses, qui enflammaient les organes et causaient de graves désordres dans l'économie, étaient un monstrueux amalgame de substances plus ou moins dégoûtantes, telles que les excréments et l'urine d'animaux lascifs ; la corne râpée du bouc et la fiente du pigeon ; la laitance du crapaud ; le fiel des reptiles et de certains poissons ; des rognures d'ongles, de poils, etc. Pour ren-

dre le philtre plus efficace, on y ajoutait les sucs de la
mandragore, de l'euphorbe, de l'assa-fœtida, de la
vulvaire et d'autres plantes nauseuses. Le musc,
l'ambre, le castoréum, le borax, entraient aussi dans
ces compositions ; enfin, on se servit de la poudre des
lampyres ou verts luisants, des scarabées noirs qui
contiennent du phosphore et de celle des cantharides
qu'on ne saurait prendre impunément.

L'antiquité fournit de nombreux exemples des
funestes effets causés par ces préparations aphrodisiaques. — Le voluptueux Lucullus, qui recherchait
tous les moyens d'exciter ses sens blasés, ne trouva
qu'une mort douloureuse dans les philtres de Lesbina
son esclave. — Le poëte Lucrèce fut littéralement
empoisonné par les philtres que lui faisait prendre
à son insu sa maîtresse Lucilia. — L'on attribue le
honteux délire et les folies sanguinaires de Caligula
aux ardentes potions que lui donnait Cœsonie.

Faustine, femme de l'empereur Marcus-Aurélius,
s'éprit d'une passion si violente pour un gladiateur,
qu'elle ne pouvait se passer de cet esclave, et tombait
dans une langueur, alarmante lorsqu'on l'en éloignait. L'empereur, instruit de cette honteuse passion,
fit assembler un grand nombre d'astrologues et de
médecins pour qu'ils trouvassent les moyens d'éteindre les feux criminels de l'impératrice. Après plusieurs jours de graves consultations, les savants
découvrirent un remède infaillible : c'était de com-

poser un philtre avec le sang corrompu et la raclure d'ongles du gladiateur. La prescription s'exécuta. Faustine but le philtre et fut aussitôt guérie de son amour. Mais les personnes sensées qui n'ajoutent point foi à la vertu des philtres, expliquent cette guérison par la mort du gladiateur qui fut sacrifié à la dignité impériale.

Eusébius cite un gouverneur d'Égypte qui, ayant eu la folie de vouloir être amoureux à l'âge des vieillards, mourut victime d'un philtre.

Ferdinand le Catholique, après avoir bu un breuvage aphrodisiaque, éprouva d'atroces douleurs d'entrailles, et Germaine de Foix, son épouse, qui le lui avait donné pour ranimer ses forces, eut la douleur de le voir mourir de consomption.

La fougueuse Brunehaut connaissait, dit-on, des philtres infaillibles qu'elle faisait prendre aux hommes dont elle ambitionnait l'amour.

Le médecin Langius rapporte qu'un jeune homme, ayant mangé la moitié d'un citron que venait de lui donner une femme, sentit subitement pour elle une passion effrénée. Cette fièvre d'amour durait une heure chaque jour, et, pendant cette heure, le malheureux jeune homme se trouvait dans un état d'exaltation délirante à faire craindre pour sa vie. Le mal empirait sans cesse, lorsque Langius en opéra la guérison, dit-il, par des moyens qu'il ne fait point connaître.

Dans quelques provinces d'Allemagne, les femmes recueillent et conservent soigneusement le cordon ombilical de leurs enfants, pour en composer une poudre précieuse dont elles se servent dans l'occasion. Ces bonnes femmes prétendent que la poudre en question, mise dans un verre de vin, enflamme d'amour le cœur de la personne qui la boit ; par ce moyen elles espèrent procurer d'excellents partis à leurs enfants.

Le philosophe Vanhelmont disait connaître une herbe qui, préalablement échauffée dans le creux de la main, et puis déposée dans la main d'une autre personne de sexe différent, portait l'incendie au fond du cœur de cette personne. Le même philosophe possédait des recettes infaillibles pour se faire suivre des chiens, des oiseaux, etc. , et même des femmes !!! mais, relativement à ces dernières, il ne voulut jamais en faire usage. Voici comment il explique l'action des philtres: « C'est, dit-il, parce que le breuvage imprégné d'un ferment magnétique de la personne qui veut se faire aimer, agit magnétiquement sur les nerfs de l'autre personne et la force à l'amour. » Il ajoute pourtant que certains philtres, vendus par les charlatans, occasionnent souvent un dérangement grave dans les fonctions intellectuelles, quelquefois la folie et la mort.

Les philtres se donnaient aussi sous forme d'onguents, de pommades, de poudres et de parfums; ces derniers surtout furent employés par les femmes, dès la plus haute antiquité, pour s'attirer l'amour des hommes. Prosper Alpin, dans sa médecine des Égyptiens, indique plusieurs parfums dont la puissance aphrodisiaque était avérée. Saint Paul reprochait aux femmes d'Éphèse et de Corinthe de s'en servir dans ce but. Le philosophe Sénèque et Saint Jérôme invectivaient les dames romaines sur l'abus qu'elles faisaient, dans leur toilette, d'ambre, de musc et d'autres *parfums attrayants.* Voyez, à ce sujet, l'article *Aphrodisiaques* de l'*Hygiène du mariage*, et l'article *Parfums* de l'*Histoire des parfums et des fleurs*, où ces matières sont traitées avec tous les détails qu'elles comportent.

Les anciennes pharmacopées sont pleines de ces philtres ou préparations aphrodisiaques, dont la plupart sont absurdes, inertes ou dangereux. Les philtres abondent également dans ces vieux livres où se trouvent entassés des secrets absurdes et d'indigestes formules, aujourd'hui tombés dans un juste oubli.

SECTION II.

DES ANAPHRODISIAQUES.

Puis qu'il existait des recettes pour allumer l'amour, on devait aussi en avoir pour l'éteindre. En effet, on

trouve dans les mêmes ouvrages un grand nombre de
préparations *anaphrodisiaques*, très-employées jadis,
et dont l'usage s'est perpétué jusqu'à nos jours. Ainsi
l'on a reconnu que les breuvages composés d'herbes
narcotiques, de ciguë, de coquelicot, de nymphéa, etc,
qu'une nourriture exclusivement végétale et des boissons préparées avec les semences froides ou avec des
fruits acides, étaient propres à éteindre les violentes
ardeurs de l'amour et à plonger le corps dans cet
état d'assoupissement que l'on appelle *indifférence,
anaphrodisie*. Si, dans Athènes autrefois, les vierges
consacrées à **Diane** et à **Minerve** trouvaient le calme
des sens sur un lit de feuillage d'*agnus castus* ; à
Rome, si les vestales s'endormaient tranquilles sur
un oreiller garni de *chèvrefeuilles ;* dans nos cloîtres
modernes, plus d'une jeune recluse a senti s'éteindre
dans son cœur les flammes naissantes de l'amour,
sous la glaciale influence des boissons de nénuphar,
et surtout de la saignée (**1**).

Mais toutes ces recettes n'étaient rien en comparaison des secrets que possédaient certains individus
surnommés *Noueurs d'aiguillettes*. Ces individus, ex-
trêmement redoutés, se rencontraient, chez les anciens
peuples, parmi les magiciens. On les retrouve, chez
les nations modernes, dans la classe des sorciers.

---

(1) A ce sujet, nous renvoyons encore le lecteur à notre *Hygiène
du Mariage*.

L'étrange pouvoir qu'on leur accordait de frapper d'atonie les organes de la reproduction, prenait généralement sa source dans la terreur qu'ils inspiraient ; car, c'était presque toujours par des menaces, par de mystérieuses paroles ou des pratiques superstitieuses qu'ils *maléficiaient, ligaturaient, nouaient* les amants et les époux. Comme la forte appréhension d'un mal prédispose à le gagner, il arrivait souvent que ces charlatans réussissaient.

Les noueurs d'aiguillettes n'exerçaient point leur art formidable sur le vulgaire seulement, ils s'attaquaient aux grands, aux princes et même aux rois.

Amasis, Néron, Honorius furent impitoyablement liés ; Théodoric, Charlemagne, Pierre de Castille et d'autres rois du moyen âge le furent également. Dans les cours d'Italie, de France et d'Espagne, ces terribles ligatures firent souvent le désespoir des chevaliers et des dames.

Les anciens Parlements ne plaisantaient pas sur cet article : ils condamnaient au gibet les malheureux accusés d'avoir, par leurs maléfices, troublé ou empêché les doux mystères de l'hyménée.

En 1582, le Parlement de Paris condamna à être brûlé vif le savetier Abel de la Rue, pour avoir noué l'aiguillette à plusieurs jeunes mariés, et notamment à Jean Moreau, seigneur de Coulommiers. Le malheureux savetier fit appel au Parlement de Rouen, qui, pour les mêmes motifs, mais usant d'indulgence, le condamna seulement à être pendu d'abord et brûlé ensuite. Cet arrêt s'exécuta le 23 juillet de ladite année sur la place de Coulommiers.

Pareil arrêt fut rendu à la Cour de Riom contre Vidal de la Porte, lequel, par ses maléfices, incantations et pratiques infernales, avait non-seulement noué l'aiguillette à beaucoup de jeunes garçons de sa commune, mais encore à nombre de chiens, chats et autres animaux domestiques, de telle sorte qu'on craignit un instant que la propagation de ces bêtes ne fût arrêtée; ce qui avait ameuté contre Vidal tous les habitants du canton.

La ville de Bordeaux vit brûler, en 1618, un de ces noueurs d'aiguillettes.

Les démonologues Bodin, del Rio, Sprenger, Crespet et autres parfaitement versés dans cette matière, détaillent très-sérieusement les divers secrets dont usaient ces malfaiteurs pour nouer les aiguillettes; ils signalent les deux suivants comme étant les plus dangereux :

Le *noueur* se tenait, pendant la célébration du mariage, à la porte de l'église, avec une petite corde de lin ou de soie. Attentif aux divers mouvements du prêtre, il commençait par faire un nœud à sa corde et se signait de la main gauche en disant : *ribal;* — puis, un second nœud et un second signe de croix accompagné du mot *nobal;* — enfin, au moment où le prêtre passait l'anneau nuptial aux jeunes mariés, il faisait un troisième nœud, un dernier signe de croix, et prononçait en grinçant des dents : *vanarbi;* alors le charme était complet.

L'autre moyen était d'une exécution plus difficile. Il s'agissait d'attaquer et de prendre un loup, de lui enlever son aiguillette, de la nouer avec un fil de plomb et de la jeter sur le passage des jeunes mariés lorsqu'ils revenaient de l'église. Ce procédé, réputé infaillible, ne s'employait que pour nouer les personnes de haut rang.

Après bien des recherches, quelques hommes habiles parvinrent à trouver des remèdes contre ces maléfices, et le docte Thiers, qui a écrit plusieurs volumes sur cette matière, en compte vingt-deux plus ou moins efficaces. Nous nous contenterons d'en citer quelques-uns.

Mettre du sel dans sa poche ou dans ses souliers.

Porter sur soi le foie confit d'un pivert et passer trois fois sa main gauche sous le ventre d'un âne.

Le jour des noces, mettre deux chemises à l'envers, et, pendant la cérémonie du mariage, tenir continuellement le pouce gauche plié dans la paume de la main.

Frotter avec de la graisse de vieux loup les pieds du lit nuptial, etc., etc...

On pourrait peut-être croire que de telles puérilités n'avaient cours que parmi les classes ignorantes de la société et dans des siècles barbares ; mais, qu'on

se détrompe, les hommes les plus marquants y ont cru
de bonne foi. Théocrite et Virgile nous apprennent
que les vieux bergers de Sicile s'amusaient à nouer
l'aiguillette des jeunes gens. Hérodote, Arnobe, Sy-
nésius et une foule d'historiens célèbres, auxquels
on peut adjoindre plusieurs Pères de l'Église, nous
ont laissé de très-longs détails sur cette terrible
ligature et sur les moyens de la conjurer.

« L'Église a toujours reconnu le pouvoir des
noueurs d'aiguillettes, dit l'intéressant auteur des
Erreurs et Préjugés; les conciles provinciaux de
Milan, de Tours, les synodes du mont Cassin, de
Ferrare, et le clergé de France assemblé à Melun en
1579, les ont frappés d'anathème. On trouve dans
plusieurs rituels la manière dont il faut s'y prendre
pour se garantir ou se guérir des maléfices des
noueurs d'aiguillettes, et le cardinal du Perron,
homme expert et bien intentionné, fit insérer dans
le rituel d'Évreux de fort sages avis pour sauver les
habitants de son diocèse. On remarque avec plaisir la même prévoyance dans les statuts synodaux
de Lyon, de Tours, de Sens, de Narbonne, de
Bourges, de Troie, d'Orléans et de plusieurs autres
églises célèbres; enfin, saint Augustin, saint Thomas
et Pierre Lombard, le maître des sentences, reconnaissent positivement qu'on peut lier l'aiguillette et
troubler les époux dans leurs plaisirs les plus chers. »

SECTION III.

DES TALISMANS.

TALISMANS. — Le mot talisman, du chaldéen *Tilsmen*, pris dans son acception la plus étendue, désigne tout objet, toute formule ou parole possédant les vertus imaginaires de préserver de tous les malheurs, de faire obtenir tout ce que l'on désire et même de réaliser tout ce que l'on veut, le bien et le mal.

L'origine des talismans remonte au berceau des sociétés; l'ignorance, la superstition et le charlatanisme, ces teignes incurables de la société, en furent les inventeurs. Les talismans furent d'abord des objets auxquels s'attachait une faveur divine ; les dieux *Lares*, les *Pénates* le *Palladium* de Troie, la *Minerve* d'Athènes, les *Boucliers* de Rome, etc., étaient regardés comme indispensables à la prospérité et à la gloire de ces cités.

Olympiodore assure qu'il existait en Thrace des statues d'argent constellées qui arrêtèrent pendant plusieurs années les irruptions des Huns, des Goths, Vandales, etc.; malheureusement, l'empereur Constance fit enlever ces statues et les barbares inondèrent aussitôt le pays. — A Thèbes, en Égypte, une sauterelle d'airain placée sur chacune des cent portes,

19.

garantissait la ville des nuées de sauterelles qui désolaient la campagne. — Corinthe, outre ses jolies
courtisanes, possédait un autre talisman, des plus
singuliers : c'était un boisseau d'airain, rempli de
grains d'orge enchantés, qui attiraient dans sa campagne toutes les cailles du Péloponèse et dont se réga-
laient ses voluptueux habitants. — La sécurité de
Messène dépendait d'un renard et celle d'Élis d'un
lapin.—Une statue de Vulcain en marbre noir pro-
tégeait Naples contre les éruptions du Vésuve ; enfin
toutes les villes en général possédaient leur talisman
protecteur.

Bientôt les talismans pour la sécurité publique ne
suffirent plus ; chaque citoyen voulut avoir son talisman particulier ; alors il en circula une grande quantité : une plaque de métal, une médaille, un morceau
de bois, d'argile ou d'os, sur lesquels étaient gravés
une figure symbolique, une formule sacrée ou un caractère mystérieux, passaient pour des talismans,
pourvu qu'ils vinssent d'un thaumaturge, d'un magicien ou d'un astrologue. Celui qui possédait un de
ces objets se croyait invulnérable, exempt de maladies
et désormais préservé de tout malheur ; de plus le
chemin de la fortune s'ouvrait devant lui sans obstacles et tous ses vœux devaient s'accomplir.

La croyance à l'efficacité des talismans devint si
générale, que tout le monde courut après, riches et
pauvres, grands et petits ; alors leur nombre s'accrut

d'une manière incroyable, les fabricants n'y pouvaient suffire, et les charlatans gagnèrent énormément à cette vente qui, plongeant les peuples dans la superstition, leur assurait, à eux charlatans, de gros profits et une immense considération.

Les Assyriens et les Égyptiens excellèrent dans la fabrication des talismans; mais les plus estimés venaient de Babylone, parce qu'ils étaient composés selon toutes les règles de l'art astrologique. Ainsi, pour qu'un talisman préservât des bêtes féroces et venimeuses, il devait porter la figure des constellations de l'Hydre et du Scorpion; pour qu'un mariage fût fécond et que la femme eût beaucoup de lait, il fallait graver dessus les constellations de Vénus et de Mars au moment de leur conjonction; etc., etc...

Chez les Grecs et les Romains, les talismans particuliers furent en grande vogue et prirent les différents noms de *phylactères*, — *périaptes*, — *apotropées*, — *stœchies*, etc... Les dieux et déesses de l'Olympe furent mis à contribution et entrèrent dans la composition des talismans. Les figures de Jupiter et d'Hercule donnaient la force et la puissance; — celles d'Apollon et des Muses coloraient l'imagination, échauffaient le génie; — l'image de Vénus assurait la beauté, faisait naître l'amour et la joie;— la représentation de Mars sur une plaque d'airain, inspirait le courage et le mépris des dangers; — le portrait de Mercure sur un fond d'argent, rendait heureux dans le commerce ; — le disque du soleil, représenté sur une médaille d'or, faisait obtenir la faveur des rois, etc., etc...

Depuis le souverain jusqu'au dernier de ses sujets, tout le monde cachait un talisman dans son sein ou dans ses vêtements. — Les rois d'Égypte s'attachaient au cou des talismans qui les préservaient de toute injustice. — Moïse fit ériger dans le désert un serpent d'airain pour tuer les reptiles qui tourmentaient les Hébreux. — Dans l'armée de Sésostris il n'y avait pas un soldat qui n'eût au cou un scarabée, pour grandir son courage et lui assurer la vie. — Les femmes grecques portaient une médaille à l'effigie de Latone ou de Junon Lucine. — La lyre d'Amphion doit être regardée comme un des plus puissants talismans de l'antiquité, s'il est vrai que son enivrante harmonie civilisait les hommes, adoucissait les bêtes féroces et bâtissait des villes. — Le luth magique d'Arion serait dans le même cas; on sait que cet habile musicien ayant été jeté à la mer par des pirates, les dauphins se disputèrent l'honneur de le porter à Corinthe. — Quel être sur la terre et dans les cieux aurait pu résister à la ceinture de Vénus, précieux talisman que Junon emprunta pour fixer le cœur de son volage époux ? — La belle Alcmène reçut de Jupiter un talisman qu'elle donna à son fils, et l'on prétend qu'Hercule dut à ce talisman la gloire de sortir vainqueur de ses douze travaux. — Tout le monde connaît le talisman de Samson ; la force de l'Hercule hébreu résidait dans ses cheveux. — Milon de Crotone possédait aussi un talisman qui lui valut toutes les couronnes aux Jeux olympiques. — Périclès et Alcibiade portaient, dit-on, caché dans leurs cheveux, un phylactère, espèce de clef magique qui ouvrait le cœur de toutes les femmes. — La flèche du magicien Abaris était un talisman au moyen duquel on voyageait fort agréablement dans les airs. — On rapporte que César ne marchait jamais sans une *périapte* que lui avait donnée un prêtre égyptien ; le jour où il oublia de la pendre à son cou, il fut assassiné. — Auguste gardait soigneusement une peau de veau marin pour se préserver de la foudre. — Tibère se coiffait d'un bonnet de laurier chaque fois qu'il entendait gronder le tonnerre. — Le poëte Virgile avait aussi son talisman, c'était une statue armée d'une trompette qui, placée sur le mur de son jardin, en écartait la poussière.

On n'en finirait pas s'il fallait relater tous les talismans et phylactères dont l'histoire prône les merveilles. Passons maintenant, passons aux signes, lettres, paroles et formules employés contre les charmes, les sorts, les maléfices et les diverses maladies que pouvaient jeter ou donner les goétiens et les sorciers.

Parmi les formules écrites dont les Égyptiens et les Arabes se servaient comme talismans ou phylactères contre certaines maladies, on a conservé la suivante, qui se prononçait à l'oreille du malade et dans l'ordre indiqué ci-après :

ALDABARAN

ALDABARA

ALDABAR

ALDABA

ALDAB

ALDA

ALD

AL

A

AL

ALD

ALDA

ALDAB

ALDABA

ALDABAR

ALDABARA

ALDABARAN.

Il fallait commencer par une intonation forte d'abord, et qui allait en diminuant à chaque ligne jusqu'à la lettre **A**, placée au centre du phylactère ; puis l'intonation se relevait graduellement de façon à offrir, à la fin, la même force qu'elle avait eue au commencement.

Les tétragrammes ΙΟΗΑ (Jéhova) et ΘΕΟΣ (Dieu) étaient aussi des talismans en grande réputation.

A l'imitation du talisman arabe ALDABARAN, l'hérésiarque Basilidès composa le phylactère si fameux ABRACADABRA, souverain contre toutes sortes de maux. Pour obtenir cette espèce de panacée, il fallait écrire sur un morceau de parchemin, de bois ou d'ivoire, le mot *Abracadabra*, et le répéter successivement en supprimant la dernière lettre de chaque ligne, de manière à figurer une pyramide renversée dont le sommet se terminait par la lettre **A**.

ABRACADABRA

ABRACADABR

ABRACADAB

ABRACADA

ABRACAD

ABRACA

ABRAC

ABRA

ABR

AB

A

Le docte Basilidès jugea le redoublement inutile ; l'essentiel était dans la composition de l'encre, dans la nature de la plume et dans les cérémonies cabalistiques dont usaient ceux qui fabriquaient ce puissant

phylactère. L'*Abracadabra* fait par un profane ne
possédait aucune vertu ; il était de toute nécessité
qu'il fût composé par certains hommes privilégiés
qui en avaient le monopole, et ces hommes-là se
faisaient payer fort cher.

La maladie des talismans se répandit chez les
chrétiens avec la rapidité d'une épidémie : les
villes chrétiennes voulurent, à l'instar des villes
païennes, avoir leurs talismans. Constantinople se
fabriqua, la première, un serpent d'airain ayant des
yeux en rubis, pour se mettre à l'abri des mouche-
rons et des reptiles. On raconte à ce sujet que
Mahomet II, à la prise de cette ville, ayant eu
l'imprudence de briser les dents de ce serpent talis-
manique, les rues furent aussitôt inondées de reptiles ; mais les habitants en furent quittes pour la
peur, car tous les serpents se trouvaient édentés. —
La ville de Tolède, en Espagne, était préservée des
moustiques par une amulette placée au sommet d'un
clocher. — Une mouche d'or, à ailes de diamant,
rendait le même service à la ville de Naples. — La
bonne ville de Paris jouit pendant fort longtemps
d'une immunité contre l'incendie, les serpents et les
rats. Cette immunité lui était acquise par deux talismans d'airain, ayant la forme d'un reptile et d'une
souris. Sous le règne de Childéric II la fatalité voulut
que l'arche d'un pont, où ils se trouvaient cachés,
s'écroulât, et que des larrons fissent fondre ces talis-

mans ; de ce moment l'immunité cessa complète-
ment ; l'incendie fit des ravages et les souris envahirent le domicile des bons Parisiens. C'est Grégoire
de Tours qui débite sérieusement ce conte.

SECTION IV.

AMULETTES.

Mais les mots *Talisman*, *Phylactère* et autres ne
pouvaient subsister longtemps chez les néo-religionnaires ; tout ce qui venait des païens était profane ;
on leur substitua donc le mot *Amulette*, *Agnus*, etc.

La fureur des amulettes fut poussée jusqu'au délire ;
elle envahit la noblesse, le populaire, la société encore tout entière plongée dans l'ignorance. Alors
on vendit des amulettes pour tous les bonheurs et
contre tous les malheurs, pour ouvrir les portes du
Ciel, et surtout pour préserver des démons qui,
pendant plus de quinze siècles, jouèrent un si grand
rôle sur la terre. Rien ne résistait à la vertu de ces
nouveaux talismans ; ils détournaient les orages ou
faisaient tomber la pluie dans les temps de sécheresse ; ils chassaient la peste et les esprits malins ;
ils guérissaient l'épilepsie, les écrouelles, la teigne,
la pustule et autres maux semblables ; ils rendaient
fécondes les femmes stériles, ils faisaient descendre
dans le cœur glacé de l'agonisant un sang plein de

chaleur, et le cadavre qu'allait engloutir la tombe, se levait, aux yeux de la foule étonnée, et recommençait le cours de sa vie ; enfin, on cite quelques rares amulettes dont le pouvoir alla jusqu'à ressusciter les morts.

Les agnus se fabriquaient ordinairement avec de l'huile, de la cire et des os de saints réduits en poudre ; on donnait à cet amalgame la forme qu'on voulait. Nous dirons, en passant, que la foi d'une foule d'individus dans les vertus d'un agnus, leur donnait un courage dans les entreprises, une assurance du succès, qui les conduisaient presque toujours au but.

Nous relaterons dans les pages suivantes quelquesunes des principales amulettes et formules habilement données à la crédulité publique, et dont les inventeurs surent tirer un bon profit.

On attribuait à certains mots indiens, chaldéens, phéniciens, hébreux, etc., le pouvoir de dompter les démons, de guérir les maladies, de préserver de tout danger et de réussir en toutes choses. Les mots SABAOTH et ADONAÏ passaient pour les plus puissants. — Les noms d'Abraham, d'Isaac et de Jacob, prononcés dans leur langue primitive, produisaient, disait-on, des effets miraculeux.

Dans les premiers siècles de l'Église, une foule d'individus se disant privilégiés guérissaient toutes les maladies au moyen de paroles mystérieuses, d'attouchements et de gestes.

On était préservé de la peste en portant sur soi un papier où se trouvaient écrits ces mots barbares séparés par des croix : *malathron* + *caladafron* + *coroban* + *sabaoth* + *berboroth* +.

Les attaques d'épilepsie se guérissaient en plaçant sur la poitrine de l'épileptique les noms des trois rois mages.

On guérissait de la fièvre tierce en assistant à trois messes le même dimanche et dans trois églises différentes.

Une épingle piquée dans un morceau de linceul bénit préservait de la peur et faisait fuir les revenants.

Les médailles de saint Loup et de saint Hubert préservaient de la rage et la guérissaient. Plus tard, on eut recours à une autre amulette ainsi fabriquée : sur neuf petits carrés de papier, disposés en rond autour d'une table, on écrivait à l'encre rouge ces neufs mots : *Izioni*, *Kirioni*, *Ezeza*, *Fezze*, *Kudder*, *Hax*, *Pax*, *Max*, *Adimax*. Ces papiers étaient roulés comme des billets de loterie et placés dans une petite gourde que l'on portait sur soi. Avec cette amulette, on pouvait marcher sans crainte au milieu des chiens et des hommes enragés.

Les mots suivants mettaient l'homme à l'épreuve du feu, du mousquet et même du canon : *Ibel* + *Chabel* + *Habel* + *Rabel* +. — On guérissait les blessures ainsi que la brûlure, et l'on arrêtait l'incendie en récitant cette formule :

Feu, perds ta chaleur,
Comme Judas fit sa couleur
En trahissant Notre-Seigneur.

Pour procurer une heureuse et prompte délivrance à la femme en mal d'enfant, il fallait attacher la ceinture de cette femme au battant d'une cloche d'église et sonner l'*Angelus*.

Pour faire disparaître ces hideuses verrues qui affligent parfois de jolies mains, il s'agissait tout simplement d'envelopper dans un linge autant de petits pois qu'on avait de verrues, et de jeter le tout sur la voie publique. Aussitôt qu'une personne curieuse avait ramassé et déplié ce petit paquet, on était débarrassé des verrues qui soudain poussaient aux mains de cette personne.

On se préservait des puces en prononçant ces trois mots : *och, astoch, péroch!* Et, si l'on en était couvert, ces insectes importuns se jetaient sur la personne qui se trouvait le plus près.

Ces trois autres mots attachés au poignet faisaient gagner au jeu : *Aba, Alhui, Abafroih.*

Le soufre, l'asphalte, la poix et l'eau de mer étaient employés en fumigations contre le diable.

Une branche de buis bénit le dimanche des Rameaux, à laquelle on attachait des grenadilles (fleurs de la passion), forçait les bons anges à rester près de vous.

La queue d'une souris coupée le Vendredi-Saint possédait la vertu d'empêcher les enfants de pisser au lit.

On conjurait les démons en suspendant à son cou une racine de pivoine et en s'appliquant un saphir sur la région du cœur.

Le sang de bouc brisait la pierre dans la vessie.

Le poumon desséché du renard était un remède infaillible contre l'asthme et la pneumonie.

On guérissait la cécité avec un emplâtre de fiente de vautour. L'eau distillée de têtes de mouches et d'yeux d'écrevisses guérissait la surdité.

Le mouron des oiseaux, incorporé dans l'onguent des sorciers, apaisait la rage.

La fiente de loriot faisait disparaître rapidement la jaunisse.

Le foie en poudre d'un enfant non baptisé calmait les douleurs dentaires.

La cervelle d'un pendu portait à l'amour.

L'épilepsie se guérissait avec un clou pris à un crucifix.

L'image de saint Basile, suspendue à la houlette d'un berger, préservait ses troupeaux de la dent du loup.

L'œuf d'une poule noire, pondu le Vendredi-Saint, possédait l'inappréciable vertu d'éteindre l'incendie. Ce même œuf garantissait des inondations.

La poudre provenant de la statue de saint Guigno-let passait pour un puissant génésiaque ; aussi les femmes bretonnes allaient en foule lui demander la fécondité. A Montreuil, la statue de saint Guignolet opérait les mêmes miracles qu'à Brest.

Dans le Berry, saint Guerlichon rendait le même service aux femmes stériles et aux hommes impuissants. — En Normandie, la statue de saint Gilles se comportait de la même manière ; — saint René en Anjou, saint Renaud en Bourgogne, saint Arnaud dans le Bourbonnais, etc., etc.

Les moines d'un couvent de la Flandre française distribuaient, moyennant une honnête rétribution, une médaille qui préservait des indigestions et qui faisait engraisser les personnes maigres. L'énorme embonpoint des frères chargés de ce petit commerce témoignait des vertus de la médaille et donna lieu au proverbe : — *Gras comme un moine.*

Mais, assez d'exemples comme cela, nous craindrions d'abuser de la patience du lecteur ; on doit néanmoins lui faire observer qu'un grand nombre de savants et d'hommes illustres ont attesté le pouvoir des talismans et des amulettes, et pour en citer quelques-uns, nous nommerons Alexandre d'Aphrodisée, Porphyre, Jamblique , Marcile Ficin, Albert le Grand, Porta, Cardan, Pic de la Mirandole, etc.

Les légendes et chroniques du moyen âge sont remplies des faits les plus curieux en ce genre ; tantôt c'est une bague qui a le pouvoir de rendre invisible, et de préserver des embûches du diable ou des hommes ; tantôt c'est une rose qui, étant secouée, laisse tomber des pièces d'or ; ici c'est un fragment d'os qui assure toutes sortes de bonheurs ; là c'est une relique éprouvée contre la migraine, la névralgie dentaire, la rage, la morsure des reptiles, etc. ; une autre fois c'est un bracelet comprimant le bras de la femme infidèle, avec une violence qui lui arrache de hauts cris de douleurs ; ou bien c'est un médaillon, rare trésor, qui force à la constance l'être le plus volage ; enfin rien n'était impossible à une bonne amulette, dans ces bons temps où l'on croyait au pouvoir des démons, des fées, sylphes, farfadets, ondins, loups-garous et autres créations imaginaires de cette sorte.

Parmi le nombre incalculable des amulettes jouissant d'une aveugle confiance, il s'en trouvait qui portaient de singuliers noms : la clavicule de Salomon, la rotule de saint Genou, le nombril de saint François, la virilité de saint Guignolet et une multitude d'autres que la décence nous défend de nommer. Lorsque le sage M. de Noailles fit enlever et jeter au feu la relique du saint nombril, il y eut une véritable émeute dans la ville de Châlons ; mais le savant évêque parvint bientôt à l'apaiser en démontrant aux Châlonnais le ridicule d'une pareille dénomination.

Il nous reste donc à conclure avec Lamotte le Vayer : « Que l'homme est un animal si crédule qu'il ne faut, pour établir les plus grandes faussetés, qu'avoir la hardiesse de les dire ou de les écrire. » Et, avec l'auteur de l'*Art de penser* : « Qu'il n'y a point d'absurdités si énormes qui ne trouvent des approbateurs ; que le charlatan qui désire piper le monde est assuré de trouver des personnes qui seront fort aises d'être pipées ; les sottises les plus ridicules trouvent toujours des esprits auxquels elles sont proportionnées. »

Pour récréer un peu le lecteur, fatigué sans doute de cette longue énumération, nous citerons l'anecdote suivante, racontée par le père Thiers, homme de bon sens, et, par conséquent, ennemi des pratiques absurdes :

« Une vieille femme de Louvain avait les yeux rouges et chassieux ; on lui assura qu'elle se débarrasserait facilement de cette infirmité en portant sur elle trois mots mystérieux qui avaient la vertu de rendre nets et brillants les yeux bordés de chassie. Elle alla de suite trouver un jeune écolier qu'elle connaissait, et lui promit une récompense s'il voulait lui écrire les trois mots qu'elle allait lui dicter. Le jeune espiègle accepta, écrivit sous la dictée de la vieille et lui remit le papier cacheté, en lui recommandant bien de ne l'ouvrir que lorsqu'elle serait guérie. La vieille chassieuse donna la récompense promise et se retira.

« Au bout de quelque temps, ses yeux rouges et chassieux se guérissent. Enchantée de sa guérison, la vieille fit part de sa cure à sa voisine qui avait les yeux dans un état semblable aux siens. La voisine s'empressa de porter le papier à son cou et se trouva également guérie, après quelques mois d'épreuve. Émerveillées de leurs succès, les deux vieilles voulurent connaître le secret et ouvrirent le papier. Qu'y trouvèrent-elles?... Cette phrase que le malin écolier avait substituée aux trois mots qu'on lui demandait : « Que le diable t'arrache les deux yeux, vieille sor- « cière, et en bouche les trous avec deux crottins. »

Nous terminerons ce long chapitre en donnant un fragment très-minime de la liste des hommes canonisés dont on invoquait le patronage et le secours dans les diverses circonstances de la vie ; car, non-seulement chaque corporation, chaque métier, chaque état voulait avoir son patron ; mais chaque homme, chaque femme, chaque infirme ambitionnait le sien ; enfin, cet engouement fut tel qu'on en donna même aux animaux les plus immondes. Demandez à une bonne femme quel saint protége les pourceaux? Elle vous répondra sans hésiter : Saint Antoine.

Saint Yves, patron des avocats.

Saint Eustache, patron des procureurs.

Saint Benoît, patron des notaires.

Saint Cassien, patron des greffiers.

Saint Thomas, patron des secrétaires.

Saint Luc, patron des peintres.

Saint Léonard, patron des graveurs.

Saint Sébastien, patron des merciers.

Saint Pantaléon, patron des culottiers et gantiers.

Saint Chef, patron des chapeliers.

Saint Bonnet, patron des bonnetiers.

Saints Crépin et Crépinien, patrons des cordonniers.

Saint Éloi, patron de tous les ouvriers sur métaux.

Saint Fiacre, patron des jardiniers.

Sainte Luce, patronne des cochers.

Saint Vincent, patron des vignerons.

Saint Barthélemy, patron des tanneurs.

Saint Athanase, patron des messagers.

Saint Eustache, patron des aubergistes.

Saint Sylvestre, patron des cabaretiers.

Saint Joseph, patron des charpentiers.

Saint Grégoire, patron des maçons.

Saint Michel, patron des boulangers.

Saint Blanchard, patron des blanchisseuses.

Saint Liénard, patron des prisonniers.

Sainte Barbe, patronne des armuriers.

Saint Cyr, patron des ciriers.

Saint Just, patron des cuisiniers.

Saint Victor, patron des meuniers.

Les infirmes invoquaient aussi des patrons diffé-rents pour les débarrasser de leurs maux.

Les teigneux invoquaient saint Aignan.

Les lépreux, saint Lazare.

Les étiques, saint Boniface.

Les obèses, saint Léger.

Les aveugles, saint Tobie.

Les borgnes, saint Clair.

Les boiteux, saint Claude.

Les hydropiques, sainte Eutrope.

Les épileptiques, saint Jean.

Les gens pourris, saint Job.

Les goutteux, saint Genou.

Les sourds, saint Ouen.

Les pestiférés, saint Roch.

Les bossus, saint Plat.

Et pour en finir :

Saint Cloud guérissait les furoncles.

Saint Médard guérissait les maux de dents.

Sainte Avoye guérissait les maux d'yeux.

Saint Fiacre guérissait les hémorrhoïdes.

Saint Fort guérissait les faiblesses.

Saint Mathurin guérissait la folie.

Saint Gal guérissait les boutons de la peau.

Saint Mammard guérissait les douleurs de ma-melles.

Saint Marcoul guérissait les maux de cou.

Saint Ouen guérissait les oreillons.

Saint Jérôme guérissait les indigestions.

Et le bon saint Agapet, de même que le dieu *Crepitus* des Romains, chassait bruyamment les coliques venteuses.

Ces croyances populaires , toutes singulières qu'elles étaient, traversèrent de longs siècles, étayées du puissant appui de ceux qui avaient intérêt à les soutenir. Malheur à quiconque aurait osé en plaisanter! Mais le jour arriva , enfin, où la foi se refroidit : les talismans, amulettes, etc., eurent le sort de toutes les choses de fabrication humaine, ils s'usèrent ; l'immense abus qu'on en avait fait les jeta complétement en discrédit, et les peuples, s'éclairant aux lumières de la raison, finirent par s'en moquer. Il existe bien encore quelques obscurs charlatans qui, de temps à autre, essayent de frapper les imaginations faibles, les esprits crédules par les inappréciables vertus d'un talisman miraculeusement retrouvé; mais les temps sont mauvais, partout règne une désespérante incrédulité. Aujourd'hui il n'y a réellement que quelques vieilles bonnes femmes, et quelques paysans épais qui veuillent bien croire à leurs magiques influences.

CHAPITRE XXVI.

L'imagination, cette faculté que possède l'homme
de se représenter mentalement les objets sensibles et
d'en modifier les images selon sa fantaisie, est, sans
contredit, la plus riche, la plus étendue de toutes ses
facultés. A strictement parler, l'imagination ne crée
rien, puisqu'elle n'est que l'écho des sensations; mais
elle combine les impressions reçues de tant de manières; dans sa course vagabonde, elle nous entraîne
quelquefois si loin du point de départ, qu'on peut la
considérer comme la mère des créations fantastiques.
En effet, l'imagination donne aux objets des proportions et des couleurs qui ne lui appartiennent point;
elle les grandit ou les rapetisse, les revêt de mille et
mille formes sérieuses, comiques, vraies, fausses,
régulières ou bizarres; elle étouffe la raison, ne tient
aucun compte des lois de la nature, franchit les

20.

limites du possible et va bien souvent s'égarer au séjour des mensonges.

C'est ordinairement dans la première jeunesse que
les impressions sont plus vives, plus retentissantes,
et que l'imagination offre son plus large développement. Le flambeau de la raison ne brûle pas encore,
celui de l'imagination, au contraire, jette son plus vif
éclat. L'adolescent accepte tout sans réflexion, le
vrai, le faux, le possible comme l'impossible, pourvu
que son admiration soit mise en jeu. Tous ces contes
de fées, d'esprits, de revenants, d'enfer, etc., pi-
quent sa curiosité, excitent son amour du merveilleux et le disposent à la crédulité ; il se complaît à les
entendre raconter, il les saisit avidement, les accom-
mode à sa nature, les amplifie, leur donne des formes
et des couleurs en rapport avec la vivacité de son
imagination. Le monde physique devient fort peu de
chose pour lui parce que tout s'y passe naturellement,
tandis que dans le monde des fables tout est miraculeux ; sa raison languit, chancelle à mesure que l'imagination acquiert de la vigueur, et, arrivé à l'âge de
décadence, il finit par croire à toutes les absurdités
dont a été nourrie sa jeunesse.

On conçoit que l'éducation, ainsi dirigée dès la
jeunesse, pousse les hommes à l'amour du merveilleux, à la crédulité aveugle, au fanatisme ; et les thaumaturges qui partaient de ce principe, dit M. Salverte, ne laissaient point l'imagination oisive : ils

faisaient presque toute l'instruction départie au vulgaire et disposaient d'avance les yeux à tout voir, les
oreilles à tout entendre et les esprits à tout croire.

Selon le tempérament et les causes agissantes, l'i-
magination se monte et parcourt différents degrés,
depuis la simple excitation jusqu'au délire, et de
celui-ci jusqu'à la folie. Les degrés intermédiaires
sont la contemplation, l'exaltation ou enthousiasme,
l'extase et l'hallucination qui touche à la manie.

La contemplation est un état de recueillement,
d'immobilité physique pendant lequel toute sensation venant du dehors se trouve suspendue. Les
contemplatifs arrivaient à cet état par la puissance
de la volonté et en évitant tout stimulus extérieur ;
leur histoire offre des traits aussi singuliers que bizarres : plusieurs de ces contemplatifs ont passé leur
vie dans une maison sans connaître les personnes qui
les entouraient ; ceux-ci traversaient une mare, un
ruisseau, sans le savoir, ceux-là s'égaraient dans les
rues d'une ville sans se douter qu'ils y étaient entrés.

On cite comme exemple frappant de recueillement
et de contemplation, l'exemple d'un jeune artiste
que les récits mythologiques avaient exalté au point
d'offrir à ses regards tous les caprices de son imagination. Il restait des heures entières immobile,
assis dans la campagne, les yeux fixés vers le ciel
et ne vivant plus que de la vie de l'âme. Il éprouvait
un ravissement suprême à voir passer les nuages,

au milieu desquels il distinguait mille choses sé-
duisantes. Tantôt c'étaient de magnifiques palais
aux sveltes colonnes d'argent et de vermeil ; tantôt
des temples, des arcs de triomphe, de superbes
édifices empreints de toutes les splendeurs architec-
turales. D'autres fois, les nuages lui représentaient une
mer silencieuse sur laquelle glissaient des vaisseaux,
des gondoles, d'élégantes balancelles et des cygnes,
d'une blancheur éblouissante qui les suivaient, et de
légers alcyons qui battaient du bout de leurs ailes
le flot immobile. Ici, les Cyclopes frappaient à coups
redoublés sur les enclumes de Vulcain; là, les Titans,
aux corps gigantesques, aux bras puissants, déraci-
naient les montagnes et les entassaient les unes sur
les autres pour escalader les cieux ; mais les foudres
de Jupiter sillonnaient aussitôt l'empyrée ; les montagnes retombaient sur eux et les écrasaient en punition
de leur sacrilége audace.—Plus loin, c'étaient de riantes collines, leurs découpures étincelantes se dessi-
naient sur un fond d'azur, et les flots de rayons dorés
qui les inondaient faisaient croire à une nature enchantée. — La scène changeait : les vapeurs condensées
prenaient une teinte sombre, un immense nuage s'a-
vançait de l'horizon et couvrait bientôt toute l'étendue du firmament ; les vents déchaînés sifflaient,
l'éclair brillait et la voix du tonnerre faisait retentir
les cieux et la terre de ses notes formidables; la foudre
partait de tous côtés, tantôt rouge, tantôt livide ; les

coups de tonnerre se succédaient avec une telle violence que la terre en était ébranlée jusque dans ses entrailles. Au bout de quelque temps l'orage s'apaisait, la brise du soir emportait les nuages, l'azur se montrait dans les interstices, et le calme renaissait enfin dans la céleste plaine. L'artiste apercevait de nouveau d'attrayantes images, des formes à faire délirer de bonheur et d'amour. C'étaient les Muses qui entrelaçaient leurs danses nobles et charmantes à la fois; près d'elles étaient groupées les Grâces dans leurs poses ravissantes. — A quelque distance, Vénus siégeait au milieu de sa cour enivrante de beauté ; toutes les divinités païennes s'offraient à ses regards, parées comme pour une fête olympienne. Mais, hélas ! le soleil disparaissait trop tôt, la nuit arrivait et enveloppait dans son noir manteau ces mille et un caprices d'une imagination exaltée. Tout s'évanouissait... et l'artiste s'en retournait au logis le cœur plein de ces merveilles, et attendant le lendemain pour s'en nourrir encore.

EXALTATION. — Tout ce qui porte une irritation sur le système nerveux et principalement au cerveau, tout ce qui imprime une plus grande vitesse à la circulation et amène une plus grande quantité de sang artériel à la tête, produit l'état nerveux qu'on dénomme *exaltation*.

Les thaumaturges connaissaient mille moyens pour exalter le physique et le moral de l'homme ; outre ceux qui sont consignés dans la *pharmacopée magique*, ils se servaient d'agents moraux, tels que l'espoir, la crainte, l'effroi, la colère, l'enthousiasme, etc., développés par des récits merveilleux, par des scènes féeriques et autres mensonges. Ces divers moyens obtenaient toujours le résultat désiré.

L'exaltation se présente sous deux formes : l'une, exclusivement concentrée au cerveau, est due aux récits merveilleux, aux lectures et contemplations ascétiques, au violent désir des suprêmes jouissances d'une autre vie ; enfin, au fanatisme religieux. Cette exaltation devient contagieuse et a souvent causé de graves ravages au sein des sociétés. C'est elle qui soutient les derviches, les fakirs, les santons, les bonzes, les talapoins et autres fanatiques orientaux, au milieu de leurs folles pratiques et de leurs exercices aussi étranges que barbares. Tantôt on voit ces insensés endurer avec impassibilité d'affreux supplices, des tortures inouïes, rester les bras en croix ou se tenir sur une jambe des mois, des années entières ; tantôt ils se font griller les pieds, rôtir les mains, la poitrine, et d'autres fois, ils se font écraser sous les roues du char qui porte leur idole, afin d'obtenir une récompense dans l'autre vie. Chez les Grecs, Codrus, et Décius chez les Romains, se précipitant au fond d'un gouffre pour le salut de la patrie ; Mutius Scœvola plongeant sa main dans un brasier ardent pour la punir d'avoir manqué son coup ;

Cléombrote d'Ambracie qui se jeta du haut d'une tour ; les élèves du philosophe Hégésias, qui se noyèrent pour savoir plus tôt si l'âme était immortelle, sont autant d'exemples de cette exaltation.

Mais c'est surtout l'exaltation religieuse qui porte l'individu à des actes les plus incroyables, les plus barbares, soit contre sa personne, soit contre celle d'autrui. C'est cette exaltation qui, aux siècles passés, fit tant de victimes, et, quoiqu'elle soit tombée devant les lumières de notre siècle, elle se réveille de temps en temps et donne lieu à des actes qui font frémir. Le fait suivant, publié par le docteur Ruggieri, de Venise, en fournira la preuve au lecteur :

« Matthieu Lovat, cordonnier à Venise, naturellement d'un esprit faible, se mutila d'une horrible façon et pansa lui-même sa plaie ; la guérison se fit promptement sans être arrêtée par aucun accident. Quelques mois après, toujours dominé par des idées mystiques, il se persuada que Dieu lui ordonnait de mourir en croix. Pendant deux années entières, il réfléchit sur les moyens d'exécuter seul son projet, et fabriqua lui-même les instruments de son supplice. Le jour arrivé, Lovat se couronne d'épines, qu'il s'enfonce dans la peau du crâne ; un mouchoir rouge est serré autour du bassin ; le reste de son corps est nu. Il s'assied sur le milieu de la croix, croise ses pieds l'un sur l'autre et les traverse d'un clou de six pouces de longueur, qu'il enfonce à grands coups de marteau. Il traverse successivement ses deux mains avec des clous bien acérés en frappant la tête des clous contre le sol, puis élève ses mains ainsi transpercées au niveau des trous qu'il a pratiqués aux deux extrémités des bras de la croix et y fait entrer les clous, afin de fixer ses mains. Avant de clouer la main droite, il s'en sert pour se faire, avec un tranchet, une large plaie au côté gauche. Lorsqu'il croit sa crucification parfaitement semblable à celle du Christ, à l'aide de cordages préparés et de mouvements du corps, il fait glisser la croix qui s'échappe de la croisée, et reste suspendue sur la façade de la maison. Lovat demeura dans cette position toute la nuit, jusqu'au lendemain matin, sans pousser le moindre soupir, sans donner le moindre signe de douleur. Des ouvriers ayant aperçu, vers la pointe du jour, ce malheureux, s'empressèrent de le détacher de la croix et de le transporter à l'hôpital. Lovat guérit de ses blessures; mais son délire persista et, malgré les prières et les menaces de son confesseur, il s'épuisa en jeûnes austères et finit par mourir de faim.

Dans l'autre forme de l'exaltation, le cerveau et toute la sensibilité générale sont mis en jeu, et, comme elle pousse à d'horribles excès les personnes qui en sont atteintes, on peut la nommer *exaltation homicide*. En effet, les exaltés de cette catégorie ne connaissent plus de frein; leur visage s'enflamme, leurs yeux étincellent, la fureur et la rage s'emparent d'eux et se manifestent par des mouvements convulsifs, des grincements de dents, des cris féroces et des transports frénétiques.

Les Bacchantes ou Ménades de Thrace, qui, non satisfaites d'avoir tué Orphée, déchirèrent son corps et en dispersèrent sur le mont Rhodope les membres palpitants, étaient en proie à cette exaltation homicide. — Les filles de Prœtus, auxquelles on avait probablement fait prendre certaines drogues, furent saisies d'une exaltation si furieuse, qu'oubliant toute pudeur elles se mirent à courir le pays nues et hurlant comme des tigresses ; on parvint, non sans difficulté, à s'en rendre maître, et un breuvage donné par des thaumaturges les guérit complétement. — Les anciens Scandinaves, au moyen d'une bière forte, exaltaient leur ardeur guerrière jusqu'à la fureur délirante ; ils frappaient de leurs armes tout ce qui se présentait à eux, les êtres animés et les matières inertes ; ils brisaient de rage leurs épées contre les remparts qu'ils ne pouvaient escalader ; ils avalaient des charbons ardents et se précipitaient dans les flammes ; l'accès terminé, ils s'affaissaient sur eux-mêmes ; plus l'excitation avait été longue et violente, plus était profond l'épuisement de forces qui s'ensuivait.— Les Huns s'exaltaient aussi par des chants de guerre, par le cliquetis des armes et par l'odeur du sang des victimes ; ce n'étaient plus des hommes, mais des tigres altérés de sang et de carnage, des brutes furibondes qui tuaient tout, massacraient tout : enfants, femmes et vieillards. — Les peuplades sauvages, en général, s'exaltent mutuellement à l'assassinat, à l'anthropophagie : hommes et femmes hurlent à pleins gosiers pour s'échauffer au carnage. Une espèce de rage s'empare de la peuplade entière qui, par un épouvantable *hurrah*, donne le signal de la tuerie. — Le sauvage de l'Océanie, prisonnier de guerre, insulte, avec une férocité inouïe, son vainqueur, qui le fait rôtir à petit feu : « J'ai mangé ton père, lui crie-t-il, j'ai bu le sang de tes fils dans le crâne de leur mère, et je t'aurais dévoré toi-même si la fortune n'eût trahi mon courage. Je me ris de tes tortures et te défie de m'arracher un soupir de douleur. Entends mon chant de mort au milieu des flammes qui me consument, je meurs en vainqueur, car je me suis moqué de ton bûcher. » Ce mépris de la douleur, ou mieux cette insensibilité physique, n'est-il pas un fait des plus remarquables ? — Les Samoïèdes, les Tschutchis et autres peuplades polaires éprouvent une exaltation furibonde à la moindre émotion. L'abus des liqueurs alcooliques et de certaines boissons préparées leur fait perdre l'usage de la raison ; dans cet état, ils sont agités d'une fureur terrible ; ils saisissent leurs armes et se jettent sur les personnes qui ont encouru leur haine ; s'ils ne peuvent les atteindre ou les frapper, ils se roulent par terre et hurlent comme des enragés.

— C'est généralement dans l'exaltation que les peuplades sauvages cherchent le courage et le mépris de la mort. — Enfin, tous les faits de cette nature prouvent que c'est de la classe des fanatiques, dont on a travaillé l'imagination, que sortent les grands criminels, les régicides.

Extase. — L'extase ou troisième degré de l'exaltation est due à la violence d'une idée, qui absorbe tellement l'attention que les sens se trouvent frappés d'une inertie momentanée ; les mouvements volontaires sont arrêtés et l'action vitale est elle-même ralentie ; en d'autres termes, l'extase est un ravissement de l'âme, une béatitude ineffable causée par une méditation profonde ou les élans du cœur, sans cesse répétés, vers un objet ravissant ou divin. Nul écrivain n'a peut-être mieux décrit l'extase que sainte Thérèse : « A force de méditations pour isoler l'âme du corps et s'élever à la divinité, les facultés intellectuelles prennent un énorme développement, et l'on arrive à cet état de *quiétude céleste*, de *ravissement* inconnu à ceux qui vivent de la vie ordinaire. Pendant l'extase, on éprouve une sorte de sommeil des puissances de l'âme, de l'entendement, de la mémoire et de la volonté, qui ressemble assez à cette volupté ressentie par les personnes agonisantes qui meurent dans le sein de Dieu. La personne en extase ne sait ce qu'elle fait ; elle ignore si elle parle ou si elle se tait ; si elle rit ou si elle pleure ;

c'est une heureuse extravagance, une céleste folie
dans laquelle elle s'instruit de la véritable sagesse
et se sent inondée d'une inconcevable consolation.
Peu s'en faut, alors, qu'elle ne se sente entièrement
défaillir de bonheur; elle est comme évanouie, à peine
peut-elle respirer; toutes les forces corporelles sont
si affaiblies qu'il lui faudrait faire un grand effort
pour remuer seulement les mains. Ses yeux se ferment d'eux-mêmes, et, s'ils demeurent ouverts, ils
ne voient rien; ses oreilles n'entendent rien; toutes
les forces extérieures l'abandonnent, et celles de son
âme s'augmentent, pour pouvoir mieux posséder la
gloire dont elle jouit. »

Une dame contemporaine a eu, pendant plusieurs
années, des extases quotidiennes, au milieu desquelles elle se complaisait beaucoup. C'était, selon elle,
des effusions d'amour divin, une béatitude inexprimable; lorsque cet amour la pénétrait, elle éprouvait un délicieux ravissement qui s'irradiait du cœur
à tout le corps. On trouve dans Sennert une multitude d'exemples semblables, plus ou moins curieux,
offerts par des femmes appartenant à des sectes religieuses.

J'ai connu un jeune poëte que la lecture des *Mille
et une Nuits* et autres livres féeriques jetaient dans
une délicieuse extase. Sa pensée était pleine de nymphes, de houris, de sylphides; son imagination les
lui représentait dans toute leur beauté fantastique,

dans toute leur divine coquetterie ; il les voyait, leur tendait les bras, leur adressait de douces paroles, de tendres soupirs, et sa figure épanouie exprimait une céleste ivresse. Il y avait une si grande pureté de sentiments dans ses chastes adorations, tant de poésie dans son amour, que bien des femmes, venues pour le voir et l'écouter, eussent désiré trouver un aussi harmonieux langage sur les lèvres de ceux qu'elles aimaient. L'extase terminée, notre jeune homme rentrait dans le prosaïsme de la vie ; tout lui devenait monotone, insipide ; il languissait dans la tristesse et l'ennui, jusqu'à ce qu'un nouvel accès vînt lui ouvrir les portes du ciel mythologique.

La fameuse Mme Guyon prétendait avoir des extases pendant lesquelles sa poitrine se trouvait tellement gonflée par la grâce, que ses robes et même sa peau, ne pouvant se dilater assez, se déchiraient ! Il fallait se hâter de la délacer ; car cet état de plénitude l'aurait infailliblement fait *crever* de tous côtés. « Mais, s'il se trouvait auprès d'elle quelques personnes qui en fussent dignes, elle leur communiquait l'excès de sa grâce et se sentait aussitôt dégonfler. » Ce sont ses propres expressions.

Inspiration. — L'inspiration était une espèce d'extase pendant laquelle l'âme de l'individu se détachait du corps et allait communiquer avec les âmes célestes. Parmi les inspirés, il y en avait qui tombaient dans des états léthargiques avec insensibilité complète ; c'est pendant cet état que leurs âmes, débarrassées des liens corporels, traversaient les régions éthérées et pénétraient aux cieux.

Le pauvre Hermodorus fut victime de ses inspirations ; car, tandis que son âme faisait un de ces voyages célestes, son corps inerte tomba au pouvoir d'un ennemi qui le mutila si horriblement, que l'âme, de retour de son voyage, ne trouva plus place pour l'habiter.

Les individus que nous avons précédemment cités étaient sujets à des inspirations le plus souvent mystiques, provenant d'un dérangement périodique des fonctions cérébrales. Dans ces moments de paroxysme, il surgit dans les têtes inspirées des idées tantôt folles et tantôt sublimes ; le vulgaire qui les écoute prend ces rêveries pour des oracles.

HALLUCINATION. — L'hallucination est une sensation qui ne reconnaît point pour cause un stimulus extérieur, un objet réel ; c'est le délire d'un ou de plusieurs sens ; elle est regardée comme le plus haut degré d'exaltation du système nerveux et précède souvent les atteintes de la folie. On divise les hallucinations en *sensorielles* ou affectant les sens, et en *psychiques* ou provenant directement du cerveau. Les hallucinés sont, en général, d'une constitution impressionnable et leur cerveau est dans un état permanent d'excitation. Les devins, toute cette classe d'hommes se disant illuminés ou inspirés, étaient à

proprement parler des hallucinés, doués d'une conviction si entière, qu'ils jugeaient, raisonnaient et
agissaient en conséquence de leurs hallucinations.
Les thaumaturges ont connu beaucoup de substances et de moyens pour développer des hallucinations
de différentes espèces, gaies, tristes, douces, agréables, haineuses, terribles, etc.

Au fond des temples, les prêtres s'en servaient pour
provoquer des illusions sensorielles et psychiques qui
inspiraient aux initiés une haute idée de la puissance
des ministres des dieux. Parmi ces substances et ces
moyens, nous l'avons déjà vu, figurent la belladone,
la jusquiame, le datura-stramonium, l'opium, le
chanvre oriental ou *hachisch*, la noix vomique, l'aconit, le camphre, l'eau de laurier-cerise, les émanations azotées, etc. La pression exercée sur certaines
parties du corps, l'augmentation ou la diminution de
la lumière, l'abaissement considérable de la température ou son élévation extrême, divers procédés
physiques, l'isolement, la terreur, les passions tristes,
etc., prédisposent aux hallucinations.

Le philosophe Démocrite ayant aspiré, pendant un
quart d'heure, la fumée du datura-stramonium, brûlé
sur une plaque de fer rougie au feu, ressentit d'abord
un violent mal de tête, ses yeux s'ensanglantèrent et
tout ce qui l'environnait lui parut couleur de sang;
ses oreilles étaient fatiguées d'un bruit continuel qui
ressemblait aux vents déchaînés de la tempête; peu

à peu, ce bruit roula avec force et simula les éclats du tonnerre. Il vit la pluie ruisseler à flots de tous côtés et se sentit transpercé jusqu'aux os ; un instant après, il aperçut au fond de son appartement un rat qui se tenait debout sur ses pattes de derrière ; ce rat grandit peu à peu et prit la forme d'un renard, ensuite celle d'un ours qui se mit à sauter lourdement. Bientôt l'ours disparut et fut remplacé par une nymphe ; deux autres nymphes sortirent de terre, puis trois, et trois autres encore. Les neuf nymphes entrelacèrent leurs bras en souriant et exécutèrent devant le philosophe enchanté la noble danse des Muses. Ces gracieuses images s'évanouirent à leur tour ; le jour s'assombrit, d'épaisses ténèbres enveloppèrent tous les objets et, par intervalle, des jets de feu s'élançaient du sol, suivis de tourbillons de fumée, comme dans une éruption de volcan ; alors les monstres du Tartare envahirent l'appartement : ils commencèrent une ronde infernale avec des contorsions et des grimaces si hideuses que le philosophe détourna la tête ; mais les noirs esprits du séjour plutonien s'approchèrent de lui, l'entourèrent en hurlant, et redoublèrent leurs grimaces. Enfin les tourbillons de fumée devinrent si épais et l'odeur que les·esprits répandaient si infecte, que le pauvre Démocrite, faisant un dernier effort, ouvrit une croisée qui donnait sur le jardin et s'y laissa choir, pour briser les anneaux de cette effrayante hallucination. Le grand air et les se-

cours que lui prodiguèrent ses disciples le firent sortir de l'espèce d'ivresse où l'avait plongé la fumée du
datura-stramonium. De ce moment, le philosophe se
rendit compte des visions singulières que lui racontaient avoir éprouvées ceux qui étaient descendus
dans l'antre de Trophonius.

Le célèbre Van Helmont raconte ainsi les effets
d'une petite dose d'aconit qu'il avala, dans un but
d'expérimentation :

« Je sentis mon crâne comprimé par un bandeau de
fer ; il m'arriva ce que je n'avais jamais éprouvé auparavant. Je ne comprenais, je ne distinguais, je ne con-
cevais rien dans ma tête à la manière accoutumée ;
mais je sentis clairement et d'une manière posititive
que toutes ces fonctions se faisaient dans la région
précordiale et se développaient autour de l'orifice de
l'estomac. La faculté de penser était donc exclue de la
tête et s'exerçait, momentanément, à la région précordiale comme si c'eût été là que l'âme fût venue se
réfugier. Je reconnaissais parfaitement que mon intelligence, dans ce nouveau domaine, agissait avec plus de
perspicacité qu'à l'ordinaire ; j'éprouvais une grande
joie de cette lucidité intellectuelle, car je ne dormais
pas, je ne rêvais pas et je me portais bien. Je pouvais
donc me rendre compte de tout ce que je sentais, et je
sentais fort bien que ma tête était vide, que l'imagination l'avait totalement abandonnée pour aller s'établir
et exercer avec solennité ses fonctions à la région pré-

cordiale ; et cependant, au milieu de ma joie, je craignais que cet accident insolite ne me conduisît à la folie, ayant pour cause un poison ; mais le peu d'aconit que j'avais pris me rassurait. Enfin, après environ deux heures, je ressentis deux fois un léger vertige ; la première fois je sentis que la faculté de penser par la tête m'était revenue ; la seconde me fit reconnaître que je comprenais à ma manière ordinaire. Dans la suite, je n'ai rien éprouvé de pareil. »

Le philosophe Cardan, si connu par ses excentricités, pouvait se procurer à volonté des hallucinations gaies ou tristes au moyen d'un mélange d'opium et de jeunes pousses de chanvre. Lorsque la dose d'opium était supérieure à celle de chanvre, l'hallucination naissait douce, agréable ; au contraire, elle se déroulait affreuse, horrible, lorsque la quantité de chanvre dépassait celle de l'opium. « Je puis, dit-il, m'ouvrir le ciel et y contempler, dans leur gloire, les bienheureux qui le peuplent ; j'entends les sublimes harmonies dont il retentit ; je sens les parfums suaves que les anges brûlent autour de l'Éternel et je m'enivre de l'air embaumé qu'on y respire....... Je puis aussi descendre au fond des gouffres de l'enfer, où je distingue les épouvantables figures de ses habitants ; je suis témoin des horribles tortures infligées aux méchants ; mes oreilles sont étourdies du bruit des tenailles, des scies, des marteaux, des roues, auquel succède les longs gémissements, les cris et les grincements affreux qui remplissent cet effroyable abîme ; je sens la chaleur des flammes ; je suis presque étouffé par l'odeur des brasiers de soufre...... »

Relativement aux hallucinations qui surviennent à la suite de récits merveilleux, d'une vive impression ou d'une forte contention d'esprit, nous renvoyons le lecteur à notre ouvrage sur les *Mystères du sommeil*, où se trouvent l'explication physiologique des hallucinations et une série d'observations les plus curieuses sur cet état remarquable de la vie humaine.

CHAPITRE XXVII.

SECTION PREMIÈRE.

SORCIERS, — SORCIÈRES.

Ces mots, dérivés du latin *sortiarii*, — *sortiariæ* (jeteurs de sorts), s'appliquent à cette classe d'individus des deux sexes qu'on supposait avoir des communications secrètes avec les démons.

Il est indispensable de s'entendre ici sur la valeur du mot *démon*.

Les anciens donnèrent le nom de δαίμων à de bons et de mauvais génies qui, selon eux, apparaissaient aux mortels pour les servir ou leur être nuisibles. Certains hommes privilégiés eurent leurs *bons génies*, leurs *génies familiers ;* de ce nombre furent Zoroastre, Socrate, Pythagore, Numa, Plotin, etc. Ces

grands hommes les appelaient à leur secours et feignaient de les consulter dans les circonstances importantes ou difficiles.

Après la chute du paganisme, les Nazaréens res-
treignirent le sens du mot *démon* et ne l'employèrent
plus que pour désigner un génie malfaisant, un esprit
déchu, précipité dans l'abîme, et n'en sortant que
pour tourmenter ou perdre les hommes. C'est sur le
mythe des démons que roule toute la science chimérique des sorciers, dont nous allons résumer l'histoire.

Au commencement de notre ère, un certain Simon,
habile sorcier s'il en fut, opérait des prodiges qui in-
quiétèrent très-vivement saint Pierre. Ce Simon,
non-seulement faisait parler son chien, son âne et
ses chèvres, mais il leur ordonnait de répondre dans
la langue qu'on voulait. Changer sa baguette en serpent ou en arbre, auquel il poussait instantanément
des fleurs et des fruits, n'était pour lui qu'un jeu
d'enfant ; il faisait ce tour avec tant d'adresse que les
fameux magiciens de Pharaon l'eussent proclamé leur
maître.

Saint Marcel et saint Clément d'Alexandrie, ne
craignirent pas de renouveler la fable de Protée, en
attribuant à ce Simon le pouvoir de se métamorphoser
en bête fauve, en oiseau, de se rendre invisible au
milieu d'une assemblée et d'y reparaître tout à coup ;
de changer de sexe et de race, c'est-à-dire de se mon-

trer homme ou femme, de devenir blanc ou nègre. Un jour, se trouvant à la cour de Néron, il opéra des prodiges qui étonnèrent tout le monde ; placé en face de l'empereur, il changea successivement d'âge et de figure ; d'abord il prit les traits d'un enfant, puis d'un adolescent, ensuite d'un homme dans la force de l'âge ; enfin, ceux d'un vieillard cassé, décrépit. — Un autre jour, à la même cour, il fit paraître soudainement une meute de gros chiens qui faillirent dévorer saint Pierre, son ennemi déclaré. Une autre fois encore, pour amuser l'empereur et les grands, Simon se fit couper le cou ; on vit le sang jaillir, et la tête séparée tomba lourdement sur le sol ; les spectateurs furent effrayés... Un instant après, la tête se replaça d'elle-même sur le cou, la plaie se cicatrisa rapidement, et il ne parut plus rien de cette énorme mutilation.

C'était, on le voit, un habile magicien que ce Simon, qui, au rapport d'Arnobe et de Justin, envoyait sa faucille moissonner toute seule dans les champs, et cette merveilleuse faucille expédiait plus d'ouvrage en une heure que dix robustes moissonneurs en un jour !... Mais son plus beau tour fut de s'élancer du haut d'un édifice dans les airs et de voler comme un oiseau, à la vue d'un immense concours de peuple assemblé pour être témoin de ce prodige. Malheureusement pour Simon, ses ailes venant à s'embarrasser au milieu de ces évolutions aériennes, il tomba pour ne plus se relever. Ce fut son dernier tour : le malheureux s'était brisé les deux jambes et enfoncé les côtes. Les Romains, émerveillés du prodigieux savoir de cet homme, lui élevèrent une statue avec cette inscription : *Simoni deo,* au dieu Simon.

Sélène, femme de Simon, instruite à l'école de son mari, faisait aussi des tours assez amusants. On raconte qu'un matin, se trouvant dans une tour percée de vingt fenêtres, elle se montra au peuple, accouru pour la voir, à toutes les fenêtres au même instant. Néanmoins, plusieurs chroniques désignent Simon comme ayant opéré ce prodige.

Les païens attribuaient à Simon et à sa femme un pouvoir divin. Les néo-croyants les accusaient de s'être vendus au diable, et d'opérer leurs prestiges par l'entremise de Satan.

Mais le thaumaturge le plus redoutable, le plus hostile à l'Église naissante, fut, sans contredit, le fameux APOLLONIUS DE TYANE, dont la vie n'est qu'une longue série de prodiges et d'incroyables merveilles.

A la naissance de cet homme extraordinaire, le ciel et la terre donnèrent des marques éclatantes de sa divinité. Ce fut pendant la nuit qu'il vint au monde et, dans cette nuit mémorable, la lune se montra plus brillante que le soleil, des voix inconnues s'élevèrent dans les rochers de Thessalie, des cris de joie retentirent au milieu des nuages, et la

Grèce entière entendit des concerts aériens ; les arbres des forêts s'agitèrent, les fleurs ouvrirent leurs calices et répandirent leurs plus doux parfums ; la terre d'Égypte tressaillit jusque dans ses entrailles ; l'Océan suspendit son flux et son reflux. Dans Rome, le vieux Saturne se montra sous la forme d'un lion à tête humaine et annonça aux augures le retour de l'âge d'or.

Apollonius, devenu grand, se livra à l'étude des sciences ; il voyagea chez presque tous les peuples de la terre. Dans les entretiens qu'il eut avec les prêtres, il s'instruisit de toutes les choses sacrées et profanes. Ses biographes, Damis et Philostrate, rapportent qu'une de ses conférences avec les Brahmanes dura quatre mois, et que, pendant cette longue retraite, les temples restèrent fermés, le culte et les sacrifices suspendus. Partout il reçut de brillants hommages ; les princes et les rois s'humiliaient devant lui. Vespasien lui rendit les honneurs réservés aux Dieux, et Domitien, contre la vie duquel il avait conspiré, n'osa lui faire trancher la tête.

Pendant le cours de sa vie, qui se prolongea jusqu'à cent ans, il ne se passa pas de jour qu'Apollonius ne fît quelques miracles. Tantôt il conjurait la peste et les orages, tantôt il apparaissait le front ceint d'une auréole lumineuse, guérissait les malades, ressuscitait les morts et chassait les démons du corps des possédés. D'autres fois, il prophétisait au mi-

lieu des philosophes les plus incrédules, et ses prophéties se réalisaient au bout de quelques jours.
Enfin, après avoir reçu les honneurs divins sur la
terre, il annonça aux Éphésiens qu'il monterait au
ciel le jour où il entrerait dans sa cent et unième année ; en effet, ce jour-là étant arrivé, Apollonius disparut du séjour des vivants et toutes les recherches
qu'on fit pour découvrir son cadavre furent inutiles.
La renommée publia partout qu'Apollonius était
monté au séjour des dieux. Les incrédules en fait
de miracles, pensèrent que cet habile thaumaturge
s'était lui-même précipité dans un gouffre qui existait au fond des souterrains du temple d'Éphèse ;
gouffre muet, qui servit plus d'une fois aux prêtres
pour faire disparaître leurs victimes et accréditer
leurs impostures.

Sous le règne de Valens, une vieille femme nommée **Rutila Sortiaria**, faisait grand bruit à Rome
par ses opérations magiques. C'était au fond d'une
crypte qu'elle donnait ses consultations ; elle avait
soin de s'entourer d'un appareil lugubre et d'opérer
avec des contorsions propres à frapper l'imagination
des spectateurs. On voyait dispersés çà et là des crâ-
nes d'animaux hideux, des squelettes humains auxquels elle avait donné une position effrayante ; des
feux follets et quelques chauves-souris voltigeaient
sous les voûtes, des bruits sourds, des craquements
affreux se faisaient entendre au loin, et sur un autel

d'ossements brûlait une lampe sépulcrale dont la pâle lueur éclairait la sombre figure de la sorcière. Tels étaient les moyens qu'employait la fameuse Rutila.

Une foule de gens haut placés avaient été témoins des prodiges opérés par cette vieille, plusieurs même s'étaient fait initier aux secrets de son art. Curieux de connaître la durée du règne de Valens, quelques uns d'entre eux se rendirent, par une nuit sombre, dans la caverne de la sorcière et lui demandèrent la destinée de l'empereur. Rutila, généreusement payée, commença par dresser une espèce de trépied d'airain sur l'autel d'ossements et plaça dessus les lettres de l'alphabet, séparées par des distances égales ; elle alluma des réchauds et y jeta diverses poudres dont la flamme donnait aux physionomies un aspect cadavéreux. Après avoir tourné plusieurs fois autour du trépied en poussant d'affreux hurlements, elle disparut tout à coup au milieu d'une épaisse fumée ; au bout d'un instant, on la vit reparaître et s'avancer enveloppée d'un linceul, tenant une branche d'asphodèle dans la main gauche et un anneau d'airain suspendu par un fil dans la main droite. Debout, en face du trépied, elle vociféra quelques imprécations contre l'esprit infernal. Soudain, on vit le trépied s'ébranler, l'anneau qu'elle tenait à la main droite se balancer, puis frapper alternativement différentes lettres de l'alphabet qui allaient d'elles-mêmes s'arranger à la

suite l'une de l'autre pour donner la réponse de l'o-
racle demandé. L'empereur Valens, informé de cette
opération magique et ne voulant pas qu'on interrogeât
les enfers sur sa destinée, punit sévèrement les hauts
personnages qui y avaient assisté, et fit trancher la
tête à la vieille Rutila. De plus, il étendit la proscription sur tous les sorciers et sorcières, et ordonna
leur massacre dans toute l'étendue de l'empire.
L'historien Ammien Marcellin, qui rapporte ce fait,
dit qu'il en périt un nombre considérable.

L'empereur Julien, à l'exemple du roi Saül, voulut
consulter l'esprit de Python, et alla, sous le costume
d'un chevalier romain, trouver une vieille sorcière
réputée la plus habile dans l'art de prédire les choses
cachées. La réponse qu'il en obtint ne fut sans doute
pas de son goût, car, le lendemain, il la fit pendre,
comme coupable d'impostures préjudiciables à sa
personne.

L'empereur Constance-Chlore établit différentes
peines contre les individus convaincus de sorcellerie ;
mais Constantin spécifia le genre de peines selon telle
ou telle catégorie de sorciers. Dans ses ordonnances, il
est dit que la peine de mort ne sera uniquement pro-
noncée qu'envers les sorciers opérant des maléfices
pour attenter à la santé des hommes ou à la pudeur des
femmes; tandis qu'on ne fera aucune poursuite contre
les sorciers qui emploient leur art à guérir les malades, à arrêter les incendies, à détourner les tempêtes.

SECTION II.

MARCHE ET PROGRÈS DE LA SORCELLERIE.

A mesure que le polythéisme s'en allait, les allégories riantes et légères disparaissaient avec lui; une religion nouvelle, plus pure, plus sérieuse, détruisait les rêveries mythologiques et renversait le brillant échafaudage des dieux de l'Olympe. Le culte nouveau, plus rationnel, développant les facultés de l'âme au détriment des facultés sensuelles, dirigeait les hommes vers ce but d'égalité et de fraternité qui, s'il est possible de l'atteindre un jour, doit être la perfection de l'humanité. Malheureusement des ambitions particulières faussèrent les idées et les firent dévier de la voie qu'un divin législateur leur avait tracée. Les sages croyances se pervertirent; la vérité fut remplacée par de sombres erreurs, et la société nouvelle, infectée d'une foule de préjugés barbares, de craintes puériles, s'enfonça profondément dans l'ornière des superstitions. Alors, de folles terreurs s'emparèrent de toutes les imaginations, enchaînèrent tous les esprits; on crut aux choses les plus absurdes, et la magie infernale se développa plus intense que jamais.

Depuis Constantin jusqu'au douzième siècle, le nombre des sorciers et des possédés va toujours en augmentant; les légendes et chroniques de ces

époques nous montrent des bataillons de diables déchaînés au sein des sociétés chrétiennes et s'amusant
à les inquiéter. Mais ce fut surtout du onzième siècle
au dix-huitième de notre ère que la sorcellerie et la
démonomanie firent en Europe des progrès effrayants;
semblables à une maladie épidémique, elles promenèrent leurs ravages sur les populations abruties. Jamais Satan et ses noires cohortes n'eurent plus de
liberté pour tourmenter et perdre les hommes qu'à
ces tristes époques. Ils enrégimentaient des sorciers
et voyageaient avec eux dans les airs; ils couraient
les villes et les campagnes, sous les formes hideuses
de goules, lémures, guivres, lamies, gnomes, loups-
garous, chats noirs, crapauds, etc., etc.; ils dansaient des rondes licencieuses, pénétraient dans les
maisons sous formes de lutins, de vampires, d'incubes et de succubes, etc.; ils frappaient d'impuissance et de stérilité les jeunes époux; ils desséchaient
les moissons, faisaient périr les vignes; lançaient la
mort d'un coup d'œil; empoisonnaient les bestiaux
et faisaient mourir les enfants dans le sein de leur
mère.

Il n'y avait plus de sécurité pour personne; tel individu, aujourd'hui bien portant de corps et d'âme,
pouvait être demain la proie du démon ou se sentir
frappé de quelque odieux maléfice; tel autre pouvait
devenir sorcier sans le savoir, être dénoncé aux tribunaux, comme tel; et les tribunaux de ces tristes épo-

ques prenaient l'accusation au sérieux : une jurisprudence s'était établie, en Europe, contre la sorcellerie, peut-être plus sévère que la jurisprudence contre le larcin et le meurtre. On appliquait d'abord le sorcier à la question et, après d'horribles tortures, on lui passait la chemise soufrée, et le malheureux était brûlé vif !.... L'effroi régnait partout, la consternation, le deuil étaient dans tous les cœurs ; que faire pour éviter les embûches de Satan ? On eut recours à l'exorcisme ; on inventa des phylactères qui préservaient ou guérissaient. Les hommes qui, par leur rang, leur position sociale et leurs lumières, auraient dû dissiper les épaisses ténèbres de l'ignorance, faut-il le dire, ces hommes en étaient eux-mêmes imbus ou trouvaient leur intérêt à laisser noyer les peuples dans ces grossières superstitions :

Joinville raconte naïvement les prodiges de magie et de sorcellerie dont il fut témoin dans ses voyages. Au nombre des plus singulières métamorphoses qu'il cite, on trouve l'histoire d'un pauvre capucin qui, s'étant laissé séduire par une sirène sorcière, eut l'imprudence de boire la liqueur perfide qu'elle lui présentait. Le philtre à peine avalé, il vit son museau s'allonger, ses deux bras se transformer en jambes. Au poil grisâtre qui recouvrait sa peau et à la longue queue qui lui battait les talons, le capucin ne douta plus de son malheur, il était âne !!! La sorcière plaça son bahut sur les épaules de l'âne

et le contraignit à marcher. Comme ils passaient ensemble près d'un lieu de sépulture où s'élevait une
croix, le capucin poussa un long braiment de joie, reprit sa forme naturelle et s'enfuit à toutes jambes, se
promettant, à l'avenir, d'éviter les sirènes.

Vincent de Beauvais rapporte, dans son *Miroir des
choses naturelles*, un fait à peu près semblable :
Deux vieilles femmes, tenant auberge aux environs
de Rome, changeaient leurs hôtes en dindons, poulets, canards, lapins et cochons, puis allaient les vendre au marché, ce qui leur procurait d'assez beaux
bénéfices.

Le quatorzième siècle fut, pour la France, une époque très-fertile en sorciers, sorcières et démoniaques de toute espèce; chaque jour, les bûchers y
dévoraient de nombreuses victimes. Parmi les faits
de cette nature, nous citerons le suivant, que rapporte l'avocat Desessarts :

Une somme assez considérable avait été enlevée à
l'abbé de Cîteaux qui, ne pouvant découvrir l'auteur
du vol, alla consulter des sorciers ; ceux-ci, moyennant une rétribution, lui promirent, non-seulement
de retrouver l'argent, mais encore de faire connaître
le larron. L'abbé de Cîteaux acquiesça aux propositions, et Jehan Prévost, chef des sorciers, commença
ses opérations magiques de cette manière : — Il prit
un chat noir, lui creva les yeux et l'enferma dans un
petit coffre avec une provision de vivres pour trois

jours. Cette provision était composée de pain trempé dans de l'eau bénite et d'un hachis de viande arrosé de sang de chauve-souris. A l'heure de minuit, il alla creuser une fosse sur la grand'route et y enterra le coffre, en ayant soin, toutefois, de disposer des tuyaux qui laissaient parvenir au chat assez d'air pour qu'il pût respirer. Le lendemain, des chiens de bergers éventèrent le chat et se mirent à hurler en creusant avec leurs pattes la fosse fraîchement recouverte. Les bergers étant accourus, fouillèrent le terrain, trouvèrent le coffre et allèrent sur-le-champ rendre compte à la police de cette découverte. Le grand-prévôt fit assembler tous les menuisiers de Paris; l'un d'eux déclara avoir fabriqué et vendu ce coffre à maître Jehan Prévost, habitant la grande cour des Miracles. Celui-ci fut aussitôt arrêté et appliqué à la question. Le misérable avoua tout ; la police fit une battue générale dans les bouges de cette ignoble cour des Miracles et arrêta toute la bande des sorciers, parmi lesquels figuraient quelques moines. Jehan Prévost, interrogé sur l'opération diabolique du chat noir, répondit qu'il devait, après trois jours, retirer le chat de la fosse pour l'écorcher et faire avec sa peau une longue courroie indispensable à l'évocation. Cette courroie était destinée à former un cercle au milieu duquel il se serait placé, ayant autour de lui tous les autres sorciers tenant dans leur main gauche un crâne humain et dans l'autre une tige de mandragore. Les choses ainsi disposées, il aurait invoqué le démon *Béemoth* qui, forcé par l'enchantement, serait venu dénoncer le nom et la demeure du voleur. Sur cet aveu, et sans autre examen, Jehan Prévost et sa bande furent condamnés à être brûlés vifs ; les moines seuls en furent quittes pour la prison.

En 1533, Catherine de Médicis ayant épousé le Dauphin de France, qui devint depuis Henri II, accabla le pays sous les superstitions italiennes ; son imagination méridionale lui avait fait embrasser de bonne heure les absurdes idées de magie ; elle s'y adonna et devint, à ce qu'on prétend, très-savante dans cet art. Mais, chose étrange, c'est qu'au lieu de protéger les magiciens et magiciennes, elle les faisait impitoyablement condamner, dès qu'elle n'avait plus besoin d'eux. La sorcellerie fit alors en France d'immenses progrès, et les tribunaux furent incessamment occupés à des procès de sorciers.

On conserve une médaille où cette reine est représentée nue, entre les constellations du taureau et du bélier avec le digramme *Ébullé-Asmodée* sur la tête ; dans sa main gauche est un cœur ; la droite tient un poignard dont la pointe est dirigée sur le cœur. Sur l'exergue on lit : *Oxiel.* Cette reine eut une malheureuse influence sur le pays.

S'il faut en croire Baronius et quelques autres croyants aux sorciers, l'ancien pont de la ville du

Pont-Saint-Esprit fut bâti, en un clin d'œil, par la magique parole d'un petit berger nommé Benezet. La fable d'Amphion, élevant les murs de Thèbes aux sons de sa lyre, n'est qu'une simple allégorie ; tandis que la construction du Pont-Saint-Esprit est une vérité, et, pour en donner la preuve, Baronius cite, à l'appui, les bulles de cinq papes où il en est fait mention.

Un paysan de bon sens, de l'endroit, à qui l'on comptait ce miracle du démon, répondit naïvement : — « En ce cas, il ne sera plus permis de dire que les diables ne peuvent que nuire aux hommes ; car le magnifique pont du Saint-Esprit est d'une grande utilité à ses habitants. »

SECTION III.

HOMMES MARQUANTS QUI ONT CRU A LA SORCELLERIE.

Paul Jove certifie que le célèbre philosophe Agrippa s'était vendu au diable dès le bas âge, et que le diable l'accompagnait toujours sous la forme d'un chien noir. C'est à ce chien savant qu'il dut son immense érudition et ses profondes connaissances dans les sciences occultes. Agrippa, sur le point de mourir, trembla pour son âme et lança à son inséparable compagnon cette malédiction :

— « Fuis, misérable bête, qui m'as perdu pour l'éternité ! »

A ces mots, le chien fit un bond, poussa un affreux cri de joie et courut se précipiter dans la Saône.

Albert dit le *Grand* fut un grand philosophe et un habile mécanicien ; il composa un si merveilleux automate que saint Thomas d'Aquin l'ayant vu mouvoir et entendu parler, douta si c'était l'œuvre d'un homme ou celle d'un démon et la brisa d'un coup de pied. Parmi les contemporains d'Albert, les plus raisonnables pensaient qu'il travaillait sous l'inspiration divine ; mais le plus grand nombre ne voyaient en lui qu'un habile sorcier. A cette époque de fanatisme et d'ignorance si funeste aux savants, Albert dut à sa crosse épiscopale de n'être pas traîné sur un bûcher. Aujourd'hui encore, un livre qui jouit d'une célébrité populaire sous le titre de *Secrets du grand Albert*, perpétue la croyance que ce philosophe fut un sorcier.

Cardan, qui aimait parfois à se laisser passer pour sorcier, avouait être en commerce avec un esprit familier dont il tenait, disait-il, son profond savoir.

Ses contemporains l'ont jugé diversement : les uns prétendent que sa croyance aux diables était feinte ; les autres assurent qu'il y croyait de bonne foi ; on l'accusa même d'avoir étudié et pratiqué la magie noire. Quoi qu'il en soit, la vie de cet homme est tellement remplie d'actions bizarres et extravagantes,

qu'on a pu le considérer comme atteint de folie périodique.

L'inquisiteur Toréno, surnommé *Grillandus*, ou
brûleur de sorciers, s'est amusé à donner de minutieux détails sur une vieille sorcière qui mit longtemps en défaut les limiers de la police. Cette sorcière,
qu'on supposa être Satan lui-même, échappait à toutes les poursuites et semblait se moquer du puissant
tribunal de l'inquisition. Lorsqu'on arrivait dans son
galetas pour la saisir, tantôt on n'y trouvait qu'un
gros chat noir qui s'enfuyait sur les toits, et tantôt
une souris qui disparaissait dans les trous du mur ;
quelquefois la sorcière se changeait en hibou et d'autres fois en chauve-souris; c'était à désespérer les gens
de la police inquisitoriale. Enfin, il arriva qu'un jour
elle eut la sottise de se métamorphoser en bouc ; cette
fois les sbires se saisirent de la vilaine bête et la traî-
nèrent par la queue sur le bûcher qui devait la griller. Qu'arriva-t-il ? la queue s'allongea outre mesure,
le bouc fit une cabriole diabolique et disparut aux
yeux des sbires stupéfaits. La queue seule leur était
restée dans les mains, et quelle queue !...

C'est le très-sérieux Grillandus lui-même qui ose
débiter un pareil conte, et le peuple des Espagnes
était assez crédule pour y ajouter foi.

Le jésuite del Rio, homme érudit, mais si peu sensé
qu'il croyait fermement aux magiciens, aux sorciers,
aux loups-garous, etc., a écrit de bonne foi, dit-on,

les choses les plus absurdes, en voici un échantillon :

Deux troupes de magiciens s'étaient rencontrées en Allemagne pour célébrer le mariage d'un grand prince. Les chefs de ces deux troupes étaient ennemis jurés, implacables. Que fit l'un d'eux?... Il avala son confrère comme une pilule, le garda quelque temps dans son estomac et le rendit ensuite par la voie naturelle. Cette espièglerie lui assura la victoire : son rival, honteux et confus, décampa avec sa troupe et alla plus loin prendre un bain.

Risum teneatis, amici..... Est-il permis .à un homme sérieux et de bon sens d'écrire de semblables balivernes? Eh bien! la plupart des brûleurs de sorciers et des juges de cette triste époque, pensaient comme le jésuite del Rio. L'histoire a conservé les noms des Bodin, Delancre, Filsac, Nicolas Rémi, Henri Boguet, Vair, Bussac pour prouver jusqu'où la folie superstitieuse peut égarer des hommes recommandables d'ailleurs par leurs talents.

Le révérend dom Calmet donne l'histoire et la condamnation d'un certain Desbordes, valet de chambre de Charles IV, qui fit sortir d'une tabatière un dîner de cinquante couverts et à trois services, qui ressuscita trois pendus après trois jours de gibet; qui ordonna aux personnages d'une tapisserie de se détacher de la toile et de venir danser une sarabande au milieu du salon. La récompense des talents de ce précieux valet fut un bûcher.

22.

Le célèbre Pic de la Mirandole dit avoir connu un sorcier qui opérait des prodiges que ne purent jamais expliquer les plus célèbres physiciens de son temps. Ce sorcier, homme sombre et taciturne, coucha pendant quarante ans avec le diable, et à sa mort on découvrit que toute la partie de son corps qui avait été en contact avec ce singulier camarade de lit était noire comme du charbon.

Malebranche avoue qu'il y a beaucoup plus de sorciers par imagination que par le fait. Cependant il reconnaît qu'il existe certains hommes qui peuvent avoir des communications secrètes avec les démons.

Le savant Kircher pensait de même. Son immense érudition, loin de le mettre à l'abri de ces préjugés, lui fit admettre l'existence possible d'êtres invisibles, ayant une action directe sur les animaux et sur les végétaux. Lorsqu'on lit les ouvrages de Kircher, on est étonné de voir une aussi vaste intelligence tomber souvent en de si puériles erreurs.

SECTION IV.

BALSAMO, DIT CAGLIOSTRO.

Vers le milieu du siècle dernier, le fameux Balsamo, plus connu sous le nom de Cagliostro, dont nous avons déjà parlé plus haut, essaya de suivre la route semée de prodiges qu'avait battue Apollonius de Tyane ; mais, les temps n'étaient plus les mêmes. Il eut toutefois un assez grand nombre d'admirateurs, voyagea beaucoup et trouva partout des gens crédules qui se plurent à le regarder comme un être exceptionnel, tant il est vrai que les hommes de tous les siècles et de toutes les nations s'éprennent subitement du merveilleux, et s'efforcent de trouver du surnaturel dans les faits dus au plus grossier compérage.

La vie de Cagliostro, d'après ses divers historiens, est une longue suite d'intrigues, d'abus de confiance et de jongleries, au moyen desquels il gagna beaucoup d'argent et se fit une triste réputation.

On pourrait composer plusieurs volumes avec toutes les opérations magiques ou soi-disant telles de Cagliostro. Nous en avons déjà donné des exemples au chapitre de cet ouvrage qui traite des *Évocations*, et nous y renvoyons les lecteurs.

Ce manége dura jusqu'au moment de son arrestation à Rome, où il eut l'imprudence de vouloir fonder un ordre maçonnique.

Sa cause fut portée devant le Saint-Office, le 21 mars 1791, et devant le pape, le 7 avril suivant. Ce pape, qui était un homme éclairé, doux et ayant horreur du sang humain répandu, prononça le jugement suivant :

« Joseph Balsamo, dit Cagliostro, atteint et convaincu de plusieurs délits, et d'avoir encouru des cen-

sures et peines prononcées contre les hérétiques formels, les dogmatisants, les hérésiarques, les maîtres
et disciples de la magie infernale, a aussi encouru les
peines établies par les lois qui régissent nos États
pontificaux. Cependant, à titre de grâce spéciale, la
peine de mort encourue par Joseph Balsamo sera
commuée en une prison perpétuelle, sans espoir de
grâce. Et, après qu'il aura fait abjuration comme
hérétique formel, on lui prescrira les pénitences salutaires auxquelles il devra se soumettre dans sa
prison.»

Après Cagliostro parurent d'autres charlatans se
disant inspirés; et, après ceux-ci, d'autres encore.
Cette croyance à la magie, invétérée chez tous les
peuples, dura jusqu'aux dernières années du siècle
dernier. Et, aujourd'hui même, dans notre belle
France si glorieuse de ses lumières, l'observateur
rencontre une foule de gens crédules, surtout parmi
les habitants des campagnes, qui sont loin d'être
exempts de la folle crainte des sorciers.

Au commencement de notre siècle, pendant une
épizootie qui désola un de nos départements, plusieurs misérables persuadèrent aux paysans que des
sorciers avaient jeté des sorts sur leurs troupeaux.
Ces charlatans possédaient, disaient-ils, le pouvoir
de lever les *sorts* et de faire cesser la maladie; on les
crut. Mais, non contents d'escroquer l'argent des
paysans, ils suscitèrent parmi eux des inimitiés et

des rixes sanglantes en désignant quelques hommes et femmes comme étant les *jeteurs de sorts*.

En 1810, on argumentait sérieusement à Rome pour savoir si les individus qui se disaient sorciers, étaient atteints de folie ou réellement possédés du diable.

En 1817, à Paris, un parti qui ambitionnait de reprendre son ancienne influence, mais qui s'aveuglait sur la disposition actuelle des esprits, lança deux pauvres livres : les *Précurseurs de l'Antechrist*, — les *Prestiges des philosophes*, où l'on soutenait formellement l'existence de la magie, des sorciers, des possédés, etc. Cette publication, aussi intempestive que nuisible aux intérêts de ce parti, fit sourire de pitié et eut le sort des contes bleus.

Enfin, comme preuve contemporaine des tendances que certains hommes ont à vouloir ramener les idées vers ces anciennes superstitions, on peut citer le fait suivant que rapporte M. de Salgues dans son excellent *Traité des superstitions :*

« Quelqu'un soutenait dernièrement à une jeune dame, qu'au temps de saint Macaire, plusieurs femmes ayant négligé d'aller à confesse, restèrent en prise aux maléfices des sorciers et se trouvèrent un beau jour changées en... juments.

«Vous conviendrez, répondit la dame en modérant un bruyant éclat de rire, que si cette étrange métamorphose se renouvelait aujourd'hui pour le même motif, votre paroisse serait encombrée de juments et de pouliches. »

SECTION V.

DES VICTIMES DE LA SORCELLERIE.

Ouvrons maintenant le livre sanglant où sont inscrits les noms et le chiffre énorme des malheureuses victimes des tribunaux démonomanes.

Sans soulever trop haut le voile qui recouvre les folies homicides et les déplorables erreurs des quatre derniers siècles, nous prendrons çà et là quelques faits des plus frappants, et le lecteur, étonné de l'étrange aveuglement des juges, s'applaudira de vivre dans un siècle comme le nôtre qu'éclaire le précieux flambeau de la raison.

Pendant la première moitié du quinzième siècle, les bûchers furent constamment allumés dans tous les pays chrétiens, et le nombre des malheureux accusés de sorcellerie qui y périrent est presque incroyable.

En 1485, l'inquisiteur Cumamus fit brûler comme sorcières quarante et une pauvres femmes dans le petit comté de Burlia; et, les années suivantes, il continua ses condamnations avec un zèle si infatigable, que les habitants décimés abandonnèrent le pays.

Vers la même époque à peu près, l'inquisiteur Alciat ordonna, en Piémont, un *auto-da-fé* de cent cinquante sorciers. L'année suivante, deux cents autres sorciers allaient, par ses ordres, être livrés aux flammes, lorsque le peuple se souleva et chassa ce fanatique brûleur d'hommes, qui alla se réfugier à Rome où il obtint, comme récompense, le grade de docteur.

Sous le pontificat d'Innocent **VIII**, les inquisiteurs furent invités, par une bulle papale, à redoubler de zèle dans la recherche et la punition des sorciers.

« Nous avons appris, dit cette bulle, qu'un grand nombre de personnes des deux sexes ne craignent pas d'entrer en commerce avec les démons infernaux, et, par leurs sorcelleries, frappent également les hommes et les animaux, rendent stérile le lit conjugal, font périr les enfants des femmes et les petits des bestiaux, les fruits de la terre, l'herbe des prairies, etc., etc.

«...... D'après ces motifs chargeons les inquisiteurs de tous les États chrétiens de condamner, etc. »

Les suites de cette bulle furent épouvantables; il y eut une énorme quantité de victimes, surtout en Espagne, en France, en Italie et en Allemagne. Malheur à ceux qui étaient accusés de magie; ils étaient impitoyablement brûlés vifs, et il arrivait fréquemment que le même bûcher dévorât plusieurs victimes.

Dans les premières années du seizième siècle, le nombre des possédés et des sorciers condamnés au feu ne diminue pas. En 1524, la petite ville de

Côme, en Italie, vit pour sa part brûler onze cent douze personnes accusées de magie. — En 1570, Florimond de Rémond, conseiller au Parlement de Bordeaux, après avoir livré aux flammes un grand nombre de malheureux, composa un ouvrage sur l'*Antechrist*, qui dépeint fidèlement la situation de la France à cette triste époque. L'introduction de l'ouvrage mérite d'être citée :

« Tous ceux qui parlent des signes de l'approche de l'Antechrist, conviennent que l'accroissement de la magie et de la sorcellerie doit marquer l'époque fatale de son arrivée. Or, jamais aucun siècle n'en fut aussi affligé que le nôtre : Les bancs destinés aux criminels devant nos cours de justice sont encombrés de gens accusés de ces crimes. Les juges ne sont pas assez nombreux pour instruire leurs procès ; nos prisons regorgent d'hommes et de femmes vendus à Satan. Pas un jour ne se passe sans que nos tribunaux soient ensanglantés par les sentences que nous prononçons et sans que nous retournions chez nous déconcertés et épouvantés par les horribles aveux qu'il a été de notre devoir d'entendre. »

En 1571, le nommé Des Échelles, exécuté en place de Grève pour crime de sorcellerie, déclara au roi Charles IX qu'il existait en France plus de trente mille sorciers que le diable avait marqués de son sceau.

Bodin, si connu par les absurdités que renferme

sa *Démonologie* et par sa manie de voir des sorciers partout, assure que le chiffre avoué par Des Échelles est de trois cent mille... Mais le judicieux Mézerai, qui pensait qu'il était plus utile à la société de brûler le plat recueil des rêveries de Bodin, que de brûler des sorciers, dit, en parlant de cet auteur :

« Les hommes, de quelque mérite d'ailleurs, qui se sont une fois rempli l'imagination de ces creuses et noires fantaisies, finissent par croire absurdement que le monde est rempli de diables, de sorciers, de possédés, et leurs croyances absurdes sont très-préjudiciables à l'humanité. »

En 1583, la ville de Berlin fut témoin d'un affreux jugement à la suite duquel trois pauvres vieilles femmes, accusées et convaincues d'avoir fait tomber un nuage de grêle sur les domaines d'un grand seigneur, furent brûlées vives aux acclamations du peuple.

En 1589, quarante personnes des deux sexes furent accusées, à Paris, d'avoir des communications infâmes avec les démons, et de porter sur leur corps le sceau de Satan. Heureusement pour elles, il se trouvait alors au Parlement des hommes éclairés qui désignèrent deux médecins d'un jugement droit pour visiter et découvrir, sur le corps des accusés, les prétendues marques sataniques. Voici le rapport que ces médecins rédigèrent :

« La visitation desdites personnes a été faite par

nous, en présence de deux conseillers de la Cour, fort diligemment et sans rien oublier de ce qui était requis, les faisant dépouiller toutes nues, examinant scrupuleusement toutes les parties et les piquant en divers endroits où elles avaient le sentiment fort aigu. Nous les avons interrogées sur plusieurs points, comme on le fait pour les maniaques, et nous n'avons reconnu que de pauvres gens stupides, les uns qui ne se souciaient point de mourir, les autres qui le désiraient. Notre avis a été de leur bailler plutôt de l'ellébore pour les purger qu'autre remède pour les punir. »

A peu près vers la même époque, le nombre des possédés et des sorciers augmenta d'une façon si alarmante, à Friedberg et dans ses environs, que le consistoire ordonna des prières publiques pour chasser l'esprit malin.

Dans le seul électorat de Trèves, il y eut, dit-on, six mille cinq cents personnes condamnées pour sorcellerie, et cela pendant le laps de quelques années.

Malgré la voix éloquente de plusieurs philosophes qui plaidaient la cause de l'humanité, malgré les protestations de quelques évêques contre l'abus des exorcismes, les premières années du dix-septième siècle virent une effrayante multiplication de sorciers, de possédés, d'exorcismes et de bûchers. Des haines, des vengeances et des intérêts de partis ou personnels se servaient de la terrible accusation de sorcellerie, comme d'une arme sûre, pour perdre leurs ennemis. Mais, le pire de tout, c'est que le peuple, voyant la magistrature et l'Église croire à ces absurdes croyances, le peuple ignorant y donnait tête baissée.

Nicolas Rémi, conseiller intime du duc de Lorraine, se vantait d'avoir fait brûler plus de neuf cents sorciers, dans le court espace d'une année. — Grillandus avouait, pour sa part, en avoir fait rôtir mille sept cent soixante-dix ! — Del Rio neuf cents ; — Bodin, six cents ; — et le modeste Roguet, cinq cents seulement...

En 1609, les accusations de sorcellerie désolaient la France. Qui croirait que des hommes éclairés, des docteurs en Sorbonne, tels que Démanet, Filesac et autres, se plaignaient de ce que l'impunité des sorciers en multipliait le nombre. On ne les comptait plus par cent mille, disaient-ils, mais par millions !! De telle sorte que si le pays eût été gouverné par de pareils démonomanes, le roi de France aurait vu griller, en peu de temps, la majeure partie de ses sujets.

Le célèbre Jean Wierius, philosophe et médecin, fut un des philanthropes qui attaquèrent le plus vivement ce triste préjugé ; il eut le courage de démontrer l'absurdité des possessions sataniques et l'inconcevable démence de tous les démonographes. Il prouva clairement que les *possédés* ne sont que des hypocondriaques ou des femmes hystériques, tous égarés par une imagination délirante. Enfin, il fit ce qu'il put pour éclairer la magistrature et faire cesser ces affreux sacrifices humains qu'autorisaient les lois.

En 1617, les grands de la cour de Louis XIII, ne sachant comment se débarrasser de la fameuse Galigaï (maréchale d'Ancre), alors enfermée à la Bastille, lui intentèrent un procès pour magie. Elle fut, en conséquence, accusée d'avoir entretenu d'étroites liaisons avec un médecin juif reconnu sorcier; de ne pas manger de chair de porc; de ne pas entendre la messe le samedi; de s'être glissée furtivement dans plusieurs églises avec des religieux milanais pour s'y livrer à des pratiques diaboliques; d'avoir été nantie de boîtes en forme de cercueil contenant des figures de cire de forme étrange, de livres écrits en caractères inconnus, de trois rouleaux de velours marqués d'un signe supposé être le sceau du diable; enfin, d'avoir tué un coq noir à l'heure de minuit.

Ces imputations parurent si extravagantes, si puériles à la Galigaï, qu'elle ne put s'empêcher de rire; mais des larmes remplirent bientôt ses yeux lorsqu'elle s'aperçut que les magistrats y attachaient la plus grande importance.

Les juges lui ayant demandé de quel sortilége elle s'était servie pour dominer l'esprit de Marie de Médicis? elle répondit:

— « *Je me suis servie du pouvoir qu'ont les âmes fortes sur les esprits faibles.* »

Cette réponse, loin d'éclairer le tribunal, ne fit que hâter l'arrêt de sa mort.

L'odieuse sentence qui la condamnait au bûcher se terminait ainsi :

« ..... Éléonore Galigaï, coupable de lèse-majesté divine et humaine, est condamnée à avoir la tête séparée du corps en place de Grève; la tête et le corps seront ensuite brûlés et les cendres jetées au vent. »

En 1631, Michelle Chaudron, paysanne du territoire de Genève, rencontra, pour son malheur, un diable aux portes de la ville. (Ce début pourrait faire croire que c'est un conte; malheureusement, c'est un fait réel, une lamentable histoire.) Ce diable, après mille courtois propos, mille galanteries, embrassa la jeune paysanne et lui laissa, sur les lèvres et le sein le sceau de Satan, qui rend insensible la partie où elle se trouve, au dire des démonographes.

Dès ce moment. Michelle entra dans la confrérie des sorcières et s'efforça d'y enrôler toutes les femmes qu'elle put. Les parents de deux filles qu'elle avait ensorcelées la dénoncèrent au tribunal, et Michelle fut immédiatement arrêtée. Des médecins, ou plutôt des charlatans qui usurpaient ce titre, la visitèrent et trouvèrent en effet sur elle les empreintes sataniques. Au moment où ils y enfoncèrent de longues aiguilles, le sang jaillit et les cris aigus de la malheureuse firent connaître qu'elle n'était point insensible. Les juges, pensant que ces cris pouvaient être simulés, lui firent donner la question qui arrache ordinairement des aveux. En effet, Michelle, dilacérée, tenaillée, broyée par les bourreaux, avoua ce qu'on désirait. Après la question, les médecins expérimentèrent de nouveau avec leurs aiguilles; mais les douleurs avaient été si atroces, si longues, qu'une piqûre d'aiguille ne pouvait plus être sentie. Ainsi, le crime de sorcellerie fut avéré, et le soir même les flammes d'un immense bûcher dévorèrent le corps de l'infortunée Michelle Chaudron.

Jean-Baptiste Gaufrédy, curé de Marseille, fut accusé, au commencement de l'année 1611, d'avoir d'intimes liaisons avec Satan, d'user de philtres diaboliques envers les femmes, et de se faire adorer des plus indifférentes. Il n'avait qu'à souffler sur une jeune fille ou une jeune femme (il ne soufflait jamais sur les vieilles), pour qu'elle s'éprît subitement de lui. Et, chose bien remarquable, c'est que, pendant la procédure, beaucoup de jolies Marseillaises prétendirent se rappeler qu'à certaines époques ce sorcier avait soufflé sur elles... Cet étrange témoignage, joint aux désordres d'un couvent d'Ursulines, qu'on lui attribuait, perdirent le pauvre curé et le firent condamner à être brûlé vif. On lui appliqua donc la question pour lui faire avouer ses abominations avec Satan; sur son refus d'avouer un crime imaginaire, on redoubla les tortures; enfin, le malheureux ne pouvant résister à ses atroces douleurs, fit l'aveu qu'on exigeait de lui.

Voici, en abrégé, la confession de Gaufrédy, qui se trouve consignée dans les archives judiciaires du Parlement de Provence :

. . . .

« J'avoue avoir contracté un pacte avec le Prince des Enfers et avoir reçu de lui le pouvoir de faire et d'obtenir tout ce qu'il me serait possible de désirer, pouvoir dont j'ai largement usé.....

« J'avoue avoir fréquenté le Sabbat et avoir participé corps et âme à toutes les orgies, à toutes les horreurs qui s'y passent.....

« Je déclare qu'en arrivant au Sabbat, tous les sorciers se prosternent devant Béelzébuth, l'adorent, lui baisent le derrière, et qu'après cette adoration, tous les assistants sont tenus de nier Dieu, le Ciel et les Saints......

« Je déclare que, de mon consentement, j'ai reçu la marque ou sceau du diable, et que cette marque, faite par l'ongle du petit doigt de Satan, occasionne sur le moment un sentiment de brûlure, et qu'à cet endroit la chair reste désormais déprimée.....

« Enfin, j'avoue avoir soufflé sur beaucoup de femmes et particulièrement sur Magdeleine de la Palud. J'avoue encore avoir porté le désordre dans le couvent des Ursulines, en y envoyant une légion de diables qui ont dû les fatiguer nuit et jour..... »

L'histoire de la possession de Loudun, le supplice d'Urbain Grandier, et l'immense appareil qu'on déploya en cette occasion, eurent trop de retentissement pour les passer sous silence.

Dans cette narration, nous suivrons pas à pas celle de Bayle, en en supprimant toutefois les crudités et les longueurs :

« Urbain Grandier, curé et chanoine de Loudun, réunissait aux agréments de la figure les charmes de l'esprit ; il se montrait coquet dans sa mise, galant auprès des dames, courtois envers les maris, tolérant avec les philosophes ; enfin, c'était un très-aimable curé. Applaudi des hommes, recherché des femmes, ses succès excitèrent l'envie de ses confrères, contre lesquels il eut l'imprudence de prêcher ; de ce moment sa perte fut jurée. Il fut accusé de n'avoir brigué la direction des Ursulines de Loudun, que dans un but peu moral. On dénonça ses galanteries à l'Official de Poitiers, qui le priva de ses bénéfices et le condamna à faire pénitence dans un séminaire. Grandier en appela comme d'abus et fut déclaré innocent par le Présidial de Poitiers.

« La vengeance de ses ennemis, qu'il eut le tort de braver, couva quelque temps pour éclater avec plus de force. Trois ans après, ils firent répandre le bruit parmi le peuple, que les Ursulines de Loudun étaient possédées, et que cette possession était évidemment le résultat des maléfices du sorcier Grandier. On fit la leçon à plusieurs religieuses, qui n'eurent pas honte de confesser qu'elles avaient d'affreuses visions pendant la nuit; que Grandier se présentait à elles sous les plus hideuses figures, et qu'à cette vue elles tombaient en convulsions. Le curé de Loudun se plaignit de ces mensonges, en accusant ceux qui voulaient le perdre, et prit des mesures pour se défendre. Ses ennemis, craignant son éloquence, jugèrent prudent d'intéresser dans cette affaire le cardinal de Richelieu, alors tout-puissant. En conséquence, ils accusèrent Grandier d'être l'auteur de la plate satire publiée récemment contre le cardinal, sous le titre de *la Cordonnière de Loudun*. Richelieu plus sensible aux libelles que n'aurait dû l'être un grand homme, crut à cette calommie et ordonna au conseiller Laubardemont, sa créature, de faire d'exactes perquisitions et de condamner le coupable.

« Grandier fut arrêté le 7 décembre 1633, et conduit à Angers. Le ministre expédia des lettres-patentes portant injonction de faire, sur-le-champ, le procès à l'accusé. Douze juges des siéges voisins de Loudun, tous gens de bien, il est vrai, mais d'une coupable crédulité, furent chargés de ce procès.

« Après de longs interrogatoires, tous plus bizarres, plus absurdes les uns que les autres ; après avoir fait souffrir au malheureux Grandier une question qui lui fracassa les os des jambes et les réduisit

23.

en bouillie sanglante, le jugement suivant fut porté contre lui, jugement dont on ne pourrait trouver l'analogue chez les peuplades les plus barbares, et qui restera dans nos annales, comme preuve des maux terribles causés par les hommes qui soufflent sur le peuple le venin de la superstition :

« **Le 13** du mois d'août, ouï *Astaroth*, de l'ordre des Séraphins, chef des diables qui possédaient les Ursulines de Loudun ; vu la déposition d'*Easas*, de *Celsus*, d'*Acaos*, de *Cédon*, d'*Asmodée*, de l'ordre des Trônes, et celles d'*Alexh*, de *Zabulon*, de *Nephtalius*, de *Cham*, d'*Uriel* et d'*Achas*, de l'ordre des **Principautés**, déclarons maître Urbain Grandier, prêtre, curé de Saint-Pierre-du-Marché, de Loudun, et chanoine de l'église de Sainte-Croix, dûment atteint et convaincu de magie, maléfices, et de possessions arrivées, par son fait, ès-personnes des religieuses Ursulines de Loudun et autres mentionnées au procès ; pour la réparation et expiation desquels crimes le condamnons à faire amende honorable et à être brûlé vif avec les pactes, caractères magiques étant au greffe, et surtout avec le *manuscrit* par lui-même composé contre le *célibat des prêtres*, et ses cendres jetées au vent. »

Grandier écouta froidement sa sentence et marcha au supplice sans donner aucun signe de faiblesse. Comme il était sur le bûcher, on dit qu'une grosse mouche vint voltiger autour de sa tête ; un moine se mit aussitôt à crier que c'était le diable qui, sous la forme d'une mouche, venait prendre possession de l'âme du sorcier pour l'entraîner dans le fond des enfers. A ces mots, la foule se signa et se mit à attiser le feu qui, en quelques minutes, dévora la victime.

Mais la mort de Grandier ne rétablit pas entièrement le calme parmi les Ursulines ; ses ennemis avaient d'autres intérêts personnels pour continuer cette abominable farce, et pour faire croire à la populace imbécile que beaucoup de religieuses se trouvaient dans un véritable état de possession et qu'il était de toute nécessité de continuer les exorcismes. Richelieu, qui n'était pas fâché que le peuple fût crédule, envoya donc à Loudun des exorcistes entretenus aux frais de l'État, pour faire une guerre d'extermination aux diables récalcitrants, et pour en débarrasser complétement le couvent des Ursulines.

Le jésuite Surin, exorciste consommé, rapporte que les diables restants lui disputèrent le terrain tant qu'ils purent. *Léviathan*, qui avait choisi pour forteresse la tête de la prieure, tint bon jusqu'au 5 novembre 1635, où il fut forcé de déguerpir. *Balaam*, qui occupait le giron d'une religieuse et semblait s'y complaire, ne fut délogé que le 29 du même mois.— *Isaacharon*, caché derrière les clavicules d'une autre sœur, s'y maintint jusqu'au 6 janvier suivant. — Le diable *Béhémoth*, retranché dans les parties profondes de l'abdomen d'une quatrième sœur, fut celui qui résista le plus opiniâtrément ; il ne put être chassé de son fort que le 15 octobre de l'année 1637, malgré les puissants exorcismes du père Surin , qui n'oublia pas de toucher, pendant deux ans, les émoluments de sa rude campagne.

Aujourd'hui, que penserait-on d'un écrivain qui publierait de semblables contes ? Assurément, on le considérerait comme ayant perdu la raison ou comme affecté d'une monomanie démoniaque (1).

Bon nombre de condamnations semblables eurent encore lieu en France jusqu'au moment où les savants du siècle de **Louis XIV** élevèrent leurs voix éloquentes contre ces homicides abus, et démontrèrent que toutes ces affaires de sorcellerie et d'exorcisme étaient un attentat de lèse-humanité, une profanation de la religion. Alors le roi s'en émut et lança un édit qui défendait à tous les tribunaux de France d'admettre, à l'avenir, des accusations de simple sorcellerie.

Quelques années plus tard, malgré cette défense du roi tout-puissant, le jésuite Girard fut encore ac-

(1) Croira-t-on qu'il a été publié, en 1858, dans notre siècle de lumières, un livre sur les *Manifestations fluidiques des esprits et les moyens de s'en rendre maître*. Ce livre, qui a effrayé beaucoup de personnes, mais qui en a fait rire un plus grand nombre, a évidemment été composé sous l'empire d'une sorte d'hallucination.

cusé d'avoir ensorcelé Marie Cadière, sa jolie péni-
tente, et d'en avoir abusé. Cette jeune femme, poussée,
assure-t-on, par un maître carme, ennemi du jésuite,
affronta le scandale : elle parut devant le tribunal
pour soutenir l'accusation et, dépouillant toute pudeur, s'offrit à donner des preuves palpables de l'en-
sorcellement. Mais les juges éclairés de cette époque
ne croyaient plus à Satan ni à ses suppôts. Le père
Girard fut renvoyé absous, et Marie Cadière, condamnée aux dépens, se retira couverte de honte. Ce
fut, en France, le dernier procès de ce genre.

Au siècle dernier, dans le canton de Lucerne,
l'historien Muller et un de ses amis, paisiblement assis au pied d'un arbre et lisant à haute voix un passage de Tacite, faillirent être massacrés par une
troupe de paysans, à qui deux moines avaient per-
suadé que ces deux étrangers étaient des sorciers.

Sir Walter Scott rapporte qu'en 1750 une vieille
femme du nom de Julienne Coxe, fut condamnée au
bûcher sur la simple déclaration d'un chasseur, con-
çue en ces termes :

« Je déclare qu'ayant fait poursuivre un lièvre par
mes chiens et qu'étant arrivé à l'endroit où ce lièvre
avait été forcé, je trouvai, derrière un buisson, Julienne Coxe étendue par terre, essoufflée, hors d'ha-
leine, de manière à me convaincre qu'elle était le
lièvre couru par mes chiens. »

Ce témoignage suffit aux juges, et Julienne Coxe,

malgré ses protestations de n'avoir pu être le lièvre, puisqu'elle était femme, fut brûlée le même jour.

En 1751, deux pauvres femmes suspectées de sorcellerie furent noyées, aux portes de Londres, par la populace, et l'autorité laissa le crime impuni.

En 1768, il fallut l'autorité d'un prince et le courage d'une princesse pour arracher à la fureur des habitants d'une ville de Suède douze femmes accusées de magie.

En 1774, l'Allemagne écoutait la voix des fanatiques Gassner et Schrœpfer, et embrassait leur doctrine de miracles et d'exorcismes.

Vers le milieu du dix-huitième siècle, on essaya encore, en France, d'étayer l'édifice ruiné des superstitions ; mais la terrible phalange des encyclopédistes le sapa jusque dans ses fondements, le renversa de fond en comble, et la violente commotion de 93 en fit disparaître à jamais les débris.

Tous les peuples d'Europe participèrent, plus ou moins, au mouvement de cette grande époque ; néanmoins, les idées superstitieuses, plus profondément enracinées chez eux, ne purent être extirpées avec la même facilité.

En Bavière et en Espagne, on croyait encore au diable et l'on brûlait les sorciers au commencement de notre siècle. Il n'y a pas cinquante ans, on lut sur la place publique de Wurtzbourg, l'aveu des crimes imaginaires de douze sorciers à qui l'on venait de donner la question. Cet aveu était conçu en ces termes :

« Nous confessons avoir tenu la queue du diable aux réunions du sabbat ; nous confessons avoir, par nos maléfices, attenté à la vie de plusieurs personnes. »

Rien n'était plus faux que cette confession arrachée par les tortures ; car les personnes dont ces sorciers disaient avoir causé la mort se trouvaient présentes à cette lecture ; mais tel était l'aveuglement des juges, qu'ils se souillèrent du sang de ces douze malheureux.

En Espagne, il n'y a pas longtemps que les bûchers de l'inquisition sont éteints ; on sait avec quelle barbarie ce tribunal faisait brûler les sorciers et les hérétiques. Si les Espagnols ont à reprocher aux Français les guerres de l'Empire, ils doivent les bénir d'avoir porté les premiers coups à cette législation sanglante qui décima si longtemps leur beau pays.

Laissons retomber sur ces sombres tableaux le voile que nous avions un instant soulevé, et ne conservons le souvenir des faits que pour rendre grâce aux hommes éclairés qui ont anéanti sans retour le monstrueux édifice des superstitions religieuses ; et félicitons-nous bien haut de vivre dans un siècle fermé à ces sanglantes horreurs.

CHAPITRE XXVIII.

DU SABBAT.

Le mot sabbat qui, en langue hébraïque, signifie jour de repos, a été employé, par les démonographes, pour désigner une assemblée imaginaire de sorciers présidée par le prince des démons. Disons, en passant, que l'antiquité n'enfanta jamais de fictions si absurdes, d'images si dégoûtantes. Voici la description du sabbat d'après les plus ardents démonomanes.

L'assemblée du sabbat se tient deux fois par semaine, dans la nuit du mercredi au jeudi et dans celle du vendredi au samedi. Le lieu de la réunion est une place isolée ou un carrefour, sur les bords d'une mare ou d'un lac, au milieu d'une sombre forêt ou dans l'espace auquel viennent aboutir quatre chemins. Les convoqués au sabbat doivent, avant de se mettre au lit, pratiquer sur eux *l'onction magique*, c'est-à-dire se frotter le corps avec une espèce de pommade dont nous parlerons plus loin. Lorsque l'heure du rendez-vous sonne, Satan donne le signal, et les sorciers montés, les uns sur un bouc ou sur un chat noir, un loup, un âne, etc., les autres à cheval sur un manche à balai ou sur une fourche, sur un crapaud volant, sur une chauve-souris, etc., traversent les airs et vont descendre au lieu fixé. On doit faire observer que c'est ordinairement par la cheminée et, quand celle-ci manque, par le trou de la serrure, que la sortie des sorciers s'opère.

L'acte de présence au sabbat est de toute rigueur; le sorcier qui s'absenterait serait vivement tancé pour la première fois; mais, à la seconde absence, Satan lui infligerait une punition très-sévère.

Tous les sociétaires étant arrivés sur le terrain, Satan paraît tout à coup au milieu d'eux, sous la forme d'un bouc à longues cornes ayant un visage humain au-dessous de la queue; c'est à ce visage à lèvres épaisses, à peau de nègre, à nez écaché, que les initiés doivent adresser leurs adorations. Ce qu'il y a de plus singulier dans cette apparition, c'est que le bouc sort d'un très-petit vase; sa taille égale à peine celle d'une souris; puis il grandit peu à peu et finit par acquérir des proportions colossales.

Plusieurs sorciers et démonomanes, très-versés dans la science du grimoire, prétendent que la forme de bouc n'est pas absolument nécessaire ; le prince des démons peut, selon ses caprices, se montrer sous les diverses formes de bison, de buffle, d'âne, de lévrier, de chat, serpent, vautour, etc., etc. ; il n'y a que la couleur noire et la face humaine au derrière qui soient de rigueur. Lorsqu'on réfléchit à ces monstrueux égarements de l'imagination, on est forcé de les considérer comme des accès de folie.

Le démonographe Delancre certifie que plus de mille sorciers, qu'il a lui-même interrogés et condamnés au feu, se sont tous accordés à faire de Satan la peinture suivante :

Satan préside l'assemblée des sorciers, assis sur une chaire d'ébène ; sa tête est ceinte d'une couronne de cornes noires ; une corne plus longue que les autres sort de son front, et, au lieu de se terminer en pointe, s'évase comme un pavillon de trompette ; ce pavillon livre passage à un gaz inflammable qui sert de torche, afin d'éclairer la scène du sabbat. Au milieu de sa face noire et grimaçante s'ouvre une bouche large comme un four, garnie de dents de léopard ; son nez ressemble au bec de l'aigle ; ses yeux ronds, très-ouverts, lancent des lueurs verdâtres ; ses oreilles, terminées en pointes, dépassent le sommet de la tête ; une longue barbe de bouc lui pend au menton ; son torse est mal taillé, couvert de gibbosités ; ses jambes, sèches comme celles d'un satyre, sont couvertes de longs poils ; ses pieds, de même que ses mains, ont des doigts palmés égaux en longueur et armés d'ongles aussi forts que crochus ; sa queue est en tout semblable à celle du lion, avec cette différence qu'au milieu de la touffe de poils qui la termine s'ouvre un œil flamboyant ; sa voix est une espèce de râlement dont le son tient du pot fêlé. Le prince des démons, entouré de ses mignons et des principaux diables, affecte une contenance superbe, une imperturbable gravité ; mais on démêle dans ses traits quelque chose de triste et d'ennuyé.

Le bouc s'appelle *Martinet* et les diables subalternes portent différents noms, plus ou moins coquets, tels que *Joli-Pied*, — *Bois-Fleuri*, — *Belle-Queue*, — *Fine-Taille*, — *Bien-doux-Chéri*, etc., etc.

La séance s'ouvre par l'appel nominal des sorciers, fait par un diable subalterne ; à mesure que les noms sont prononcés, Satan visite les individus pour s'assurer s'ils portent la marque de leur enrôlement à son service, et l'imprime lui-même aux nouveaux arrivés qui ne l'ont point, soit aux paupières, soit aux fesses, au palais, aux lèvres, aux aisselles, aux aines, etc. Ces marques représentent une patte de crapaud, un bec de lièvre, un museau de chat, l'aile d'une chauve-souris, etc. La peau qui les porte est désormais douée d'une telle insensibilité, que les piqûres les plus profondes, les taillades, les brûlures n'y sont point ressenties. Le sceau de Satan donne, en outre, le privilége de garder un profond secret sur ce qui se passe au milieu des orgies nocturnes, et de ne faire aucune révélation aux juges qui interrogent les sorciers arrêtés.

La cérémonie du sabbat commence par la danse des crapauds, danse fort originale et très-comique, qui s'exécute sous le sifflet des enfants morts non baptisés. Ensuite, les crapauds se mettent à coasser à plein gosier, et les enfants, à leur tour, dansent la tête en bas en frappant l'air de leurs jambes. Ces deux amusements terminés, la doyenne des sorcières s'avance au milieu d'un espace resté libre, et, dépouillée de ses vêtements, exécute un menuet diabolique, avec force grimaces et contorsions peu décentes.

A la fin du menuet, les spectateurs vont s'incliner, un à un, devant le bouc, baisent la face humaine qu'il porte au derrière et jurent, la main gauche étendue sur un grimoire, d'appartenir corps et âme à Satan, l'ange tout-puissant des enfers. Immédiatement après le serment, le festin commence : les diables subalternes dressent des tables chargées de pains de mil recouverts de semences d'asphodèle, de ragoûts de chairs de crapauds, de voleurs pendus, d'enfants morts-nés, de vins capiteux teints de bile et recélant de brûlants aphrodisiaques ; il faut manger, boire, boire à outrance ; s'enivrer, sauter sur les tables et porter des toasts multipliés à la gloire des enfers.

Au sortir de table, la troupe avinée des sorciers se met en branle en poussant des hurlements épouvantables ; c'est à qui fera le plus d'extravagances, prendra les postures les plus ignobles. Quand le premier branle est achevé, les sorciers rendent compte à Satan des *maléfices* et des *sorts* qu'ils ont jetés, des empoisonnements, des incendies, des meurtres, enfin, de tous les crimes dont ils se sont souillés, et Satan leur prodigue des éloges ou les réprimande, selon qu'ils l'ont bien ou mal servi. Puis, le branle recommence de plus belle, hommes et femmes se mettent à vociférer comme des furieux, gesticulent, gambadent, se roulent à terre, entrent dans des convulsions horribles et hurlent toujours. C'est au milieu de ce vacarme infernal qu'ont lieu les abominables amours des incubes et des succubes.

Mais Satan lève sa queue ; un bruit s'échappe au-dessous semblable à un coup de canon; le coq chante; tout s'apaise à l'instant. Les sorciers enfourchent leurs montures et regagnent précipitamment leurs demeures.

Tel est le sabbat, ou plutôt tel est le rêve le plus sale, le plus dégoûtant, qu'ait enfanté une imagination en délire.

SECTION II.

ONCTION MAGIQUE.

Les onctions étaient en fréquent usage chez les anciens ; elles se pratiquaient avec des huiles naturelles ou composées, avec des pommades, des onguents, etc., soit comme moyens hygiéniques pour assouplir le corps et conserver la santé, soit comme moyens thérapeutiques, pour combattre et dissiper certaines maladies. Mais les thaumaturges, ainsi que nous l'avons déjà vu, possédaient des compositions secrètes, des pommades éprouvées dont l'action provoquait un profond sommeil, des songes bizarres et d'étranges rêvasseries. L'onction magique des sorciers du moyen âge vient très-probablement de cette source. Les vieux sorciers seuls connaissaient les ingrédients de l'onction, et le secret n'en était confié qu'à ceux qu'ils jugeaient dignes d'un si précieux dépôt. Tout individu qui désirait entrer dans la confrérie recevait d'eux une pommade avec laquelle il devait, avant le coucher, se frotter certaines parties du corps, afin d'être transporté, de nuit, aux réunions du sabbat et de participer à leurs voluptueuses orgies.

Jean-Baptiste Porta, réputé très-expert dans les sciences occultes, dit, au deuxième livre de sa *Magie naturelle :* « Les sorcières font bouillir de la graisse d'enfant dans une bassine ; puis, elles y ajoutent du sang de chauves-souris, de l'aconit, de la mandragore, du pavot somnifère, et, quand le tout a bien bouilli, elles en font un onguent avec lequel elles oignent certaines parties du corps abondamment fournies de pores absorbants. L'onction faite, elles s'endorment, et il leur semble être transportées par les airs, au clair de lune, en des lieux agréables où elles rencontrent des danses, des jeux et des sociétés de jeunes gens qu'elles désirent beaucoup. »

Cardan donne la composition d'un onguent à peu près semblable. La graisse d'enfant en fait la base ; il y entre ensuite du sang de hibou, de la racine d'ache, des baies de morelle, de la quintefeuille et de la fiente de chat noir. — Avant de pratiquer l'onction, les sorcières jeûnent trois jours et mangent pendant trois autres jours des châtaignes, de l'ache, de la laitue, mêlées à du suc de jusquiame. Ainsi préparé par le régime, le corps éprouve, avec plus d'efficacité, les effets de l'onguent. Le sommeil est plus profond, les rêves naissent, s'effacent et renaissent sans cesse ; on assiste à des représentations féeriques, à des bals, à des banquets, à des fêtes, où se pressent un essaim de beaux jeunes gens, de jolies filles ; on voit aussi des cachots, des gouffres ténébreux, des figures grimaçantes, des diables cornus ; enfin, sur son trône d'ébène, le dieu Satan environné de sa cour infernale.

Selon Jean Wierius, écrivain bizarre et qui s'est spécialement occupé de formules magiques, la pommade des sorciers était un composé de drogues narcotiques, de plantes vénéneuses, qui portaient le trouble dans les organes et plongeaient le cerveau dans l'imbécillité. De tout ce que cet auteur a écrit, ce passage est le plus vrai.

Voici la recette d'une eau narcotique en usage chez les magiciennes de l'antiquité et les sorcières du moyen âge :

Opium. . . . . }
Noix de métel . . . . . } parties égales.
Suc de laitue vireuse. . . . . }
Décoction de stramoine . . . } égale quantité.

L'opium et la noix de métel doivent être délayés dans la décoction de stramoine ; puis on ajoute le suc de laitue.

AUTRE RECETTE MAGIQUE.

POMME ENDORMANTE.

Larmes de pavot et de mandragore.
Suc condensé de ciguë.
Semences de jusquiame.
Lie de vin.
Ajoutez un peu de musc.

On composait avec ces substances une boule qu'il suffisait de rouler dans les mains et de sentir, pour être bientôt plongé dans un profond sommeil.

Le grimoire où nous puisons ces formules, dit que beaucoup de sorcières obtenaient des rêves érotiques en s'introduisant un suppositoire de racine de jus-quiame.

Le jurisconsulte florentin Paolo Minucci, rapporte l'histoire d'une sorcière qui, amenée devant le tribunal dont il était un des membres, déclara qu'elle assisterait au sabbat cette nuit même, si on lui permettait de rentrer chez elle et de se frotter avec l'onguent magique. La permission lui fut accordée. Ramenée dans sa prison, la sorcière s'endormit presque subitement devant les juges. Le corps de cette malheureuse fut soumis à plusieurs expériences : des piqûres, des incisions, des brûlures ne purent la tirer de son profond sommeil. Après vingt-quatre heures d'insensibilité complète, elle se réveilla et fit une affreuse description du sabbat où elle croyait avoir été transportée. Néanmoins, dans ce récit, elle parla des sensations douloureuses qu'elle avait éprouvées à la suite des expériences pratiquées sur elle par les médecins, pendant son sommeil.

Le célèbre médecin André Laguna, ayant trouvé dans la maison d'une vieille sorcière qu'on venait d'arrêter, une pommade qu'il supposa servir à l'onction magique, en oignit le corps d'une femme qui, depuis un mois, était affectée d'agrypnie, c'est-à-dire de perte complète de sommeil. Cette femme ne tarda point à éprouver le puissant effet de la pommade, et s'endormit d'un sommeil que les bruits les plus violents ne purent troubler. Après trente-six heures, André Laguna fit exercer de violentes tractions sur les membres de la dormeuse, qui se réveilla avec peine en se plaignant de ce qu'on

l'arrachât sitôt aux embrassements de son amoureux.
Laguna, ayant analysé une partie de la pommade qu'il
avait conservée, y trouva un mélange de drogues narcotiques, tirées de plusieurs classes de végétaux, tels
que les papavéracées, les solanées, et une autre substance qu'il ne put déterminer.

Llorente, dans son *Histoire de l'Inquisition d'Espagne*, rapporte qu'un grand nombre de sorciers, arrêtés, déclarèrent constamment qu'il était de toute
nécessité, pour se rendre au sabbat, de se frotter la
paume des mains, la plante des pieds, les aines, les
aisselles, etc., avec une pommade composée de plantes
vénéneuses et dans laquelle il entrait la liqueur que
répand le crapaud irrité.

Le fait suivant, dont fut témoin le philosophe Gassendi, donnera encore une preuve de la puissante action sur le cerveau, des substances qui composaient
la pommade des sorciers.

Gassendi, se promenant aux environs d'un village
où il était connu par ses bienfaits, aperçut un groupe
de paysans qui conduisaient un berger étroitement
garrotté; et le poussaient rudement.

— « Qu'a donc fait cet homme, demanda-t-il,
pour être maltraité de la sorte? »

— « Monsieur, répondit l'un des paysans, c'est
un sorcier, connu et redouté dans le pays pour jeter
des sorts sur les hommes et les troupeaux; nous venons
de le surprendre au moment où il composait ses ma-

léfices, et nous allons le livrer entre les mains de la justice. »

Les idées philosophiques de Gassendi se réveillèrent au mot de sorcier ; il voulut se convaincre par lui-même jusqu'où va le pouvoir qu'on accorde à ces misérables imposteurs ; il ordonna donc aux paysans de conduire cet homme chez lui ; ceux-ci lui obéirent sans hésiter.

Lorsque Gassendi se trouva seul avec le sorcier : «Mon ami, lui dit-il, il faut que tu m'avoues franchement si tu as fait quelque pacte avec les démons ; si tu confesses ton crime, je te rendrai la liberté ; mais si tu t'obstines à garder le silence, je vais aussitôt te remettre entre les mains du grand-prévôt. »

— « Monsieur, répondit le berger, j'ai confiance en vous, et je vous avoue que je vais deux fois par semaine au sabbat. Je suis reçu sorcier depuis trois ans ; c'est un de mes amis qui m'a donné le baume qu'il faut avaler pour traverser les airs et se rendre à la fête nocturne. »

Gassendi s'informa scrupuleusement, et dans les moindres détails, de la réception du prétendu sorcier. Celui-ci lui fit la description des habitants de l'enfer, comme s'il eût passé sa vie avec eux ; il les nomma les uns après les autres, et détailla les différents travaux auxquels leur prince les assujettissait.

— « Il faut que tu me donnes de la drogue que tu

avales pour aller au sabbat; je veux ce soir t'y accompagner. »

— « Il dépendra de vous, Monsieur, répondit le
berger; je vous y mènerai dès que minuit aura
sonné. »

L'heure arrivée, le sorcier sortit de sa poche une
petite boîte qui contenait une espèce d'opiat; il en
prit pour lui gros comme une noix, en donna autant
au philosophe, en lui disant:

— « Avalez cet excellent baume, puis couchez-
vous sous la cheminée; il viendra bientôt un démon
sous la figure d'un bouc ou d'un chat, qui vous pré-
sentera son dos pour y monter et vous conduira, par
les airs, au sabbat. »

Gassendi feignit d'avaler le baume, et dit au sorcier :

— « Allons, me voilà prêt à te suivre. »

— « Couchons-nous tous les deux par terre, près
de la cheminée, dit le sorcier, car c'est par là que
nous devons sortir. »

Quelques minutes après avoir avalé son baume, le
sorcier parut étourdi, et Gassendi, qui l'examinait
attentivement, lui trouva la face rouge, les paupières
gonflées; les artères de la tempe battaient violemment; il y avait commencement de congestion cérébrale. Bientôt le sommeil devint agité, la respiration
sifflante; les membres s'agitaient comme pour s'é-
lancer dans les airs, chevaucher sur un manche à

balai, etc.; les lèvres marmottaient continuellement d'inintelligibles paroles.

Vers les six heures du matin, le berger s'étant réveillé, dit à Gassendi, qu'il vit près de lui :

— « Eh bien ! vous devez être content de la façon dont le bouc vous a reçu ? C'est un honneur considérable que celui d'avoir été admis, dès le premier jour de votre réception, à lui baiser le derrière. » Et il se mit à raconter toutes les visions dégoûtantes et bizarres des assemblées sabbatiques.

Le philosophe Gassendi, touché de l'état de ce malheureux, chercha à le désabuser en faisant devant lui l'expérience de son baume sur un chien, qui, en ayant avalé, s'endormit presque aussitôt. Le berger fut remis en liberté, mais on ne dit pas s'il fut guéri de sa folle croyance aux assemblées du sabbat.

Il résulte de tous les faits précédemment cités les conclusions suivantes :

L'onguent magique était un composé de substances narcotico-âcres, tirées des plantes papavéracées, solanées et ombellifères, telles que le pavot somnifère, la belladone, la mandragore, la stramoine, la ciguë, l'œnante, etc., etc. L'onction pratiquée sur des sujets dont l'imagination était exaltée par des récits merveilleux et par le violent désir d'assister aux scènes féeriques du sabbat, provoquait une congestion cérébrale accompagnée d'un sommeil lourd et agité. Pendant ce sommeil se succédaient, sans interruption, une série de rêves singuliers, bizarres, monstrueux, qui n'étaient que la réflexion, grossie, des impressions de la veille.

En sortant de ce sommeil forcé, les malheureux qui, la plupart, appartenaient à la classe ignorante et crédule, prenaient pour vérités les rêves enfantés par leur imagination en délire.

Telle est l'explication naturelle de l'onction magique et des chimériques assemblées du sabbat.

CHAPITRE XXIX.

SECTION PREMIÈRE.

POSSÉDÉS, OBSÉDÉS, DÉMONIAQUES, ÉNERGUMÈNES, CONVULSIONNAIRES.

Pendant ces longs siècles d'ignorance et de terreurs religieuses où les démons jouèrent un si grand rôle en Europe, les différents noms de ce titre furent inventés pour désigner les malheureux qu'on croyait la proie d'une puissance infernale ; puissance qui se manifestait par des convulsions, d'horribles grimaces et des actions délirantes, obscènes.

Dom Calmet qui écrivit quatre absurdes volumes sur cette question, fait la distinction suivante entre les *possédés* et les *obsédés :*

Dans la *possession,* le diable loge à l'intérieur ; il parle, il chante, il agit pour le possédé. Dans l'*obsession,* le diable n'a pu entrer dans l'intérieur ; mais il assiége la place, harcèle, tourmente sans cesse l'individu. — *Saül* était possédé parce que le diable, enfermé dans sa chair, le rendait sombre, mélancolique et parfois très-cruel. — *Sara* n'était qu'obsédée, parce que, n'ayant aucune prise sur son corps, préservé par un talisman, le démon voltigeait autour d'elle et se bornait à étrangler ses maris. — Les obsédés sont quelquefois tourmentés par le diable avec acharnement et sans relâche ; tantôt il leur tire le nez, les oreilles, leur pince les bras, les mollets ; leur mord les doigts, les épaules ; leur cingle de violents soufflets à leur faire jeter de hauts cris. Jacques Sprenger, d'odieuse mémoire, a connu des sorcières qui préféraient mourir sur le bûcher que d'endurer les continuelles obsessions du diable ; de sorte que ce féroce inquisiteur les condamnait au feu par pitié, dit-il, et dans le but de leur rendre service.

§ Ier.

Louyer Villermay, notre contemporain, et le savant Esquirol, qui connaissaient mieux que dom Calmet la structure physique et morale de l'être humain, divisent la famille des possédés, convulsionnaires, démoniaques, etc., en trois catégories :

A la première appartiennent les individus faibles de corps et d'esprit qui se croient sous l'influence de l'esprit malin.

La seconde, plus nombreuse que les deux autres, embrasse ces êtres méprisables qui feignent d'être possédés et qui jouent ce rôle dans de criminelles intentions.

A la troisième se rattachent ces fanatiques insensés qui, dans l'espoir de se rendre le ciel propice, sont capables d'égorger de sang froid leurs amis, leurs parents et même leur progéniture. Ces derniers sont des fous à lier, des bêtes féroces à renfermer dans des cages de fer. Heureusement, aujourd'hui, grâce aux lumières éparpillées sur le peuple, on n'entend parler que très-rarement de ces assassins ascétiques.

Les démoniaques de la première catégorie sont, en général, des individus mélancoliques, hypocondriaques, hystériques ou cataleptiques, d'une organisation débile, nourris de préjugés, bercés dès l'enfance avec des contes de sorciers, de diables, et élevés dans la superstition, crédules à l'excès et sans cesse assiégés de folles terreurs. On conçoit d'avance à quelles conséquences extrêmes peut conduire une semblable organisation, lorsqu'elle est dirigée par des thaumaturges qui veulent en tirer profit. Quelques exemples suffiront pour prouver que la démonomanie est une véritable maladie par cause morale, et qui se propage rapidement par la contagion de l'exemple et par l'instinct d'imitation.

Au quinzième siècle, les épidémies de possédés sont très-communes. Une des plus célèbres fut celle qu'on nomma *Possession des Nonnains* ; elle frappa tous les couvents de femmes d'Allemagne, particulièrement ceux des États de Saxe et de Brandebourg ; elle s'étendit sur la Bavière, la Hollande, la Belgique et menaça d'envahir toute l'Europe. Simon Goulard a donné de forts curieux détails sur cette démonomanie épidémique..... « Ces femmes dansaient, cabriolaient, grimpaient contre les murailles, prédisaient, parlaient des langues étrangères, hurlaient comme des louves ou bêlaient comme des brebis qu'on égorge, et quelquefois se mordaient les unes les autres comme des chiennes enragées. »

En 1552, Rome fut le théâtre d'une épidémie de possédées. Cent femmes se crurent la proie des démons, et les exorcismes d'une compagnie de moines restèrent impuissants.

En 1554, les religieuses du monastère de Kerndrop se virent assiégées par un bataillon de diables. Forcés par les paroles sacramentelles de répondre aux questions des exorcistes, ces diables déclarèrent qu'ils avaient été appelés par la cuisinière du couvent. Cette malheureuse, mise à la torture, s'avoua sorcière et fut brûlée avec toute sa famille.

La possession du couvent de Verviers commença par une religieuse atteinte d'hystérie. Cette malheureuse s'imagina être la proie du démon, et son imagination timorée lui fit faire mille extravagances et raconter une foule de visions aussi sottes qu'absurdes. La contagion commença par les religieuses qu'on avait mises auprès d'elle pour la garder. Au bout de quelques jours, la démonomanie était générale et les diables faisaient un tel vacarme dans le couvent que la police fut obligée d'intervenir. Alors, les diables quittèrent le champ de bataille devant les menaces de la police, et tout rentra dans l'ordre.

Les possédées de Loudun démontrent encore très-clairement le pouvoir de l'exemple sur les esprits faibles et pusillanimes. Cette démonomanie qui, dans le principe, nous l'avons dit plus haut, n'était qu'une imposture, gagna bientôt les villes voisines, pénétra dans les Cévennes et menaçait d'infecter le haut Languedoc, lorsqu'un sage évêque, ennemi de toutes les superstitions de ce genre, arrêta brusquement la contagion en publiant les jongleries de la prieure et de ses acolytes.

Les possédés des Cévennes, surnommés camisards, ressemblaient aux autres, avec cette différence que leur fanatisme les porta à des excès inouïs. Des mesures de la dernière rigueur devinrent malheureusement nécessaires pour arrêter les progrès de cette maladie, qui avait dégénéré en manie furieuse.

Le célèbre Esquirol a recueilli plusieurs observations de démonomanie causée par une dévotion exagérée et par des craintes religieuses poussées jusqu'à l'excès, c'est-à-dire jusqu'à la folie. La plus frappante de ces observations nous a paru être celle-ci :

Une femme, âgée de 50 ans, livrée dès sa jeunesse à cette bigoterie superstitieuse, qui dégénère ordinairement en noire mélancolie, perdit son mari et un de ses enfants; elle ne manqua point d'attribuer cette perte à la colère de Dieu, qui la punissait de ses jeûnes imparfaits et de ses distractions pendant l'office divin. Alors, pour obtenir le pardon de ses fautes, elle ne quittait plus l'église, négligeait ses occupations, ses devoirs de famille, se frappait à tout moment la poitrine et poussait de sourds gémissements. Les craintes de l'enfer qui l'assiégeaient incessamment, détraquèrent sa cervelle, elle se crut la proie du diable, et, un jour, se jeta par la fenêtre. Portée à l'Hôtel-Dieu, elle en sortit au bout de cinq mois, pour être transférée à la Salpêtrière; alors, elle se trouvait dans un état complet de démonomanie. Ses idées étaient invinciblement portées vers l'enfer et les diables; son langage ne s'écartait jamais de ce sujet: Il y a mille ans qu'elle est la femme du grand diable, et ses enfants sont de méchants diablotins. Son corps est un grand sac plein de crapauds, de serpents et d'autres bêtes immondes. Elle s'accuse de toutes sortes de crimes, impiétés, sacriléges, vols, assassinats; elle est sans cesse tourmentée de l'envie de tuer ses enfants et de les manger; en une minute, elle a commis plus de forfaits que tous les scélérats du monde pendant leur vie. Tout ce qu'on lui donne est empoisonné; elle serait morte cent fois si elle n'était la femme du diable. Elle ne croit plus au bon Dieu ni aux saints ; mais, elle croit aux flammes de l'enfer, qui doivent la brûler pendant l'éternité.

Cette malheureuse femme, d'une maigreur extrême, agitée d'un tremblement continuel, vit à l'écart, parle seule, et se dispute souvent avec le diable ; les hallucinations les plus bizarres entretiennent son délire et la poussent quelquefois dans les transports d'une sombre fureur.

§ II.

La seconde catégorie des possédés embrasse tous ces misérables qui, n'importe pour quel motif, cherchent à en imposer au vulgaire, par de feintes attaques d'épilepsie, d'hystérie, de catalepsie, etc., par des hurlements affreux, par d'ignobles contorsions et mille autres jongleries semblables, qu'ils prétendent être l'œuvre du diable. Nous n'avons pas besoin de dire quel était le but de ces fourberies d'autrefois ; il suffira de se souvenir qu'il n'y avait qu'un seul remède contre la *possession* et l'*obsession*, c'était l'*exorcisme*.

Ces imposteurs firent beaucoup de mal en Europe; car la contagion de l'exemple se propageait rapidement d'un pays à l'autre, envahissait des provinces, des États entiers, et, une fois que les superstitions se sont profondément enracinées au cœur des sociétés, on sait qu'il faut des siècles pour les extirper.

Les récits des premiers siècles de notre ère abondent en faits de cette nature ; saint Bernard, saint Augustin, saint Jérôme, Lactance et Tertullien, en fournissent mille exemples. Il n'était pas de village, de hameau, qui n'eût ses possédés et ses exorcistes.

Le diable forcé, par la puissance de l'exorcisme, de sortir du corps qu'il possédait, s'enfuyait tantôt sous les formes d'araignée, de souris, de chauve-souris, etc..., et tantôt sous celles de vapeur, de fumée, répandant une odeur infecte. Alors les convulsions et les grimaces de l'énergumène cessaient, le calme se rétablissait peu à peu sur ses traits tiraillés, et, tombant à genoux aux yeux de la foule saisie d'admiration et de respect, il bénissait ceux qui l'avaient débarrassé d'un si cruel ennemi.

Sous le règne de Vespasien, un Juif, nommé Éléazar, jongleur habile, guérit, en présence de cet empereur, plusieurs possédés, au moyen d'un anneau dans lequel était enchâssé un morceau de la plante nommée *barath*, découverte par Salomon. Au contact de l'anneau, les possédés tombaient par terre, et au nom de *Vespasien, empereur !* prononcé à haute voix, le diable s'enfuyait sous forme d'une fumée crépitante.

Vespasien, qui n'était pas fâché que le peuple crût à cette vertu attachée à son nom, encourageait, dit-on, Éléazar à continuer ses exorcismes.

Pierre Pigray, médecin de Henri III, raconte

qu'une possédée faisait beaucoup de bruit dans la ville d'Amiens, et que les formules ordinaires d'exorcisme ne pouvaient rien contre le diable qu'elle avait au corps. L'évêque d'Amiens, ennemi déclaré des jongleries, se chargea de la guérir. Il ordonna à son valet de prendre un vêtement sacerdotal et d'adjurer Satan, au nom de l'Évangile, d'avoir à quitter, sur-le-champ, un corps qui ne lui appartenait point. Mais, l'évêque, au lieu de l'Évangile, donna les épîtres de Cicéron à lire à son valet. La possédée, qui ne comprenait pas le latin, s'agita violemment, poussa un cri plaintif, et, se prosternant aux pieds de l'évêque, le remercia de l'avoir débarrassée, pour quelque temps, de l'esprit infernal qui la tourmentait. Alors, cet estimable prélat, repoussant la fourbe et s'adressant aux nombreux spectateurs qui l'entouraient, et parmi lesquels se trouvaient beaucoup d'hommes marquants et d'ecclésiastiques, dit d'une voix sévère : — « Vous voyez, Messieurs, qu'on peut chasser le diable par l'incrédule et païen Cicéron. »

Ces paroles furent applaudies des laïques qui en comprenaient le sens, et rendirent honteux ceux à qui elles s'adressaient.

Thiers, dans son *Traité des superstitions*, rapporte plusieurs formules d'exorcismes, les unes dirigées contre les démons, les autres contre les bêtes malfaisantes. Au sujet de ces dernières, il cite une formule attribuée à saint Gras, qui débarrassa le pays d'Aost de tous les rats, souris, mille-pattes, chenilles et autres insectes nuisibles. L'ancien rituel contient une foule de ces formules d'exorcismes, inutiles aujourd'hui et complétement oubliées.

Le curé de Saint-Sulpice, Joseph Languet, qui n'était point partisan de ces moyens, se servit d'une formule jusque-là inusitée et qui guérit sur-le-champ une possédée de sa paroisse. Cette misérable s'étant un jour avisée de faire ses tours dans une chapelle de son église, le curé se fit apporter un bénitier plein d'eau, et le lui renversa sur la tête en prononçant ces paroles mémorables : — « Je t'adjure au nom de la police, toi, femme, qui profanes un lieu saint, de te rendre sur l'heure à la Salpétrière, pour y être guérie de tes convulsions ; lève-toi et marche au plus vite ; car je t'y fais conduire de force si tu n'obéis à l'instant. »

Cet exorcisme opéra d'une façon héroïque ; la possédée, voyant l'homme décidé à qui elle avait affaire, se leva subitement, s'enfuit à toutes jambes, et ne reparut plus.

L'auteur des *Erreurs et Préjugés* raconte avoir vu, en 1795, sur la place du village de Dolot, près de Sens, un énergumène que cinq prêtres exorcisaient. Ce possédé faisait d'épouvantables grimaces, des contorsions à faire rire ou hausser les épaules de pitié, et ses hurlements redoublaient chaque fois qu'on l'aspergeait d'eau bénite. Il se moquait des prêtres et du goupillon, se démenait, bondissait comme un forcené, puis se mettait à prophétiser le retour de la monarchie. Sur ce dernier point, la police d'alors n'entendit pas raison, le possédé fut saisi, fouetté en public, et immédiatement incarcéré. Cet exorcisme eut son effet, on n'entendit plus parler du diable.

Un médecin légiste disait, à cette occasion, que si les premiers possédés eussent été traités de la sorte par les tribunaux, les farces scandaleuses de Mons, de Loudun, des Cévennes, de Louviers, de Marthe Brossier, de Marie Bucaille, de la Cadière, de Marie Violet et autres fourbes de cette espèce, n'auraient assurément pas eu lieu.

§ III.

La troisième catégorie des possédés renferme toutes les personnes qui se persuadent être sous la protection immédiate du ciel ou de l'enfer, et qui se croient appelées à une action quelconque. Ce sont des fanatiques redoutables dont il faut se méfier ; car rien ne leur coûte pour arriver au but ; ils marchent le poignard à la main et frappent leurs victimes avec un imperturbable sang-froid : supplices, tortures, rien ne peut les arrêter.

Tels furent les séides du *Vieux de la montagne*, qui non-seulement allaient au bout du monde frapper les victimes désignées, mais qui, à un signe de leur maître, tournaient contre eux-mêmes le fer homicide ou se précipitaient gaiement dans un abîme. Tels sont ces hallucinés féroces, ces régicides qui portent l'épouvante et le deuil au sein des nations ; tels sont encore ces êtres faibles, superstitieux, que les terreurs religieuses plongent dans un égarement homicide, et qui tuent leurs parents, leurs amis pour sauver leur âme.

Les voyageurs Lambert et Talbot citent des faits très-curieux sur la contagion de l'exemple parmi les sectes mystiques de l'Amérique. L'abbé Grégoire a aussi traité cette question dans son ouvrage sur les sectes religieuses, et s'exprime en ces termes :

« On voit des sectes religieuses, composées quelquefois de dix à douze mille personnes de tout âge, de tout sexe, qui sautent, chantent, dansent, crient, pleurent, se roulent par terre, et s'évanouissent par centaines. Dans une seule de ces assemblées, le nombre des maniaques tombés en pamoison s'est élevé à huit cents ! L'enthousiasme se communique par le rapprochement des individus ; les exercices consistent à tourner rapidement sur soi-même à la manière des derviches tourneurs, jusqu'à ce que, couvert de sueur et étourdi, on tombe sur le sol. Alors, on porte ces tourneurs dans un lieu convenable ; les assistants prient et chantent autour d'eux. Tels sont les exercices et les pratiques des *Barkers* et des *Yekers ;* ceux des *Aboyeurs* sont encore plus bizarres. Ils commencent par des branlements de tête en avant et en arrière, ensuite de gauche à droite. Ces branlements sont d'abord lents, mesurés, cadencés, et arrivent peu à peu à une rapidité extraordinaire. Bientôt le mouvement se communique à tous les membres présents de la secte, et les Aboyeurs bondissent de tous côtés ; leurs contorsions, leurs grimaces deviennent telles, que la figure humaine est méconnaissable ; les femmes surtout n'offrent qu'un corps convulsionné, hideux...

« Parmi ces fanatiques, on en voit qui marchent à quatre pattes comme des chiens ; qui grincent des dents, grognent, hurlent et aboient comme eux. Ces transports se communiquent même à celles des personnes présentes qui n'ont aucune envie d'y participer. On cite un presbytérien qui, haranguant sa congrégation contre cette honteuse manie, en fut subitement atteint, et se mit à aboyer plus fort que les autres. Dans la campagne, les promeneurs s'arrêtent devant les processions d'Aboyeurs, puis les suivent et se mettent à aboyer à l'unisson. Que dire, que penser de telles folies ? Que la nature humaine est sujette à d'étranges aberrations. »

SECTION II.

LES CONVULSIONNAIRES.

Nous terminerons ce chapitre par l'histoire abré-

gée des convulsionnaires de Saint-Médard, histoire
des plus curieuses que nous plaçons ici comme prou-
vant parfaitement bien ces trois grandes questions :
1° l'amour des peuples pour le merveilleux ; 2° la
contagion rapide de l'exemple sur les esprits faciles à
s'exalter ; 3° les ruses des hommes qui se servent de
la thaumaturgie pour accroître leur puissance.

Les peuples étaient fatigués des vaines querelles
théologiques qui, pendant si longtemps, avaient en-
sanglanté l'Europe. On ne se battait plus pour des
mots, on commençait à rire des noms burlesques de
certaines sectes, les *ombilicaux*, les *stercoranistes,*
et autres semblables ; cependant les molinistes et les
jansénistes se partageaient encore la France ; mais
ces derniers, accablés sous l'autorité civile et ecclé-
siastique, voyaient chaque jour leurs rangs s'éclaircir
par de nombreuses désertions ; pour rétablir leur ancienne influence, ils s'avisèrent d'avoir recours aux
miracles. Un certain diacre, nommé Pâris, mort en
odeur de sainteté, leur en fournit le moyen ; ils lui
assignèrent donc, de leur propre autorité, une place
dans le ciel et accordèrent à son tombeau le don des
miracles.

Quelques compères allèrent prier sur la tombe du
diacre Pâris, et, chose merveilleuse, les uns se mettaient à danser malgré eux, les autres, saisis de convulsions, se roulaient par terre, se trémoussaient
de la façon la plus drôle ; mais le plus beau de

l'affaire, c'est que tous ceux qui y arrivaient malades, s'en retournaient radicalement guéris. Le peuple, toujours sot et dupe, accepta avec transport cette nouveauté renouvelée des Juifs, et , chaque jour, une foule si compacte se pressait au cimetière de Saint-Médard, qu'on eût dit qu'il s'y tenait une foire. Tout le monde voulait y venir, et surtout les femmes hystériques ou affectées de maladies nerveuses contre lesquelles l'art avait été impuissant. Après plusieurs jours de jeûnes, elles se rendaient sur la tombe du *bienheureux Pâris*, et, voyant à leurs côtés d'autres femmes tomber en convulsions, la contagion les gagnait, elles étaient saisies d'attaques semblables ; ces attaques amenaient ordinairement des sueurs, des évacuations abondantes et autres crises salutaires qui adoucissaient leurs maux ou les guérissaient. Il faut dire aussi que ces cures miraculeuses n'avaient pas lieu seulement à Saint-Médard : il s'en présentait de semblables en divers lieux, sur d'autres tombes, où l'espérance et l'exaltation fanatique, soutenues par la foi, devaient nécessairement produire les mêmes résultats.

A Saint-Médard, les aveugles retrouvaient la vue ; les bossus et tortus se redressaient ; les boiteux voyaient s'allonger leurs jambes ; les paralytiques entraient en danse ; les personnes stériles trouvaient la fécondité ; enfin, tous les infirmes qui touchaient le tombeau du *bienheureux Pâris*, s'en revenaient

guéris. Cependant une chanson de cette époque, attribuée à la duchesse du Maine, ferait croire que
tout le monde ne guérissait pas, et qu'il arrivait
souvent, au contraire, que le mal empirait. Voici un
quatrain de cette chanson :

Un décrotteur à la royale,
Du talon gauche estropié,
Obtint par grâce spéciale
D'être boiteux de l'autre pié.

Au bruit des miracles qui se faisaient à Saint-Médard, une riche comtesse vint du fond de l'Allemagne à Paris, afin d'obtenir le bonheur d'être mère.
Après trois mois de prières et de convulsions, toujours
même stérilité ; divers autres moyens ayant été vainement employés, on lui persuada qu'il fallait chaque jour prendre à ses repas un peu de terre de la
tombe du diacre. Dans son brûlant désir d'avoir un
enfant, la comtesse dévora trois kilogrammes de cette
terre en quinze jours. Forcée de quitter Paris, elle en
emporta deux sacs qu'elle mangea dans son pays sans
plus de succès. Cette géophagie altéra sa santé et la
pauvre comtesse mourut quelques années après, en
maudissant le bienheureux Pâris.

Toutes les épigrammes lancées par les gens d'esprit contre les jongleries de Saint-Médard ne pouvaient refroidir la foi qu'on avait dans les cures merveilleuses qui s'y opéraient. Cette foi était si grande,

non-seulement dans le peuple, mais parmi les autres classes de la société, qu'on riait au nez de ceux qui disaient y être allés sans résultat de guérison ; on les traitait de menteurs, d'impies, etc.

Un certain Carré de Montgeron, conseiller au Parlement de Paris, qui s'était acquis quelque réputation dans les lettres, alla, par curiosité, voir ce qui se passait à Saint-Médard, et en revint avec la ferme conviction que tout ce qu'on en disait n'était nullement exagéré. De ce jour, il fréquenta assidûment Saint-Médard et devint un des principaux fanatiques des convulsions. Il recueillit tous les miracles opérés sur le tombeau du diacre Pâris depuis 1727, et en forma un gros volume in-4° intitulé : *Vérité des miracles de M. Pâris.* Carré alla lui-même à Versailles en présenter au roi un exemplaire relié avec luxe, et obtint une récompense à laquelle il ne s'attendait guère... il fut immédiatement déposé de sa charge et emprisonné.

Carré de Montgeron, loin d'être rebuté par cette chute, employa les loisirs de sa réclusion à perfectionner son travail qui fut de nouveau publié en 1737 avec beaucoup de figures et d'ornements typographiques. Ce livre original fut regardé par les uns comme un chef-d'œuvre d'éloquence, tandis qu'il passa aux yeux des autres pour un prodige d'absurdité et de crédulité puérile.

Vers cette époque, les miracles de Saint-Médard

allaient toujours leur train. Les fauteurs de cette comédie en avaient adroitement organisé les ressorts.
Les acteurs procédaient avec méthode et passaient
successivement d'un tour à l'autre. Si, dans le principe, il fallait entrer en convulsions pour être guéri,
maintenant, le simple attouchement d'un convulsionnaire suffisait pour enlever la maladie la plus invétérée.

Lorsque les prières, les neuvaines et les jeûnes
n'obtenaient point le miracle désiré, on avait recours à ce qu'on appelait les *grands moyens*. Ces
singuliers moyens consistaient dans l'exercice de la
planche, du *chenet* et du *caillou*. Le lecteur va juger
jusqu'où peut aller la folie fanatique.

L'exercice de la planche s'exécutait en étendant
sur la convulsionnaire, couchée sur le sol, une planche qui la recouvrait entièrement, et dessus cette
planche montaient autant d'hommes qu'il en pouvait tenir ; quelquefois le nombre s'en élevait de dix
à douze, dont le poids était supporté sans peine par
la convulsionnaire qui trouvait le fardeau trop léger.

Dans l'exercice du caillou, la convulsionnaire étant
couchée sur le dos, un frère saisissait un énorme
caillou et lui en frappait le sein à coups redoublés,
puis le lui lançait de toutes ses forces contre la poitrine.

L'exercice du chenet se faisait avec un gros barreau
de fer, pesant vingt-neuf à trente livres ; on en dé-

chargeait jusqu'à cent coups sur le ventre et l'estomac de la convulsionnaire, qui souvent n'était pas satisfaite et demandait en grâce qu'on redoublât ces étranges caresses.

L'esprit est révolté de ces hideuses jongleries, et l'on a peine à y croire. Mais laissons parler Carré de Montgeron, qui fut acteur et apologiste de ces scènes :

« Voici un exemple d'autant plus digne d'attention, que des personnes de tout ordre et de toute condition, des ecclésiastiques, des magistrats, des dames de condition en ont été les spectateurs :

« Jeanne Mouler, jeune fille de vingt-trois ans, étant appuyée contre la muraille, un homme robuste prenait un chenet pesant trente livres et lui en déchargeait de violents coups dans le ventre ; le nombre des coups allait jusqu'à cent et plus. Un frère lui en ayant donné un jour soixante, essaya contre un mur le chenet, et au vingt-cinquième coup, il y fit une ouverture.

« Comme ce fait m'est personnel, continue Carré de Montgeron, le lecteur ne sera point fâché que je le lui détaille.

« J'avais commencé à ne donner à la convulsionnaire que des coups très-modérés ; cependant, excité par ses plaintes que je ne frappais point assez fort, j'augmentai progressivement la force des coups ; enfin, j'employai tout ce que j'avais de vigueur, et la convulsionnaire se plaignait toujours, disant que ces coups, trop faibles, ne lui procuraient aucun soulagement. Je fus donc obligé de repasser le chenet à un homme très-robuste qui se trouvait au nombre des spectateurs. Celui-ci ne ménagea rien : instruit par l'essai que je venais de faire, qu'on pouvait frapper sans crainte, il lui en déchargea dans l'estomac des coups si terribles, que le mur servant de point d'appui en était ébranlé. Alors la convulsionnaire s'écriait : *Ah ! que cela est bon ; que ça me fait du bien ; courage, mon frère, redoublez encore !*

« Les coups que cet homme lui portait devinrent si violents, que le chenet sembla s'enfoncer dans l'estomac de la patiente et pénétrer jusqu'au dos, de telle sorte qu'on pouvait craindre que tous ses viscères fussent broyés ; mais il n'en était rien, car elle criait toujours : *Ah ! que c'est bon, courage frère !*

Tels étaient les *grands secours* qu'on prodiguait aux malades, lorsque les secours ordinaires n'avaient point réussi.

On pratiquait encore d'autres jongleries plus ou moins effrayantes auxquelles les convulsionnaires se prêtaient fort complaisamment. Ainsi, il y en avait qui se faisaient caresser à coups de fouets, d'autres à coups de pieux ; plusieurs se laissaient pendre, rouer ou crucifier ; enfin, quelques-uns, imitant les veuves du Malabar, se jetaient dans le feu, et loin d'être grillées, elles en ressortaient fraîches et le sourire sur les lèvres.

Mais hâtons-nous de faire savoir que les convulsionnaires auxquelles on appliquait les *grands secours*, étaient toujours les mêmes, ce qui veut dire qu'elles étaient instruites à ces divers exercices et prémunies contre les dangers qui auraient pu en résulter. Ces femmes portaient des noms appropriés à leur art; celle qui se jetait au feu se nommait *Salamandre*; celle qui se trémoussait en miaulant s'appelait la *Chatte*; les noms de *Crucifiée*, de *Rouée* indiquaient celles qui souffraient le supplice de la croix, de la roue, etc., etc. En outre, les convulsionnaires avaient un langage à elles, espèce d'*argot* que les initiés seuls pouvaient comprendre. Au milieu de leurs exercices, si elles demandaient un *sucre d'orge*, cela signifiait un pieu; le *biscuit* indiquait une pierre, le *cure-dent* une énorme barre de fer, etc.

Le nombre des pèlerins, des guérisons et des miracles s'accrut tellement, que le parti janséniste s'en alarma, car il pressentait qu'un tel abus entraînerait sa perte.

Vers la fin de 1731, les désordres dont Saint-Médard était journellement le théâtre, prirent un caractère tout à fait contagieux, qui donna l'éveil à la police. Le célèbre chirurgien Morand-Sauveur, assisté de quelques membres de la Faculté, fut envoyé par le roi pour examiner sur les lieux mêmes les prétendus miracles de M. Pâris. Les jongleries des convulsionnaires ne purent échapper à l'œil de ces savants ; ils firent leur rapport, et, par ordonnance royale du 27 janvier 1732, le cimetière de Saint-Médard fut fermé à tout le monde, avec défense expresse d'en approcher. Le lendemain de sa fermeture, on afficha sur la porte du cimetière cette plaisante inscription :

De par le Roi, défense à Dieu,
De faire miracle en ce lieu.

Quelques convulsionnaires récalcitrants ayant enfreint cette défense, furent saisis et incarcérés, ce qui refroidit singulièrement les partisans de M. Pâris. On ne vit plus que les fanatiques outrés qui, pendant quelque temps encore, continuèrent à entrer en convulsions, mais loin du cimetière de Saint-Médard, désormais silencieux et désert. Ainsi se termina cette longue comédie.

CHAPITRE XXX.

DES ÉPREUVES PAR LE FEU, L'EAU, LES BREUVAGES, ETC.

On donnait le nom d'*épreuves* à diverses pratiques dont le but était de reconnaître l'innocence ou la culpabilité d'un accusé.

Chez les anciens peuples, de même que chez les nations modernes au début de leur civilisation, on rencontre la coutume barbare des épreuves. L'histoire nous montre la classe sacerdotale préparant les moyens et les instruments de ces épreuves ; de telle sorte qu'il lui était facile de perdre ou de sauver un accusé.

Les Indiens se servaient d'une *balance judiciaire* pour faire les épreuves. Après quelques momeries religieuses, le prévenu était placé sur la balance ; on prenait note de son poids ; puis on lisait son acte d'accusation qu'on lui plaçait sur la tête, et immédiatement on le pesait de nouveau. Si son poids dépassait celui de la première pesée, il était déclaré coupable. Son poids, au contraire, devenait-il plus léger, on le déclarait innocent et on l'absolvait.

Dans nos foires de province, on voit parfois des escamoteurs montrer à un public crédule des balances qui s'élèvent ou s'abaissent à volonté. Les prêtres de l'Inde opéraient exactement comme eux, par voie d'escamotage ; avec cette différence, néanmoins, que les prêtres avaient fait de l'épreuve un jeu de vie ou de mort, tandis que nos escamoteurs font du tour de la balance un amusement.

Les prêtres hébreux avaient l'épreuve de l'eau contre la femme adultère ; ils faisaient avaler à la femme soupçonnée de ce crime, un liquide nommé *l'eau amère*, dans lequel on avait jeté un peu de poussière des pavés du temple, en récitant certaines prières. Cette eau, disaient-ils, possédait la vertu d'empoisonner l'épouse criminelle et ne faisait aucun mal à celle qui était restée chaste.

Les prêtres indous font boire, à ceux qui sont accusés d'impiété, un breuvage dans lequel on a plongé le *lingam*. Ils prétendent et font croire que ce breuvage dévore les entrailles des criminels, tandis qu'il produit un bien-être inexprimable à ceux qui sont innocents.

Évidemment, dans ces deux exemples, la poussière du temple et le *lingam* ne servent qu'à tromper le vulgaire. Le breuvage préparé d'avance, le prêtre peut, à son gré, absoudre par l'épreuve les criminels et condamner les innocents.

Au Japon et en Tartarie, l'accusé avale une coupe d'eau contenant un carré de papier bariolé de caractères magiques tracés par les prêtres. Le coupable est saisi, après avoir bu, de douleurs d'estomac atroces; l'innocent, au contraire, reste calme et n'éprouve aucune douleur. Ici, encore, le breuvage est préparé d'avance, il est chargé à des degrés plus ou moins élevés de principes léthifères, ou bien c'est de l'eau naturelle, selon qu'il est dans la volonté du juge de condamner ou d'absoudre.

Dans plusieurs contrées d'Afrique, lorsqu'un assassinat a été commis, les parents de la victime demandent l'épreuve contre ceux qu'ils présument être les assassins. Alors, les prêtres font tremper leurs fétiches dans un vase d'eau et le présentent à l'accusé.

Le plus souvent, celui-ci refuse de boire parce qu'il sait que la mort est dans le vase, et il paie aux parents du défunt une somme qu'on appelle le *prix du sang*.

Dans l'intérieur de l'Afrique septentrionale, une secte religieuse très-puissante prépare une eau d'épreuve destinée à être versée sur les bras et sur les jambes des individus soupçonnés de vol ou d'homicide. Cette eau brûle toujours la peau du coupable et glisse sur celle de l'innocent sans laisser de trace.

Les épreuves ne se rencontrent guère chez les Grecs et les Romains que dans la basse classe. Ces peuples

étaient trop éclairés pour ajouter foi à ces meurtrières jongleries.

§ Ier.

Dans les premiers siècles de notre ère, on voit les
anciennes épreuves redevenir de mode sous le nom
d'*ordalies*, terme saxon signifiant *volonté de Dieu*.
Plus tard, l'ordalie fut restreinte aux deux épreuves
par le feu et par l'eau.

L'épreuve par le FEU se pratiquait, soit avec une
barre de fer rougie au feu qu'on devait tenir dans les
mains pendant un temps prescrit, sans se brûler; soit
en marchant sur une tôle incandescente ou en se tenant au milieu d'un brasier. — Il est certain que les
Chaldéens, les Égyptiens et les Grecs possédaient le
secret de l'incombustibilité. Ce secret, comme beaucoup d'autres, était le partage de la classe sacerdotale qui en usait pour consolider sa puissance. Or,
l'homme riche et coupable achetait le secret de tenter
l'épreuve sans danger ; l'homme innocent, mais pauvre, était toujours victime, à moins que ses juges eussent intérêt à le sauver.

Les *Hirnes*, qui demeuraient au pays des Falis-
ques, près de Rome, marchaient impunément sur le
feu. Ils donnaient tous les ans, sur le mont Soracte,
le spectacle de leur incombustibilité. Virgile et Strabon rapportent quelques détails sur leur manière de

se jeter au milieu des flammes sans éprouver la moindre brûlure. Saint Épiphane dit qu'il existait en Égypte des hommes qui, après s'être frottés avec certaines drogues, se jetaient dans des chaudières d'eau bouillante et en ressortaient aussi frais qu'avant cette immersion.

L'épreuve par L'EAU avait lieu, soit avec l'eau froide, par immersion, soit avec l'eau bouillante. Cette épreuve comprenait aussi l'huile bouillante et certains métaux en fusion.

L'épreuve par L'EAU FROIDE consistait à lier la main gauche au pied droit du patient et à le jeter ainsi dans une cuve remplie d'eau ou dans un étang. S'il s'enfonçait, c'est qu'il était coupable ; si, au contraire, il surnageait, son innocence était déclarée.

L'épreuve par L'EAU BOUILLANTE s'exécutait en plongeant le bras dans une cúve d'huile ou d'eau en ébullition pour saisir un anneau qui se trouvait au fond. La moindre brûlure indiquait le crime ; le patient, déclaré coupable, était livré à la justice.

L'épreuve par la BARRE DE FER rougie à un feu de forge, était la plus terrible, et cependant elle se pratiquait sans danger pour l'individu s'il avait acheté le secret. On conservait cette barre de fer dans un temple ou une église ; c'était encore un des mille priviléges dont le corps sacerdotal avait su s'entourer. Le jour de l'épreuve arrivé, on faisait au patient des lustrations et des prières ; puis on sortait la barre de fer avec grande cérémonie. Lorsque la barre avait été rougie au feu, l'accusé devait la prendre à deux mains et la porter d'un bout de la salle à l'autre sans se brûler, et c'est, en effet, ce qui avait lieu lorsque c'était la volonté des prêtres. Dans ce cas, le patient, après avoir été soumis à une préparation préalable, pouvait manier impunément la barre de fer rouge.

Nous ne citerons que quelques faits pris parmi ceux qui concernent les hauts personnages souillés de crimes, qui tentèrent l'épreuve pour les effacer aux yeux du public.

ELFRIDA, belle-mère d'Édouard II, sortit saine et sauve de l'épreuve du fer rouge.

TEUTEBERGE, femme de Lothaire, accusée d'inceste avec son frère, moine et sous-diacre, demanda l'épreuve de l'eau bouillante et en ressortit saine et désormais innocente.

Nous répéterons ici ce que nous avons dit plus haut. En général, tous les personnages puissants pouvaient tenter impunément l'épreuve ; les pauvres diables, au contraire, étaient toujours brûlés ou noyés. Prenons deux faits entre mille :

La femme de saint Gengouff, ayant résisté aux instances d'un homme haut placé, fut accusée d'adultère et forcée de se soumettre à l'épreuve de l'eau bouillante. Son lâche accusateur avait juré sa perte; mais cette malheureuse femme, sûre de son innocence, plongea avec confiance son bras dans la cuve d'eau bouillante, et le ressortit, hélas! entièrement brûlé.

Une autre femme, de Didymothèque, fortement soupçonnée d'adultère par son mari, se vit obligée de subir l'épreuve du feu. Cette femme adultère, alla trouver l'évêque de la ville, et lui confia son secret. Celui-ci lui donna le moyen de faire reconnaître son innocence. Étant sortie de la maison épiscopale, elle se rendit immédiatement au lieu de l'épreuve, saisit la barre de fer rouge qu'on lui présenta, fit le tour de la salle, et déposa la barre sur une chaise qui s'enflamma aussitôt. Le mari, quoique convaincu de la culpabilité de sa femme, fut forcé, devant ce miracle, de publier son innocence.

Il faut dire aussi que, dans plusieurs circonstances, l'eau que les spectateurs croyaient être bouillante, n'en avait que l'apparence. La chimie enseigne les moyens de donner à l'eau tiède l'aspect de l'eau en ébullition. C'est, très-probablement, d'un moyen semblable dont se servirent les moines d'Angers pour gagner un procès dans lequel ils étaient engagés. Ils produisirent, comme preuve irréfragable de la bonté de leur cause, un vieillard qui se jeta dans une cuve d'eau bouillante, et en ressortit plus frais qu'avant son immersion. Ce vieillard, à qui l'on avait fait la leçon, leva les mains au ciel, et, devant une foule nombreuse, s'écria : « Oui ! Dieu a voulu par un miracle attester la bonté de la cause de nos saints moines. »

L'auteur des *Recherches asiatiques* fut témoin oculaire de ces épreuves dans l'Inde. Deux accusés s'exposèrent, l'un à l'épreuve du fer rouge, l'autre à celle de l'eau bouillante. Le premier, favorisé par les Brahmes, ressortit sain et sauf de l'épreuve ; le second retira sa main de l'eau bouillante horriblement brûlée. Les prêtres de Brahma avaient frotté les mains de leur protégé avec une composition connue d'eux seuls ; tandis qu'ils avaient intérêt à sacrifier le second.

Ces exemples et mille autres semblables qui se trouvent épars dans l'histoire des peuples, prouvent que, dès l'antiquité la plus reculée, on connaissait le secret de résister pendant quelques minutes au feu le plus ardent. En effet, de tout temps et dans tous les pays, en Europe, en Asie comme en Afrique, on a rencontré des hommes qui semblaient jouir du privilége de l'incombustibilité. Depuis Zoroastre, qui, pour prouver sa mission divine, subit les épreuves les plus meurtrières, en apparence, jusqu'à nos incombustibles modernes qui entrent dans un four ardent, qui manient un fer rouge, qui mettent un charbon incandescent sur leur langue, etc., etc., on cite une foule d'individus qui, dans nos foires, bravent l'eau bouillante et le feu. Nous avons publié, dans notre *Histoire naturelle de l'homme*, les différents

procédés employés pour rendre momentanément l'homme incombustible. Nous y renvoyons le lecteur.

§ II.

Nous fermerons ce chapitre par la terrible épreuve que les *illuminés* d'Allemagne faisaient subir à tout individu, avant d'être reçu et d'entrer dans leur association. La description de cette horrible cérémonie a été tracée par M. Luchet, à qui nous l'empruntons :

« Le récipiendaire est conduit à travers un sentier ténébreux dans une salle immense, dont la voûte, le parquet et les murs sont recouverts d'un drap noir, parsemé de flammes rouges et de couleuvres menaçantes ; trois lampes sépulcrales jettent de temps en temps une lueur mourante et laissent à peine distinguer, dans cette lugubre enceinte, des débris de morts soutenus par des crêpes funèbres ; au milieu, une espèce d'autel formé par un monceau de squelettes ; à côté, s'élèvent des livres empilés. Plusieurs sont ouverts : les uns renferment des menaces contre les parjures ; les autres, l'histoire funeste des vengeances de l'esprit invisible, et des évocations infernales qu'on prononce longtemps en vain.

« Huit heures sonnent ; alors des fantômes, traînant des voiles mortuaires, traversent lentement la salle et s'abîment dans les souterrains sans qu'on entende le bruit des trappes.

« L'initié demeure vingt-quatre heures dans ce ténébreux asile au milieu d'un profond silence. Un jeûne sévère a déjà affaibli sa pensée; des liqueurs préparées ont commencé par fatiguer et finissent par exténuer ses sens. A ses pieds sont placées trois coupes remplies d'une boisson verdâtre. Le besoin les approche des lèvres, la crainte involontaire les en repousse.

« Enfin paraissent deux hommes qu'on prend pour les ministres de la mort ; ils ceignent le front du récipiendaire d'une bandelette teinte de sang et chargée de caractères mystiques sur lesquels se découpe la figure de Notre-Dame de Lorette. Il reçoit un crucifix de cuivre de la longueur de deux pouces ; on suspend à son cou des amulettes enveloppées d'un drap violet ; il est dépouillé de ses habits que deux frères servants déposent sur un bûcher élevé à l'autre extrémité de la salle. On trace sur son corps nu des croix avec du sang. Dans cet état de souffrance et d'humiliation, il voit approcher de lui à grands pas cinq fantômes armés d'un glaive, couverts de draps ensanglantés. Leur visage est caché sous un voile ; ils étendent un tapis sur le plancher, s'y agenouillent, font une prière et demeurent les mains étendues en croix sur la poitrine et la face contre terre dans un muet recueillement. Une heure se passe dans cette pénible attitude. Après cette épreuve, des accents plaintifs se font entendre ; le bûcher s'allume et d'abord ne jette qu'une flamme pâle, mais les vêtements y sont consumés. Une figure colossale surgit du milieu du bûcher ! A son aspect les cinq hommes prosternés entrent dans d'horribles convulsions : images fidèles de ces luttes, hideuses à voir, où un mortel aux prises avec un mal subit finit par en être terrassé.

« Alors une voix stridente perce la voûte et articule la formule des exécrables serments qu'il faut prononcer ; ma plume hésite et je me crois presque coupable de les rétracer :

« Au nom du fils crucifié, jurez de briser les liens charnels qui vous attachent encore à père, mère, frères ; sœurs, époux, parents, amis, maîtresse, rois, chefs, bienfaiteurs et tout être quelconque à qui vous aurez promis foi, obéissance, gratitude ou service.

« Nommez le lieu qui vous vit naître pour exister dans une autre sphère, où vous n'arriverez qu'après avoir abjuré ce globe empesté, vil rebut des cieux.

« De ce moment vous êtes affranchi du prétendu serment fait à la patrie et aux lois. Jurez de révéler au nouveau chef que vous reconnaissez, ce que vous avez vu ou fait, pris, lu ou entendu, appris ou deviné, et même de rechercher, épier ce qui ne s'offrirait pas à vos yeux.

« Honorez et respectez l'*aqua toffana* (1) comme un moyen sûr, prompt et nécessaire de purger le globe, par la mort ou par l'hébétation, de ceux qui cherchent à avilir la vérité ou à l'arracher de nos mains.

« Fuyez Rome, fuyez l'Espagne, fuyez toute terre maudite ; fuyez enfin la tentation de révéler ce que vous avez vu et entendu ici, car le tonnerre n'est pas plus prompt que le couteau qui vous atteindrait en quelque lieu que vous soyez ! »

« Quand le récipiendaire a entendu cette formule, on place devant lui un candélabre garni de sept cierges noirs ; à ses pieds est un vase plein de sang humain ; on le force à en boire la moitié d'un verre et il prononce le serment.

« Après la cérémonie, le récipiendaire est plongé dans un bain, au sortir duquel on lui sert un repas composé de racines.

« Des associations semblables ne peuvent qu'être funestes au pays où elles se forment ; le citoyen sage et paisible perd toute sécurité, il craint de rencontrer dans son voisin, son ami et même dans son frère, un homme vendu à de farouches tyrans et toujours prêt à exécuter leurs ordres criminels. »

---

(1) L'*aqua toffana* est, dit-on, un des plus violents poisons connus. Voyez le chap. *Poisons* de ce volume.

CHAPITRE XXXI.

Les enchanteurs et les fées jouent un grand rôle
depuis le bas empire jusqu'à la fin du moyen âge, et la
tradition raconte encore les prodiges qu'ils opéraient.
Il est très-probable que, dans le principe, des hommes ou des femmes, possédant quelque secret de physique amusante, donnèrent lieu à ces contes dont nous
rions aujourd'hui, mais auxquels on croyait fermement autrefois.

Parmi les enchanteurs, il s'en trouvait de bons et
de mauvais ; il en était de même pour les fées ; on
se réjouissait de la vue des premiers, on redoutait les
seconds et l'on évitait de passer près des lieux qu'ils
habitaient.

L'enchanteur MERLIN et la fée MÉLUSINE sont les
types de ces êtres fabuleux. On cite de Merlin des
faits merveilleux, impossibles, entre autres celui-ci :

Le roi de France, étant à la chasse, eut la fantaisie

26.

d'aller souper chez un baron, ami de l'enchanteur. Flatté de cet insigne honneur, le baron alla trouver Merlin et le supplia de se joindre à lui pour traiter splendidement le monarque. Merlin lui promit de combler ses désirs. En effet, au moment où le roi passait sur le pont-levis du manoir, une musique aérienne se fit entendre et l'accompagna jusque dans la salle de réception.

— « Vous avez là, mon cher baron, une musique bien supérieure à la mienne, dit le roi ; où sont vos musiciens que je les complimente? »

Le baron, qui n'avait jamais eu de musiciens, se trouvait dans un embarras extrême, lorsque tout à coup une troupe de musiciens, richement costumés, se montra à l'extrémité d'un long corridor.

Arrivé, avec son monde, dans la salle où un couvert de cent personnes était dressé, le roi s'installa et mangea de grand appétit les mets délicieux que le baron lui offrait.

— « Quel savant cuisinier vous possédez, cher baron, disait le roi satisfait, vous devriez me le céder, je l'emmènerais dans notre bonne ville de Paris, où il ferait des élèves. » En prononçant ces paroles, le roi regardait le plafond d'une richesse de décoration des plus remarquables : le premier service fut instantanément enlevé et remplacé par le second service en vases d'or. Quand le roi baissa les yeux, il resta stupéfait de ce qu'il voyait.

— «Ventrebleu ! s'écria-t-il émerveillé, votre manoir est donc sous l'administration des fées ; répondez, baron. »

— « Sire, lui répondit le baron, l'illustre et puissant Merlin est mon ami, c'est lui qui a ordonné le service. » Au même instant une musique divine charma les oreilles des convives, et de jolies danseuses vinrent s'offrir à leurs yeux étonnés.

— « Jusqu'ici, ajouta le roi, je n'avais pas voulu croire aux histoires qu'on débite sur le compte de ce grand enchanteur, mais je suis forcé aujourd'hui d'en reconnaître la vérité. Je désirerais vivement posséder un ami tel que le vôtre, cher baron, il me serait d'un bien grand secours dans les circonstances difficiles. »

— « Il ne tient qu'à vous, Sire, d'avoir Merlin pour ami ; mais, pour cela, il faut.... »

— « Que me faut-il faire ? »

— « Renoncer à la couronne de France !... parce que le bon Merlin a juré, par la barbe de Saturne, de ne jamais avoir affaire aux têtes couronnées, depuis le jour où il fut trompé... je veux dire maltraité par un grand monarque. »

— « Peste ! s'écria le roi, renoncer à ma chère couronne ; oh ! non, je préfère rester tel que je suis, n'en déplaise au bon Merlin. Néanmoins, je m'estimerais très-heureux de voir, de mes propres yeux, celui dont la réputation et les prodiges remplissent l'Europe entière. C'est une faveur que je demande à votre ami. Pourrait-il me l'accorder? »

Le baron, pour plaire à son roi, proféra d'une voix suppliante : — « O toi ! qu'on n'implore jamais en vain, favori du ciel, mon bon génie, Merlin ! daigne te montrer à nos yeux ! »

Soudain, le mur du fond de la salle s'ouvrit, laissant un large espace, et l'on aperçut une forme humaine enveloppée dans une longue robe noire lamée d'or et d'argent. Sa physionomie et sa pose majestueuse inspiraient le respect, et sa main puissante tenait une baguette d'ivoire. Cette apparition ne dura qu'un instant ; les deux pans du mur séparés se rapprochèrent et se réunirent comme un rideau tiré que ferme une main invisible.

Lorsque le roi sortit de chez le baron, il crut avoir fait un rêve... En effet, nos lecteurs penseront comme nous que c'en était bien un.

Le nom de Fée faisait naître, autrefois, la pensée de faits surnaturels ; on croyait à l'existence des fées comme on croyait à tant d'autres absurdités. Les fées bâtissaient des châteaux, des palais, d'un coup de baguette ; elles protégeaient l'innocence opprimée, redressaient les torts, présidaient à la naissance des héros, des princes, princesses, grands hommes, etc., et les dotaient bien ou mal, selon leurs caprices ; de telle sorte qu'une fée était un bon ou un mauvais génie. Pendant bien longtemps les contes de fées ont

fait les délices des veillées de nos ancêtres, et aujour-
d'hui encore on en berce les enfants. En tête de toutes les fées on plaçait la fée MÉLUSINE devenue populaire en France ; elle était aimée et révérée. Célèbre
par les prodiges qu'elle opérait et par son attache-
ment à la maison de Lusignan, Mélusine s'était
acquis une réputation qui dépassait celle de toutes
les autres fées. D'un coup de baguette elle construisit
le fameux château-fort de ces seigneurs ; elle se
montrait, la nuit, assez fréquemment au haut des
tours, sous la forme d'une sirène, et sa présence annonçait toujours une bonne ou une mauvaise nouvelle. Elle paraissait également à la naissance et à la
mort d'un Lusignan.

Charles-Quint et Catherine de Médicis eurent la
curiosité de se rendre sur les lieux mêmes pour mieux
apprendre les particularités concernant la fée Mélusine. Enfin, lorsque le château des Lusignan fut rasé
par ordre de Henri III, tous les villageois des environs aperçurent la fée pleurant et se lamentant sur
ses ruines.

Il n'y a pas plus d'un siècle qu'on croyait, en
Allemagne et en Angleterre, à l'existence des *Dames
blanches*. Nous ne dirons qu'un mot sur les Dames
blanches qui avaient pris sous leur protection les
maisons de Rosemberg, de Brunswick et de Brandebourg. Chaque fois qu'un triste événement se préparait, on les voyait paraître, la nuit, en robes blan-

ches avec des gants noirs; mais si la nouvelle qu'elles apportaient était bonne, les gants noirs se trouvaient remplacés par des blancs. Au château de Neuhauss on vit pendant longtemps une Dame blanche qui portait à sa ceinture un trousseau de clefs; elle ouvrait et refermait avec soin toutes les portes des chambres, visitait les appartements sans rien déranger; puis, s'en retournait. D'un caractère doux et affable, elle rendait le salut à ceux qui la saluaient. Néanmoins, lorsqu'on voulait s'approcher trop près d'elle, soudain elle disparaissait. Un jour, la foule s'étant amassée pour la voir, elle s'évanouit comme une vapeur légère.

Ces diverses apparitions avaient toutes un but caché; tantôt c'était pour effrayer les propriétaires d'un château, et le forcer à accorder ce qu'on lui demandait; tantôt il s'agissait d'une alliance, d'un mariage que venait proposer une Dame blanche; le but de l'apparition une fois atteint, la Dame blanche disparaissait pour ne plus revenir.

§ II. — VAMPIRES.

On appelait vampires les cadavres qui se conservaient intacts dans la tombe, et qui en sortaient, disait-on, la nuit, pour aller sucer le sang des personnes endormies.

Lorsque, par hasard, on ouvrait leurs tombes, on

trouvait les vampires parfaitement conservés, le visage frais, mais souillé du sang qu'ils avaient bu.

La croyance au vampirisme était généralement répandue dans la Hongrie, la Pologne, l'Autriche, la Servie et la Moravie. Il suffisait d'un mauvais plaisant, ou plutôt d'un malfaiteur sortant, la nuit, d'un cimetière, pour porter la terreur dans la contrée. Tout le monde avait vu l'affreux vampire ; il était fait de telle et telle façon ; il ouvrait une large bouche et montrait ses dents redoutables, etc. etc. Chacun fermait sa porte et se barricadait pour ne pas devenir la victime du vampire.

En 1726, on ouvrit la tombe d'un vieux vampire nommé Arnold, qui suçait le sang de tout le voisinage ; on le trouva dans sa bière, l'œil éveillé, le teint enluminé et l'air gaillard. Le bailli de l'endroit, homme expert en vampirisme, lui fit enfoncer un pieu dans le cœur, et trancher la tête ; ensuite on brûla le cadavre ; après quoi il ne suça plus personne.

Ce fait est attesté par deux juges du tribunal de Belgrade qui assistèrent à l'exécution, et par un officier de l'empereur, comme témoins oculaires.

§ III — BRONCOLAKAS.

Les Grecs modernes croient, sur la foi du prêtre, qu'il arrive, parfois, que les cadavres des personnes excommuniées sont animés par des démons qui se servent de leurs organes pour boire, manger, parler, etc; le nom de *Broncolakas* a été donné à ces fantômes. Il est de toute nécessité, pour rompre le charme, d'éventrer le revenant, de lui arracher le cœur, qu'on coupe en trois morceaux; puis il faut l'enterrer avec force signes de croix.

Paul Lucas, dans son *Voyage au Levant*, rapporte ce fait étrange et qui se renouvelle assez fréquemment dans l'île de Santorin. Des morts reviennent, dit-il, se font voir en plein jour, et entrent dans la maison qu'ils ont habitée, ce qui remplit de terreur ceux qui les aperçoivent. Pour se préserver d'un maléfice, aussitôt qu'il paraît un broncolakas, on court au cimetière déterrer son cadavre que l'on coupe par morceaux ; ensuite on le brûle par sentence du gouverneur : cela fait, le mort ne revient plus.

Telle était pourtant la crédulité des hommes aux siècles passés; la frayeur qu'il était si facile de leur inspirer, les mettait à la merci d'une foule de fripons. Et il est encore des gens, assez ennemis du progrès, pour injurier le grand siècle philosophique de la France qui effaça tant de superstitions.

CHAPITRE XXXII.

SECTION PREMIÈRE

ANNEAUX CONSTELLÉS.

L'or, l'argent, le cuivre, le fer et autres métaux servaient à la fabrication de ces anneaux ; ils devaient porter le nom et l'image de la planète sous les auspices de laquelle ils étaient placés.

L'anneau d'or portait le nom et la figure du *Soleil*, dieu du jour ; *l'anneau d'argent* relevait de la *Lune*, reine des nuits ; *l'anneau d'étain*, de *Jupiter*, roi des astres ; *l'anneau de fer*, de *Mars*, dieu de la guerre ; *l'anneau de cuivre*, de *Vénus*, l'astre brillant ; *l'anneau de plomb* représentait *Saturne* ou la vieillesse.

La plupart de ces bagues étaient enrichies d'une pierre précieuse ; mais il était de rigueur que cette pierre fût symbolique, c'est-à-dire en rapport avec le métal représentant l'astre. Ainsi :

L'*escarboucle*, attribuée au soleil, était strictement ordonnée pour l'anneau d'or ; toute autre pierre aurait détruit le charme : le *saphir*, pour l'anneau d'argent ; la *topaze*, pour l'anneau d'étain ; le *rubis*, pour l'anneau de fer ; l'*émeraude*, pour l'anneau de cuivre ; le *grenat*, pour l'anneau de plomb.

L'anneau, ayant été fabriqué et conditionné de la manière sus-indiquée, il fallait encore le porter secrètement sur le marchepied d'un autel où l'on disait la messe ; puis, à l'issue de la messe, on devait le plonger dans l'eau d'un bénitier. Une fois toutes ces formalités remplies, on possédait un talisman inappréciable.

L'heureux propriétaire de ce talisman pouvait entreprendre et exécuter une foule de choses réputées impossibles. Il lui était facile, par exemple, de se rendre invisible ; il possédait le privilége de se faire aimer de ceux ou de celles qu'il voulait, en les touchant de son anneau ; — il pouvait connaître les secrets d'autrui et lire même dans la pensée ; de telle sorte qu'il n'était plus possible à sa femme ou à sa maîtresse de le tromper sans qu'il le sût. L'anneau constellé avait beaucoup d'autres vertus que nous passerons sous silence, nous ajouterons seulement que le porteur de cet anneau se trouvait naturellement préservé de toute embûche, et mieux encore de toute maladie !...

SECTION II.

MIROIRS MAGIQUES.

Ces miroirs étaient fabriqués avec des pratiques et des cérémonies goétiques aussi révoltantes qu'absurdes ; ils jouissaient, dit-on, de la propriété de vous représenter tout ce qui se passait loin de vous ; l'image des choses et des personnes que vous désiriez voir venaient s'y réfléchir. Le premier miroir magique est attribué à Pythagore qui, lui-même, le tenait d'un Mage. Ce philosophe, dit Suidas, écrivait avec du sang sur une espèce de miroir qu'il présentait aux rayons de la lune, et il lisait dans cet astre tout ce qu'il avait écrit sur le miroir.

Noël Lecomte rapporte que ce secret était connu de François Ier ; dans ses guerres contre Charles-Quint il pouvait, avec un semblable miroir, savoir à Paris ce qui se faisait à Milan. La manière d'opérer était fort simple : un espion, résidant à Milan, écrivait sur un miroir magique, en tout semblable à celui du roi de France, les événements politiques, et François Ier lisait cette écriture sur son miroir.

Si l'on nous demandait notre opinion sur les faits rapportés par Suidas et par Noël Lecomte, nous répondrions que ce sont des fables, et qu'il faut les reléguer dans le domaine des contes bleus.

SECTION III.

FIGURES MAGIQUES.

Chez les Égyptiens et les Grecs, les magiciens de bas étage, pratiquant la *goétie* ou magie infernale, modelaient de petites statuettes en cire, ayant quelque ressemblance avec les personnes auxquelles ils voulaient nuire. Lorsque ces figures étaient terminées, ils tuaient un hibou, en répandaient le sang autour d'un bûcher d'asphodèle, et invoquaient les esprits infernaux ; cela fait, ils enfermaient la statuette dans une boîte, pour s'en servir au besoin. Voici comment ces goétiens opéraient :

Tantôt ils fermaient la bouche de cette figure, afin que la personne dont elle était l'image ne pût ni boire ni manger ; tantôt ils lui piquaient les yeux, lui enfonçaient un stylet dans le cœur, dans le foie ou autres viscères. D'autres fois, ils la flagellaient, l'égratignaient, la couvraient d'ordures ; toujours dans l'espoir que ce qu'on faisait endurer à la statuette serait éprouvé par la personne désignée.

Lorsqu'on lit de semblables énormités, ne doit-on pas déplorer le coupable aveuglement de l'esprit humain ? C'est cependant ce qui se faisait chez les anciens et ce qui fut renouvelé au seizième siècle par Catherine de Médicis et par quelques autres personnes ses contemporaines.

On rapporte qu'un magicien qui se disait arrivé d'Orient, se fit présenter à cette princesse et lui proposa, en échange d'une somme assez forte, de lui apprendre l'art de construire et de se servir des figures magiques. Catherine accepta tout de suite avec empressement. Le fripon, après avoir extorqué la somme, disparut laissant la reine en possession de son vain secret. On dit que l'ambitieuse et vindicative Catherine construisit une foule de figures magiques qu'elle piquait au cœur, dans l'espoir de se débarrasser des personnages qui lui portaient ombrage. Il fallait que Catherine fût bien simple pour ajouter foi à ces monstrueuses puérilités, mais surtout bien haineuse pour s'en servir. Du reste, les chroniques de cette époque et l'historien Mézerai font un si triste portrait de cette reine qu'on peut sans peine la croire capable de s'être servie des figures magiques.

On fit courir le bruit que Henri III avait hérité de sa mère du secret des figures magiques ; ce grossier mensonge était accrédité par un parti puissant tourné contre le roi. Le *Journal de l'Estoile* rapporte que Henri III fut accusé d'évoquer le diable dans le bois de Vincennes. Mais la vérité ne tarda point à se faire jour, et les imposteurs furent châtiés comme ils le méritaient.

CHAPITRE XXXIII.

L'on croyait jadis, et le vulgaire croit encore, que les dernières paroles prononcées par les agonisants et par les condamnés à mort, renferment un sens prophétique. Plusieurs faits isolés ont donné lieu à cette croyance ; nous citerons les suivants :

Ferdinand VI, roi de Castille, fut ajourné par les frères Carjaval, injustement condamnés à mort, à paraître devant Dieu dans trente jours. Il mourut, en effet, le trentième jour ; de là lui vint le surnom de Ferdinand l'Ajourné.

Philippe le Bel et le pape Clément V, furent cités à comparaître devant le tribunal de Dieu, par Jacques Molay, grand-maître des Templiers, avant l'année révolue. Jacques Molay fut brûlé ; Clément V, affecté d'une maladie chronique, succomba cette même année, ainsi que Philippe le Bel.

Jean Huss, condamné comme hérétique à être

brûlé vif, ajourna ses juges à trois mois. Les juges ne moururent pas, mais la papauté fut fortement ébranlée. Il est vrai qu'à cette époque la cour de Rome se livrait à de tels excès, qu'il n'était pas besoin d'être prophète pour prédire qu'une révolution menaçait l'Église catholique.

Nous pourrions rapporter beaucoup de faits semblables; mais nous croyons que cela est inutile. Nous nous bornerons à cette question :

— « Les dernières paroles des mourants ont-elles quelque chose de fatidique ? »

— « Oui et non. »

Oui, pour celui qui admet que la faculté de connaître l'avenir est dévolue à certaines organisations privilégiées. — Non, pour celui qui nie à l'homme cette faculté.

Lequel des deux a raison ?

Ici, comme pour les prédictions, en général, sur cent paroles prophétiques deux se réalisent; on oublie les quatre-vingt-dix-huit fausses et l'on ne parle que des deux qui ont eu leur accomplissement. En bonne conscience, peut-on considérer comme prophète celui qui se trompe quatre-vingt-dix-huit fois sur cent ?

Le fait suivant nous servira d'exemple pour expliquer la réalisation possible des prédictions de ce genre.

Plusieurs prédictions avaient été faites à un officier

du régiment de Champagne, et toutes avaient eu leur réalisation plus ou moins complète, ce qui lui avait donné beaucoup de confiance aux horoscopes. On lui avait notamment prédit qu'il ne serait jamais blessé à la guerre : en effet, quoiqu'il se fût vingt fois exposé à la mort, comme un brave militaire, il n'avait jamais reçu la moindre égratignure.

Un jour, étant à la chasse, il rencontra une vieille femme gisant sur le sol et près de rendre l'âme. Il s'approcha d'elle et lui demanda quel secours il pourrait lui donner?

— « Emporte-moi sur tes épaules, lui répondit l'agonisante, et dépose-moi chez toi ; je mourrai plus doucement. »

L'officier lui objecte qu'il n'est point du pays, qu'il loge chez un ami et que, par conséquent, il ne peut lui rendre ce service.

— « Eh bien ! ajouta la vieille d'une voix éteinte, continue ton chemin ; moi, je vais, dans un moment, paraître devant Dieu, et toi tu viendras me rejoindre dans deux mois. »

L'officier raconta le soir, à ses amis, ce qui lui était arrivé, et ne parut plus y penser. Sa permission expirée, il repartit pour son régiment, où il reprit ses occupations. Cependant, trois jours avant le terme indiqué par la vieille, il se rappelle son aventure ; cette idée le poursuit, ne le quitte plus. Le lende-main, il a la fièvre, il se met au lit. Un médecin, reconnaissant la cause de la maladie, cherche à lui remonter le moral. C'est en vain... l'idée fixe a envahi tout le cerveau. Son frère, ses amis tâchent, par tous les moyens possibles, d'extirper cette funeste idée; tout est inutile... Il expira, non pas le jour même de l'ajournement, mais quelques jours après. Évidemment, ici, c'est la tête qui a tué le corps. Il en est de même pour tous les faits de cette nature.

CHAPITRE XXXIV.

De tous temps, la baguette fut un signe de puissance, de supériorité intellectuelle. Les dieux et demi-dieux, les grands hommes, les magiciens et magiciennes opéraient des miracles avec leurs baguettes: Mercure, Bacchus, Circé, Médée, Pythagore, Zoroastre, Moïse et beaucoup d'autres grands hommes de l'antiquité sont toujours représentés avec une baguette. Nous avons déjà vu, à l'un des chapitres précédents, des exemples du rôle de cette baguette dans les opérations de magie.

La baguette divinatoire, qui fut une des mille superstitions du moyen âge, était encore en honneur au siècle dernier. En voici la description exacte :

Elle doit être de coudrier, de la poussée de l'année; c'est de toute rigueur. Il faut la couper le troisième jour de la nouvelle lune, à l'heure de minuit; c'est encore de rigueur. Le couteau avec lequel on la coupe doit être neuf et n'avoir jamais servi. Il faut, et c'est tout à fait indispensable, porter ce couteau dans une église pour le faire bénir. Après la bénédiction, on écrit ces mots sur la lame : *Agala* près du talon ; — sur le milieu, ων ; — et, à la pointe, *Tétragramaton*. Le signe ☓ entre chaque mot est de toute nécessité. Ces formalités étant remplies, on sort de chez soi avec des souliers neufs aux pieds et un rosaire sur la poitrine. Minuit sonnant, on coupe la baguette en prononçant ces paroles à haute voix et les yeux fixés au ciel :

« *Par le Dieu vivant, je te conjure de m'obéir ;* + on se signe, — *Par le Dieu saint et vrai,* + on se signe, — *Par le Dieu tout-puissant, je te conjure par trois fois de m'obéir ;* » +++ on se signe trois fois, et l'on détache la baguette du tronc. Alors, on la met dans sa poitrine, de manière à ce qu'elle touche le rosaire, et on l'emporte chez soi. Pendant le trajet, il est rigoureusement défendu de communiquer avec personne ; sans cette précaution, la puissance de la baguette avorterait.

Hélas ! disons-le en passant, parmi la foule ignorante, de pauvres gens croient encore au pouvoir de la baguette. On conçoit bien que le possesseur d'un semblable talisman doit opérer des miracles ; nous allons donc rapporter l'histoire de deux *rabdomanciens* célèbres, afin que le lecteur puisse établir un jugement sur cette question.

Jacques Aimar Vernay, né à Saint-Véran, en Dauphiné, le 8 septembre 1662, se distinguait des autres paysans de son village par son esprit incessamment dirigé vers la ruse. A l'âge de dix-huit ans, il fit connaissance d'un vieux berger jouissant d'une certaine réputation dans la contrée, grâce à sa baguette de coudrier. Jacques Aimar, entrevoyant le parti qu'on pouvait tirer de cette industrie, se fit l'élève du vieux berger, et ne tarda pas à l'éclipser par son adresse à diriger la baguette. Quelques années plus tard, la renommée publiait, d'un bout de la France à l'autre, les prodiges qu'opérait le jeune rabdomancien.

La baguette de Jacques Aimar ne se bornait pas à découvrir les sources à de grandes profondeurs, elle indiquait aussi les métaux enfouis : l'or, l'argent, le cuivre, et les trésors cachés. Elle avait l'étonnant pouvoir de reconnaître les adultères, les voleurs, les assassins !!!

Les succès qu'obtint cet homme firent tant de bruit dans toute la province, qu'un double assassinat ayant été commis, en la ville de Grenoble, sur la personne d'un cabaretier et de sa femme, le président du tribunal voulut essayer le pouvoir du jeune paysan. Jacques Aimar fut donc amené sur le lieu du crime. Interrogé par le président pour savoir s'il lui serait possible de découvrir les meurtriers, il répondit affirmativement. Tous les moyens propres à favoriser les opérations de sa baguette furent mis à sa disposition. On rapporte que Jacques Aimar suivit à la piste les meurtriers, depuis Lyon jusqu'à Marseille; qu'il en découvrit un à Beauvais et qu'il ne perdit la trace des autres que sur le rivage où ils s'étaient embarqués.

La célébrité de Jacques Aimar allait toujours croissant, lorsqu'un jour, dans les salons du prince de Condé, on parla de lui et des prodiges qu'opérait sa baguette. Le prince, qui n'était pas homme à se laisser prendre aux contes du vulgaire, manda Jacques Aimar auprès de lui. Le rabdomancien se rendit à cette invitation. Mais ici les spectateurs n'étaient point des paysans crédules et faciles à tromper; Jacques Aimar eut affaire à des hommes instruits et se tenant sur leurs gardes; aussi fut-il bafoué et obligé d'abandonner, fort peu de temps après cette mésaventure, une industrie qui, jusque-là, lui avait été très-profitable.

Un rabdomancien-hydroscope, encore plus extraordinaire que Jacques Aimar, se produisit quarante ou cinquante ans après; il se nommait Bléton. De 1755 à 1781, il découvrit plus de trois cents sources dans les fermes et châteaux où il était appelé, ce qui lui valut la réputation de sourcier par excellence, et l'honneur d'être visité par les plus savants physiciens et médecins de son temps. Voici les principaux phénomènes physiologiques offerts par Bléton chaque fois que, par hasard, il se trouvait au-dessus d'une source ou d'un réservoir d'eau profondément situé :

Les effluves invisibles de l'eau souterraine frappaient l'épigastre et le diaphragme de Bléton, d'où il résultait un sentiment d'oppression très-visible. Bientôt un frisson général le saisissait, et à ce frisson succédait un tremblement si violent, que Bléton avait de la peine à se tenir sur ses jambes. Les membres supérieurs se roidissaient, le pouls, d'abord très-fort, diminuait peu à peu ; la face offrait une altération visible ; une sueur froide lui baignait le visage ; en un mot, on pouvait croire qu'il allait devenir la proie d'une attaque de spasme convulsif. Cet état durait tout le temps que Bléton restait au-dessus de la source, et se dissipait aussitôt qu'il se plaçait à côté. Ces divers symptômes étaient plus ou moins intenses, suivant la profondeur et le volume de la source. Le malaise était plus marqué en remontant la source qu'en suivant son cours. Lorsque la masse d'eau était considérable et que Bléton soutenait longtemps cet exercice, il éprouvait une telle fatigue, que le repos lui devenait, de temps en temps, nécessaire ; un sentiment de lassitude dans tout le corps était le résultat de son travail. Ses sensations étaient plus fortes et plus distinctes à jeun qu'après le repas, et si, après avoir mangé, il lui arrivait de travailler trop longtemps sur des sources abondan-

tes, sa digestion était troublée et quelquefois il re-
jetait les aliments par le vomissement. Les temps
chauds et secs étaient plus favorables à ses opérations
que les temps froids et humides. Il disait ne pas sentir les eaux vagues ou stagnantes dans les entrailles
de la terre, non plus que les eaux découvertes, quoique courantes ; seulement, dans ce dernier cas, étant
dans un bateau, il éprouvait un mal de tête et beaucoup de fatigue dans les membres, mais point de
commotion intérieure. Ce sourcier ne montrait dans
sa constitution physique, comparée à celle des autres
hommes, aucune différence remarquable. Les variations atmosphériques, surtout les variations électriques, influaient d'une façon toute particulière sur
son système nerveux. Du reste, Bléton était un
homme d'une extrême simplicité, et rien, dans ses
actes physiques et moraux, n'annonçait un impos-
teur.

Maintenant, voici un *procès-verbal* en faveur de
Bléton, rédigé après que cet hydroscope eut amené
l'abondance en diverses localités privées d'eau, par
l'indication de vingt-sept sources :

« Nous soussignés, officiers municipaux de la
commune de Saint-Jean-en-Royant, élection de Va-
lence, juridiction de Saint-Marcellin, en Dauphiné,
certifions et attestons que le sieur Barthélemy Bléton,
natif de la paroisse de Bouvente, audit Royant, y habitant, a acquis, depuis trente ans, une profonde

connaissance à découvrir les sources ou fontaines, et que, par ses indications fixes et bien déterminées, bon nombre de particuliers , dans la contrée du Royantais , en reçoivent actuellement de grands avantages. »

Suivent les noms des propriétés et localités où Bléton a découvert d'abondantes sources.

« Étant, de plus, appelé des seigneurs respectables de la province et même de ceux du royaume, qui lui donnent une entière confiance, à la connaissance qu'il a pour la découverte des eaux, ainsi qu'il nous a paru par diverses lettres qu'on lui a adressées.

« Fait et certifié véritable audit Saint-Jean, ce 2 avril **1781**.

« Et ont signé : **François**, lieutenant de Châtellenie; — **Girodin**, premier consul ; — **Mignon**, second consul ; — **Vinay**, secrétaire-greffier.

« Vu et certifié par le bailli du duché d'Hostun et subdélégué au département de Saint-Marcellin. »

De plus, Bléton était porteur de quatre-vingt-cinq certificats attestant qu'il avait découvert une ou plusieurs sources dans les propriétés des signataires.

Devant de semblables témoignages, l'incrédulité quand même serait peu philosophique ; c'est assez dire que nous ne confondons pas Bléton avec le misérable charlatan dont nous avons parlé tout à l'heure. Il est donc à présumer qu'il existe certaines organisations chez lesquelles le système nerveux peut être affecté par les effluves aqueuses, et donner lieu aux phénomènes fournis par les sourciers. On sait que les effluves des marais, absorbées par les personnes qui s'y exposent la nuit, développent fréquemment la terrible fièvre paludéenne, si souvent mortelle.

Mais pourquoi, nous dira-t-on, les sourciers n'offrent-ils pas les mêmes symptômes lorsqu'ils se trouvent sur un pont où la rivière coule, ou lorsqu'ils voyagent en bateau?

On peut répondre que, probablement, ils reçoivent également les effluves, mais à un moindre degré, ce qui fait que les signes offerts peuvent être beaucoup moins sensibles. Enfin, il est sage de dire que la science ne s'est pas assez occupée de cette question, qui mériterait une étude sérieuse. Il peut y avoir beaucoup de jongleries dans les exercices de certains hydroscopes; mais il peut y avoir aussi du vrai, et ce dernier point exige qu'on mette plus de réserve dans son jugement.

Maintenant, quel est le rôle de la baguette de coudrier? Peut-elle indiquer les sources, les cours d'eau, les trésors enfouis, les richesses métalliques d'un sol?

Ici, notre réponse est absolument négative. En effet, quel rapport peut-il exister entre un morceau de bois et les corps dont nous venons de parler, profondément enfouis? Jusqu'ici, la physique et la chimie n'ayant découvert aucune influence réciproque entre le bois, l'eau et les métaux, il est bien permis de rester incrédule.

Enfin, la baguette, maniée par un individu *spécial*, a-t-elle le pouvoir de découvrir les faits accomplis, les crimes, les mauvaises actions, etc.?

Cette question ne mérite pas l'honneur d'une réponse.

CHAPITRE XXXV.

Il faut entendre par *pierre philosophale* une substance pulvérulente, nommée *poudre de projection*,
possédant l'étrange vertu d'opérer la transmutation
en or de divers métaux, et particulièrement du mercure. Cette poudre, objet de recherches aussi assi-
dues qu'opiniâtres, consuma la vie et la fortune d'un
grand nombre d'individus. Ce fut surtout au commencement du quinzième siècle que cette étude devint
une manie, une violente passion. On vit des hommes
du premier mérite employer leur temps et leurs lumières à cette folle entreprise. Les fourneaux, le
charbon, les creusets, alambics, cornues, etc., tous
les ustensiles coûteux du laboratoire, absorbèrent
des sommes énormes sans aucun bon résultat. D'a-
droits fripons prétendirent posséder le secret de la
pierre philosophale, et dissipèrent, en peu de temps,

les richesses des gens trop crédules qui eurent la faiblesse d'alimenter leurs opérations.

Le nom d'alchimiste fut donné à ces opiniâtres chercheurs de la merveilleuse poudre. On doit néanmoins reconnaître que leurs découvertes, souvent inattendues, préparèrent la voie que la *chimie* devait parcourir plus tard : la **CHIMIE** ! cette vaste science qui, en multipliant chaque jour les ressources de l'industrie, accroît aussi le bien-être des sociétés : la chimie, à qui la civilisation moderne doit ses immenses progrès, et qui a, pour ainsi dire, changé la face du monde.

Le nombre des hommes distingués par leur savoir qui ont prétendu posséder la pierre philosophale ou qui ont ajouté foi à la transmutation, est assez élevé ; nous ne citerons que les plus célèbres.

Raymond Lulle fut, dit-on, le premier qui se lança à la recherche de la pierre philosophale. On attribue sa fortune à ce talisman ; mais la véritable source de ses richesses fut l'impôt sur les laines, qu'il fit établir et qu'il afferma.

Arnaud de Villeneuve était grand médecin, bon alchimiste ; sa clientèle et la faveur des papes résidant à Avignon lui valurent de grandes richesses. Le vulgaire prétendait qu'au moyen de sa pierre philosophale, Arnaud fabriquait des monceaux d'or !...

Nicolas Flamel passait, aux yeux de ses contemporains, pour un savant alchimiste, possédant le secret de la transmutation. L'immense fortune qu'il acquit en se faisant l'intermédiaire secret des Juifs chassés de France et de leurs débiteurs, fit croire qu'il savait composer la pierre philosophale.

Corneille Agrippa allia la cabale à la médecine et donna une explication des livres apocryphes d'*Hermès*. Cet enthousiaste se livra, dès sa jeunesse, à l'étude des sciences magiques et cabalistiques. Il fit courir le bruit qu'il avait enfin trouvé le secret du *grand œuvre* ou pierre philosophale, et passa, aux yeux de ses contemporains, pour faire de l'or.

Paracelse, homme à imagination vagabonde qui, dans ses ouvrages, plaçait des puérilités à côté de choses très-sérieuses; homme présomptueux et d'une vanité choquante, se vantait d'avoir trouvé la pierre philosophale et la panacée universelle; il proclamait aussi, avec l'effronterie d'un charlatan, qu'au moyen de son élixir de longue vie, il pouvait prolonger à son gré l'existence humaine.

Michel Sendivogius et *Antoine Bragadini* s'acquirent une grande réputation comme alchimistes; on disait d'eux qu'ils faisaient de l'or aussi facilement qu'un forgeron fait de l'acier.

Sennert, médecin célèbre, apprit, dit-on, d'un adepte l'art de transmuer les métaux en or.

Martin d'Anvers, professeur de philosophie, fut longtemps l'antagoniste des adeptes. On rapporte qu'un jour, disputant avec chaleur contre la pierre philosophale, un de ses adversaires se fit apporter du plomb, un creuset et un fourneau; lorsque le plomb fut en fusion, il y jeta, en présence de tout le public, sa poudre de projection, et aussitôt le plomb se changea en or. Puis, s'adressant au professeur :

— « Réponds à cet argument, lui cria-t-il ? »

De ce jour, Martin d'Anvers se fit adepte.

Van Helmont, qui fut une illustration en médecine et en physique, dit que sa propre expérience le force à convenir de l'existence d'une poudre capable de métamorphoser en or certains métaux. Avec un grain de cette poudre, il a lui-même converti en or plusieurs milliers de grains de mercure chaud, au grand étonnement des spectateurs. Nous ajouterons que Van Helmont était un homme d'imagination, ami du merveilleux, et qu'il finissait souvent par se persuader de la réalité des rêves qu'il caressait.

. *Cardan* et *Pic de la Mirandole*, deux hommes fort remarquables, mais chez qui l'imagination altérait la raison, croyaient à la pierre philosophale, de même qu'ils croyaient au diable, aux sorciers, aux possédés et à toutes les absurdités qui caractérisaient leur époque. Chez Cardan surtout, l'amour du merveilleux était porté jusqu'à la monomanie.

Il faut croire que, pour ajouter foi à l'impossible pouvoir de la pierre philosophale, les hommes éminents dont nous venons de parler avaient été trompés par d'adroits fripons. Voici, du reste, un exemple du savoir-faire de ces rusés fabricants d'or qui couraient les villes, s'attachant aux princes, aux seigneurs, et s'enrichissant à leurs dépens.

L'empereur Ferdinand III étant à Prague, en 1648, fut témoin oculaire de la transmutation de trois livres de mercure en or par un seul grain de la poudre de projection. Celui qui opéra cette transmutation se nommait Richthausen; il obtint pour récompense de l'argent et le titre de baron. L'empereur fit frapper une médaille avec cet or philosophique. Sur un côté de la médaille était représenté un jeune homme, ayant pour tête un soleil rayonnant; sur l'autre côté, on lisait ces mots :

« Divine métamorphose, faite à Prague, le 15 janvier 1648, en présence de l'empereur Ferdinand III. »

Ce Richthausen, homme fin et rusé, vendit à l'empereur, ainsi qu'à plusieurs seigneurs, le secret de la poudre de projection; puis il décampa au plus vite, emportant des sommes énormes.

Les nouveaux possesseurs de la poudre voulurent faire de l'or, mais en vain; ils ne purent réussir. On fit courir après Richthausen; il avait quitté le pays. On s'aperçut alors qu'on avait été audacieusement trompé.

Jean Gauthier, baron de Plumeroles, fut présenté au roi Charles IX comme pouvant faire de l'or; le roi lui fit donner cent mille livres, et l'alchimiste se mit aussitôt à l'ouvrage. Mais, après huit jours d'un travail stérile, il décampa avec l'argent du monarque. La police fut lancée à sa poursuite, et l'atteignit. Le gibet mit fin à ses vols.

Guy de Crusembourg reçut vingt mille écus pour travailler, dans la Bastille, à faire de l'or. Plusieurs hauts seigneurs venaient assister à ses travaux, dont le résultat était la transmutation imparfaite du mercure. Un soir, il s'évada, emportant les vingt mille écus, et ne reparut plus en France.

Un philosophe possédant la science hermétique se présenta à Henri Ier, prince de Bouillon, et lui vendit le secret de faire de l'or, quarante mille écus. Cet adroit industriel avait acheté à Sedan toute la litharge que possédaient les apothicaires de la ville ; puis la leur avait fait revendre à bas prix, mélangée de quelques onces d'or en poudre. Le prince de Bouillon ayant opéré lui-même, obtint, en effet, quelques parcelles d'or ; mais lorsque toute la litharge des apothicaires de Sedan fut épuisée et qu'il fallut en faire venir d'autre, la poudre de projection perdit sa puissance transmutante. L'adepte était parti avec les quarante mille écus ; le prince de Bouillon s'aperçut qu'il avait été volé et jura qu'on ne l'y reprendrait plus.

Pendant une période de cent cinquante ans que dura cette manie de la pierre philosophale, une foule d'industriels, semblables à ceux dont nous venons de parler, exploitèrent les riches crédules et envieux d'augmenter leurs richesses. Plus tard on connut les friponneries qu'ils mettaient en usage ; nous en rapporterons quelques-unes :

Ils remuaient les métaux qu'ils prétendaient transmuer avec des spatules ou des baguettes creuses remplies d'or. — Ils jetaient dans le creuset de la poudre de charbon mélangée de poudre d'or oxydé. — Ils employaient des creusets à double fond ; dans le dernier fond, ils cachaient de l'or et plaçaient par dessus un autre métal ; lorsque la fusion avait lieu, sous le prétexte de remuer, ils perçaient le double fond et montraient l'or aux spectateurs. — Ils creusaient les charbons qu'ils plaçaient sur le creuset et y insinuaient de l'or. — Ils se servaient aussi de creusets dont la paroi intérieure, tapissée d'un amalgame d'or, se détachait par la chaleur et tombait au fond du creuset pour former un lingot d'or.—Ils mettaient en usage cent autres moyens et opéraient d'une manière si adroite, que les plus clairvoyants y étaient trompés. De plus, pour faire étalage de leur vaine science, ils se servaient d'un jargon amphigourique, dont la lecture est aujourd'hui inintelligible.

Parmi les alchimistes, comme partout, il existait des gens de bonne foi et des fripons. Les croyants à cet art qui passaient leur existence dans le fond d'un laboratoire, loin d'atteindre au but désiré, arrivaient toujours à la ruine ; d'où sortit ce proverbe :

« L'alchimie est un art sans art, dont le principe

est le mensonge, le milieu le travail et la peine, la fin la mendicité. »

Notre conclusion relativement à la pierre philosophale est celle-ci :

Le globe terrestre est formé de corps simples et de corps complexes. L'art et la science sont parvenus à imiter, à produire des corps composés, par la combinaison chimique de plusieurs corps simples ; mais l'homme ne saurait produire un corps simple ; car, pour le produire, il faudrait créer, et créer n'est pas en son pouvoir. L'or étant un corps simple, il est donc absurde, c'est-à-dire d'une impossibilité absolue, de chercher à le produire avec d'autres substances minérales. Donc, tout ce qui a été débité sur le fameux secret de la pierre philosophale, connu, dit-on, de quelques alchimistes, est complétement faux et doit être rejeté dans le domaine des fables.

CHAPITRE XXXVI.

Le magnétisme animal était un des moyens thaumaturgiques le plus fréquemment employés chez les anciens ; les documents historiques ne laissent aucun doute à cet égard. Nous donnons ici au magnétisme son acception la plus étendue, c'est-à-dire influence de l'homme sur son semblable, par la voix, le regard, les attouchements, etc., et par la puissance de la volonté.

L'histoire ancienne nous fournit une multitude de faits qui doivent être rapportés au magnétisme. Ainsi, les Brahmanes et les Mages opéraient de nombreuses guérisons par le regard, au moyen duquel ils calmaient les douleurs et procuraient le sommeil. — Les Chaldéens et les Égyptiens usaient de la même méthode et obtenaient de pareils résultats. — Hérodote cite, nous l'avons déjà vu, plusieurs temples où les malades se rendaient, afin d'être endormis par les prêtres et obtenir, en songe, le secret qui devait les guérir. — Diodore dit positivement que les malades arrivaient en foule dans le temple d'Isis, pour être endormis par les prêtres. La plupart de ces malades devenus *hynoliques*, c'est à-dire doués de la faculté de parler pendant leur sommeil magnétique, répondaient aux questions que les prêtres leur adressaient et indiquaient eux-mêmes le traitement à suivre pour obtenir leur guérison. — Strabon nous apprend que les mêmes choses se passaient dans le temple de Memphis, avec cette différence que c'étaient les prêtres, au lieu des malades, qu'on endormait et qui donnaient les consultations. — Selon Celse et Arnobe, il existait depuis un temps immémorial, chez les Égyptiens, des individus nommés *guérisseurs* qui, au moyen d'attouchements et d'insufflations, triomphaient de certaines maladies contre lesquelles la médecine avait échoué.

Chez le peuple hébreu les magnétiseurs furent très-nombreux ; ils opéraient des prodiges inouïs ; non-seulement ils guérissaient les malades, mais ils rendaient la vie aux morts!... Cela veut sans doute dire à ceux qu'on croyait morts. On sait que les Juifs avaient la passion du merveilleux ; ils étaient, de plus, très-superstitieux ; aussi leur histoire ressemble-t-elle souvent à des contes de fées.

Les Grecs pratiquaient aussi le magnétisme dans les temples. Les desservants de l'oracle de Tro-

phonius s'étaient rendus célèbres dans ces pratiques.
— Hérodote nous apprend que les prêtres, jaloux
des guérisons qu'opérait une magicienne par les attouchements magnétiques, la firent périr. Enfin, on
rencontre dans l'histoire grecque une foule de faits
qui prouvent, d'une manière positive, l'emploi du
magnétisme.

Les Romains, imitateurs des Grecs, eurent aussi
leurs temples et leurs oracles où l'on magnétisait les
malades. Celse rapporte qu'Asclépiade de Pruse endormait par les attouchements les personnes atteintes de frénésie.— Eusèbe, Origène et Jamblique sont
d'accord sur les guérisons opérées dans les temples d'Esculape par le magnétisme. — Les druides
et druidesses, au milieu de leurs pratiques superstitieuses, usaient du magnétisme ; les guérisons qu'ils
opéraient étaient si nombreuses, qu'on venait les
consulter de tous les pays.

Ainsi qu'on le voit, le magnétisme fut connu dès la
plus haute antiquité et pratiqué par tous les peuples.
Le magnétisme de notre temps est absolument le
même que celui des anciens ; seulement les charlatans d'aujourd'hui sont beaucoup plus nombreux
que ceux d'autrefois.

Le magnétisme animal se pratique actuellement
chez les Arabes et les Égyptiens d'une manière fort
curieuse et qui mérite d'être rapportée. On trouve
dans l'excellent ouvrage de W. Lane, sur les mœurs

des Égyptiens, la relation de circonstances fort curieuses concernant un magicien arabe qui, au moyen
du regard et de formules magiques, magnétisait certains enfants et leur donnait la faculté de voir dans
le creux de leur main tout ce qui se passait, non-seulement dans la ville du Caire, mais dans toutes les
autres villes d'Égypte. Nous renverrons le lecteur à
cet ouvrage, et nous nous contenterons de citer quelques passages de la brochure de M. Léon de Laborde
intitulée : *Recherches sur la magie égyptienne*.

M. de Laborde se trouvait au Caire lorsqu'il entendit parler des merveilles qu'opérait un Arabe,
habile dans les arts magiques. Curieux de voir de ses
yeux quelques-uns des prodiges qu'on lui avait racontés, il alla trouver le magicien, et, moyennant
une somme d'argent, obtint qu'il opérât devant lui.

« Le magicien était un homme de trente ans, grand,
beau, d'une physionomie douce et affable ; il avait le
regard vif, perçant et même accablant, et, pour cela,
évitait de fixer ses yeux sur ceux d'autrui, car il connaissait la puissance de son regard. Au jour indiqué
pour la séance, M. de Laborde s'y rendit accompagné
de plusieurs personnes, parmi lesquelles était lord
Prudhoe ; quelques enfants étaient aussi présents, les
uns européens, les autres arabes. Toute la société
s'étant rangée en cercle, le magicien fit asseoir un des
enfants auprès de lui, et, lui ayant pris la main, la
regarda attentivement. Cet enfant, âgé de onze ans, fils

d'un Européen, avait été élevé dans le pays et parlait facilement l'arabe. Le magicien, nommé Achmed, lui dit en tirant son écritoire de sa ceinture : « Enfant, n'aie pas peur, je vais t'écrire quelques mots dans la main et tu y regarderas. » Achmed traça dans la main de l'enfant un carré, au milieu duquel se trouvaient quelques chiffres, puis versa dessus l'encre contenue dans l'encrier.

— « Vois-tu ton image? » lui demanda le magicien.

— « Oui, » répondit l'enfant.

« Alors le magicien prit un réchaud, y jeta quelques parfums, et, plongeant ses regards dans les yeux de l'enfant, l'engagea à regarder de nouveau dans sa main, en l'avertissant qu'il allait voir passer un soldat turc.

« Le silence était profond : l'enfant avait les yeux fixés sur sa main ; la fumée s'élevait en épais flocons du réchaud, répandant une odeur aromatique. Achmed, de sa voix tantôt faible et douce, tantôt bruyante et saccadée, semblait commander à l'apparition, quand tout à coup l'enfant s'écria en jetant sa tête en arrière, qu'il ne voulait plus regarder, qu'il avait vu une figure horrible, et ses traits annonçaient une grande frayeur. Le magicien dit, sans en paraître étonné :

— « Cet enfant a eu peur, il faut le laisser ; car, si l'on continuait, son imagination serait trop vivement frappée. »

« On prit un enfant arabe qui se prêta fort tranquillement aux préparatifs magiques. L'encre fut versée dans sa main ; les parfums s'élevèrent en fumée et le magicien chanta une prière d'une voix tantôt forte et d'autres fois légère, étouffée ; puis, s'adressant à l'enfant :

— « Regarde bien, vois-tu quelque chose? »

— « Oui, le voilà ! »

— « Que vois-tu? »

— « Le soldat. »

— « Comment est-il habillé ? »

— « Il a une veste rouge brodée d'or, un turban sur la tête et des pistolets à la ceinture. »

— « Que fait-il ? »

— « Il déploie un tapis devant une tente rayée de rouge et de vert avec des boules d'or en haut. »

— « Regarde ; qui vient à présent? »

— « C'est le sultan suivi de ses gardes... Oh ! que c'est beau... »

« Et l'enfant regardait dans sa main avec une attention qui annonçait son plaisir de voir le sultan et sa cour.

— « Comment est son cheval ? »

— « Blanc, avec des plumes sur la tête. »

— « Et le sultan? »

— « Il a une barbe noire et un turban vert. »

« L'enfant fit une longue description du cortége qui accompagnait le sultan ; il le vit descendre de cheval

et s'asseoir dans sa tente où des officiers lui appor-
tèrent une longue pipe.

« Le magicien se tourna vers la société en disant :

— « Messieurs, vous pouvez nommer les personnes que vous désirez faire paraître, n'importe la distance du pays où elles se trouvent et le temps où
elles vivaient ; il suffit de les nommer pour que l'enfant les voie apparaître dans le creux de sa main. »

— « Fais paraître Shakspeare, dit lord Prudhoe. »

« Le magicien répéta la demande à l'enfant en ces
termes :

— « Enfant, ordonne au soldat que tu vois de t'a-
mener Shakspeare ? »

« Et l'enfant cria d'une voix de maître :

— « Soldat, amène ici Shakspeare ? »

« Quelques secondes après, l'enfant s'écria :

— « Le voilà ! »

— « Comment est-il ? »

— « Il porte une barbe longue et un manteau noir ;
tous ses vêtements sont noirs. »

— « Où est-il né ? »

— « Dans un pays entouré d'eau, une île bien loin
d'ici. »

« Cette réponse étonna vivement lord Prudhoe,
qui ajouta :

— « Faites venir Cradock ? »

« M. Cradock se trouvait en ce moment en mission diplomatique auprès du pacha à Alexandrie.

« L'enfant ordonna au soldat invisible d'amener M. Cradock, et fut obéi.

— « Comment est-il habillé? demanda lord Prudhoe. »

— « Il a un habit rouge et un grand chapeau noir. Oh ! quelles drôles de bottes... Je n'en ai jamais vu de pareilles ; elles sont noires et lui montent jusqu'aux genoux. »

« Toutes ces réponses, d'une exactitude frappante, étaient d'autant plus extraordinaires, qu'elles indiquaient, d'une manière évidente, que l'enfant voyait devant lui des choses tout à fait neuves, hommes et costumes : Shakspeare, avec sa barbe et le petit manteau noir de son époque ; M. Cradock, avec son chapeau à trois cornes et ses bottes noires par dessus le pantalon.

« On demanda plusieurs autres apparitions qui, toutes, se succédèrent avec la même exactitude; mais, Achmed, ayant fait observer que l'enfant suait, respirait péniblement, était fatigué, lui releva la tête en lui appliquant ses pouces sur les yeux, et termina la séance. »

La profonde attention de M. de Laborde et son vif étonnement, lui firent craindre quelque mystification. Il résolut donc d'acheter le secret d'Achmed, afin de connaître à fond tout ce mystère. En effet, moyennant une autre somme d'argent, l'Arabe consentit à lui apprendre son art.

— « Je puis, lui disait Achmed, par le geste, la voix et le regard, endormir telle ou telle personne, la faire tomber, rouler par terre, et la forcer à répondre à mes questions. »

Et, en effet, il opérait sur les enfants placés autour de lui, tout ce qu'il avançait.

M. de Laborde observa que les gestes et mouvements d'Achmed offraient une grande analogie avec ceux de nos magnétiseurs européens, et il pensa que l'art magique de l'Arabe était tout simplement du magnétisme entremêlé de pratiques superstitieuses et de formules plus ou moins insignifiantes. Après quelques leçons, M. de Laborde essaya sur des enfants l'art qu'il venait d'apprendre, et obtint les mêmes résultats que le magicien Achmed.

Nos lecteurs qui désireraient de plus amples détails sur le magnétisme égyptien, pourront consulter la *Revue des Deux-Mondes,* année 1841, où M. de Laborde a consigné tout ce qui lui est arrivé à ce sujet.

Disons, en passant, que notre grand magnétiseur Dupotet opère, à Paris, de la même manière que l'Arabe du Caire, et obtient les mêmes résultats ; il est facile de s'en convaincre en assistant à l'une de ses séances magnétiques, qui offrent beaucoup d'intérêt.

Il existe en Égypte et dans les montagnes de la Syrie une foule de magnétiseurs opérant des prodiges encore plus étonnnants que ceux dont nous venons de donner la relation, et c'est probablement d'eux qu'Achmed, d'origine algérienne, tenait son art.

Un fait analogue et non moins curieux qui se passa en France vers 1700, ferait croire que quelques Levantins, initiés aux arts magiques, seraient venus y exercer leurs talents. Dans le quatrième volume des *Mémoires de Saint-Simon*, on lit ce passage :

« Voici une chose que le duc d'Orléans me raconta dans le salon de Marly, en tête-à-tête, avant de partir pour l'Italie, et cette chose, vérifiée par les événements qu'on ne pouvait prévoir alors, m'engage à ne pas l'omettre. Il était curieux de toute sorte d'arts et de sciences et, quoiqu'avec infiniment d'esprit, avait les faiblesses superstitieuses que Catherine de Médicis avait apportées d'Italie. Le duc d'Orléans me confia qu'il avait cherché toute sa vie à voir le diable, sans avoir jamais pu y parvenir ; il était passionné pour les choses extraordinaires et désirait vivement savoir l'avenir. Entre autres fripons de curiosités cachées dont le duc d'Orléans avait beaucoup vu, on lui montra un homme étranger chez la Séry, alors sa maîtresse, qui prétendait faire voir dans un verre d'eau tout ce qu'on voudrait savoir. Il demanda quelqu'un de jeune et d'innocent pour regarder dans le verre ; on lui donna une petite fille de neuf ans, née chez la Séry et qui n'était jamais sortie de la maison. On s'amusa donc à savoir ce qui se passait dans des lieux éloignés, et la petite fille rapportait nettement ce qu'elle apercevait dans le verre d'eau, et aussitôt on y regardait avec succès.

« Les duperies que le duc d'Orléans avait souvent essuyées, l'engagèrent à une épreuve qui pût le convaincre. Il ordonna secrètement à un de ses gens d'aller sur-le-champ à l'hôtel de madame de Nancré, et de bien examiner qui y était, comment était disposé l'ameublement et ce qui s'y passait, et, sans parler à personne, revenir lui rendre un compte exact. En un tour de main la commission fut exécutée sans que personne se fût aperçu de rien. Dès que le duc d'Orléans fut instruit, il dit à la petite fille de regarder dans le verre ce qui se passait chez madame de Nancré? Aussitôt elle raconta, mot pour mot, tout ce qu'avait vu l'envoyé du duc d'Orléans : la description du visage, des vêtements des personnes qui causaient assises ou debout, en un mot, tout ce qui s'y passait. Le duc d'Orléans y envoya M. de Nancré, qui revint peu de temps après lui rapporter avoir tout trouvé comme la petite fille l'avait dit.

« Le duc d'Orléans ne me parlait pas souvent de ces choses-là, parce que je prenais la liberté de lui en faire honte, et de le détourner d'ajouter foi et de s'amuser à ces prestiges. Ce n'est pas tout, continua-t-il, et je ne vous ai conté cela que pour venir au reste : encouragé par l'exactitude du récit de la petite fille qui n'avait jamais vu Versailles ni personne de la cour, je lui demandai de regarder ce qui se passait dans la chambre du roi, alors malade? Elle fixa ses yeux sur le verre d'eau, et fit avec justesse la description du roi à Versailles. Elle le dépeignit parfaitement, le roi dans son lit et les personnages debout près du lit ou dans l'appartement; il lui échappa un cri de surprise à la vue d'un petit enfant tenu par madame de Ventadour, parce qu'elle l'avait vu chez mademoiselle de Séry. Elle fit connaître madame de Maintenon, la figure singulière de Fagon, madame la duchesse d'Orléans, la princesse de Conti, etc. En un mot, elle fit connaître ce qu'elle voyait là de princes, de seigneurs et de valets. Quand elle eut tout dit, le duc d'Orléans, surtout surpris de ce qu'elle n'eût point remarqué le duc et la duchesse de Bourgogne, le duc de Berry et surtout Monseigneur, lui demanda si elle ne voyait point des figures de telle et telle façon? L'enfant répondit constamment non, et répéta les noms de celles qu'elle voyait. Le duc d'Orléans s'étonna fort de cette absence et en chercha vainement la raison. L'événement l'expliqua. On était en 1706, les quatre personnages absents étaient pleins de vie et de santé, et tous quatre moururent avant le roi.

« Cette curiosité satisfaite, le duc d'Orléans voulut savoir ce qu'il deviendrait lui-même. Alors ce ne fut plus dans le verre; le magicien lui offrit de le lui montrer peint sur la muraille, pourvu qu'il n'eût aucune frayeur de s'y voir. Au bout d'un quart d'heure de gestes et de paroles inintelligibles de l'étranger, la figure du duc d'Orléans, vêtu comme il était alors et dans sa grandeur naturelle, parut tout à coup sur la muraille avec une couronne fermée sur la tête. Cette couronne n'était ni de France, ni d'Espagne, ni d'Angleterre, ni impériale. Le duc d'Orléans, qui l'examina de tous ses yeux, ne put jamais la deviner ; il n'en avait jamais vu de semblable. Cette couronne lui couvrait la tête.

« Quelque temps après le duc d'Orléans fut nommé régent du royaume.

« Tout ce que je viens de rapporter se passa à Paris, chez mademoiselle de Séry, en présence de leurs plus étroits intrinsèques, la veille du jour où le duc d'Orléans me la raconta ; j'ai trouvé ce fait si extraordinaire, que j'ai cru devoir lui donner place dans mes Mémoires. »

Ce fait, qu'on trouvera si étrange et qui a cependant beaucoup d'analogues, rentre naturellement dans le domaine du magnétisme, c'est-à-dire qu'il résulte de l'exaltation cérébrale par l'influence magnétique ; seulement on y trouve mêlées des circonstances fantasmagoriques ordinairement employées par les hommes qui se donnent pour magiciens.

CHAPITRE XXXVII.

ESPRITS FRAPPEURS. — TABLES TOURNANTES ET PARLANTES.

Ce serait bien ici le lieu de faire une longue dissertation sur le phénomène des tables tournantes et sur l'industrie des esprits frappeurs ; mais nous avons déjà traité à fond cette question dans un précédent ouvrage (1) ; nous y renvoyons les lecteurs curieux de s'éclairer, c'est-à-dire de discerner le vrai du faux. Il ne faut pas se le dissimuler, en France, le charlatanisme, la tromperie, l'emploi de moyens illicites, peu honorables, pour s'enrichir, sont peut-être plus fréquents qu'ailleurs, parce que la soif du bien-être y est plus développée, plus générale. Quoi qu'il en soit, nous ne donnerons qu'un très-court résumé de ce que nous avons développé, avec d'intéressants détails, dans les *Mystères du Magnétisme*.

On sait que la mode des esprits frappeurs

(1) Les *Mystères du Sommeil et du Magnétisme*.

nous vint d'Amérique, il y a six ans. Ce fut la dame Fox qui, la première, eut l'idée d'exploiter ce genre de superstition. Veuve et possédant deux filles intelligentes âgées de quinze et dix-sept ans, elle leur apprit en quelques mois ce qu'il était besoin de faire pour être *médium*, c'est-à-dire intermédiaire entre les esprits et les hommes. Ces jeunes personnes montrèrent une merveilleuse aptitude à faire frapper les soi-disant esprits, de même que le fils de *Robert Houdin* en avait montré à apprendre l'art beaucoup plus difficile et surtout plus amusant de la *seconde vue*. La renommée, qui grossit les moindres choses, fit retentir les deux Amériques des prodiges opérés par les filles Fox, et porta bientôt leur nom en Europe.

La nouveauté a pour les Français un si puissant attrait, qu'on leur fait accepter, sans aucune réflexion, les plus monstrueuses absurdités. Dès que la mode des esprits frappeurs et des tables tournantes se fut introduite en France, chacun voulut faire tourner et faire parler sa table! Les affaires sérieuses restaient suspendues…On ne s'abordait plus que par ces mots: « Que vous a dit votre table?… » Ce fut une fièvre, un délire; on ne pensait qu'aux esprits et aux tables… Depuis le financier, qui invitait ses amis à faire la chaîne autour d'une table dorée, jusqu'au pauvre savetier, qui suspendait son travail pour interroger l'esprit logé dans sa table poisseuse, tout le monde, petits et grands, se livrait à l'exercice de la *trapézomancie*. Tel est le caractère parisien (1).

Parmi les nombreux expérimentateurs des tables, il se trouva des hommes d'imagination, des idéalistes fort peu versés dans les sciences naturelles, et qui, ne pouvant découvrir la cause physique du mouvement des tables, l'attribuèrent aux esprits, aux âmes des trépassés !… De ce moment, les esprits, les mânes, furent évoqués et forcés de se loger dans un guéridon, une chaise, une table ou dans tout autre meuble, afin de répondre aux questions qu'on leur adressait, et même on pouvait, en leur fournissant une plume ou un crayon et du papier, exiger qu'ils écrivissent leur histoire, ainsi que celle des temps où ils vivaient. On se demande si c'est par plaisanterie ou au sérieux que les trapézomanes écrivent de semblables contes?

D'autres expérimentateurs, pour causer avec les esprits au coin du feu, les logèrent dans leur pelle ou leurs pincettes; quelques-uns, dans leur table de nuit! Ces fables, débitées avec aplomb, déroutèrent si bien tous les calculs de la raison, que, dans le parti des croyants, plusieurs cerveaux se détraquèrent.

Deux savants illustres, Faraday en Angleterre, et

---

(1) Voyez, à cet égard, notre ouvrage intitulé : *Modes et parures chez les Français, depuis les premiers monarques jusqu'à nos jours.*

Babinet en France, prirent enfin la plume pour démasquer la jonglerie de la plupart des médiums et dépouiller le fait de son entourage surnaturel. Malheureusement, ces deux savants, dans leur zèle à saper le préjugé, n'envisagèrent que le côté purement physique de la question et oublièrent d'étudier le côté qui se rattache à la physiologie humaine, je veux dire à l'émission du fluide vital ou nerveux par la volonté.

Faraday, le célèbre physicien de notre époque, fit plusieurs expériences pour démontrer que l'adhérence des doigts au plateau de la table était une condition nécessaire de leur mise en mouvement. L'adhérence une fois établie, les trépidations nerveuses et musculaires des bras finissent par devenir assez puissantes pour imprimer un mouvement à la table. On acquiert la preuve de l'adhérence digitale en saupoudrant la table de poudre de talc. Cette poudre rendant l'adhérence des doigts impossible, aucun mouvement n'a lieu dans la table, et l'on voit les sillons que les doigts ont tracés en glissant sur la surface du plateau. Tout ceci est parfaitement exact, mais l'adhérence et les trépidations ne fournissent point une explication complète.

M. Babinet, l'homme érudit par excellence et l'une de nos illustrations scientifiques, voulut expliquer le phénomène des tables par les mouvements *naissants* et *inconscients ;* sa théorie, juste sous un rapport, laisse à désirer sous l'autre, en ce qu'elle oublie de mentionner le phénomène nerveux ou vital qui joue ici le rôle principal.

1° Les tables sont-elles mises en mouvement par le simple contact des doigts de plusieurs personnes formant ce qu'on nomme une chaîne ?

2° La volonté seule peut-elle être considérée comme moteur, ou bien son rôle n'est-il qu'auxiliaire dans le mouvement imprimé aux tables ?

3° La table frappe-t-elle des coups avec ses pieds ? se lève-t-elle ? exécute-t-elle les ordres qu'on lui donne ? répond-elle aux questions qu'on lui adresse, et ses réponses sont-elles en rapport avec les questions adressées ?

4° Les mouvements et prétendues réponses miraculeuses que font les tables sont-ils dus à une âme, à un esprit, à un démon évoqué ?

La solution de ces propositions se trouvant dans les *Mystères du magnétisme*, nous y renvoyons le lecteur.

La *trapézomancie* ou divination au moyen des tables ; la connaissance des choses cachées, des événements passés, présents et futurs dans les diverses parties du monde, par le secours d'une table, est une superstition renouvelée des siècles d'ignorance, où toute espèce d'objet devenait un moyen de divination entre les mains d'un magicien. De ces jongleurs, si nombreux autrefois, il ne reste plus aujourd'hui

que les tireurs de cartes et les diseurs de bonne
aventure. Quant aux esprits, aux âmes, aux démons
qui, par la toute-puissance d'une évocation, quittent
les lieux inconnus qu'ils habitent pour venir se loger
dans nos tables, nos meubles, nos ustensiles de cui-
sine, etc.; pour frapper à nos portes et briser nos
vitres; pour venir nous débiter leurs oracles en grec,
latin, chinois, français, etc., car ils sont polyglottes,
et de plus très-capricieux, très-rageurs; le plus
simple bon sens a depuis longtemps fait justice de ces
contes bleus avec lesquels on berçait nos ancêtres.
Relativement aux personnes de bonne foi qui prétendent avoir vu et entendu les esprits, nous pensons
qu'elles ont été dupes de quelques mystifications,
ou qu'elles se trouvaient momentanément soumises à
une hallucination développée sous l'influence de leur
excessive crédulité. En effet, les contes de revenants,
de loups-garous, de sorciers, etc., répétés, chaque
hiver, dans les veillées de village, finissent par
frapper les imaginations faibles, ainsi que l'ont fait
les tables parlantes dans les villes, et par inculquer
aux gens simples ou faciles à effrayer la croyance à ce
merveilleux de bas étage. De là ces craintes, ces folles
terreurs au moindre bruit; ces affreux cauchemars
pendant le sommeil; ces maladies nerveuses, surtout
parmi les femmes, et, parfois, le dérangement des
fonctions intellectuelles !

La question des esprits ne mérite pas qu'on s'y

arrête plus longtemps ; cependant nous citerons une anecdote à ce sujet. Voici. ce qui s'est passé dernièrement dans une de ces réunions :

Un crayon ayant été adapté au pied d'une petite tablette placée sur une table recouverte d'une large feuille de papier, deux opérateurs imposèrent leurs mains sur cette tablette, qui bientôt se mit en mouvement et traça péniblement des caractères indéchiffrables. Un des spectateurs qui, depuis longtemps, se livrait à l'étude pratique du mouvement des tables, crut s'apercevoir d'une supercherie de la part des opérateurs qui faisaient écrire la tablette, et leur dit :

— « Messieurs, n'avez-vous pas réfléchi qu'un seul de vous opérerait beaucoup mieux que deux réunis ? Si votre tablette écrit si mal, c'est très-probablement parce que Monsieur, placé au haut de la table, n'est point calligraphe ; de telle sorte que l'un de vous poussant la table à l'anglaise et l'autre à la bâtarde , vous contrariez mutuellement votre manière d'écrire; d'où il résulte les lettres mal formées que trace la tablette ; je parie que si l'un de vous, Messieurs , se retire et laisse agir seul son compère, la tablette écrira très-facilement. »

Les deux opérateurs, au lieu de prendre en riant la boutade, se fâchèrent et prétendirent que le concours de deux personnes était indispensable pour *forcer l'esprit*.

Le spectateur obstiné prouva aux deux opérateurs

qu'il y avait mauvaise grâce à continuer un tour dont la ficelle était découverte. Ayant lui-même placé ses doigts sur la tablette, il la fit tourner et tracer des lettres, puis des mots si correctement écrits qu'un maître d'écriture en eût été jaloux ; puis, s'adressant aux personnes de la société, il parla en ces termes :

« Messieurs, vous voyez en moi un enthousiaste des tables tournantes, parlantes et écrivantes ; vous venez d'être témoins de ma manière d'opérer ; elle est, pour le moins, aussi facile, et je dirai beaucoup plus naturelle que celle des deux opérateurs qui m'ont précédé. Mais je repousse la présence, le concours de tout esprit dans le phénomène de la table tournante ; ce phénomène est purement physique. Je ne crois ni au diable, ni aux magiciens, ni aux sorciers, pas même aux revenants.

« Dans le mouvement imprimé, par les doigts, à une table ou à tout autre corps inerte, je vois, je le répète, un phénomène très-naturel, et je n'ai nullement besoin de l'intervention d'un esprit pour l'expliquer. Je poserai donc cette question aux trapézomanes qui soutiennent que les esprits sont l'unique cause du mouvement et qui voudraient nous imposer leur croyance :

« Si l'on peut évoquer les esprits et les emprisonner dans un meuble quelconque ; s'il est vrai qu'ils répondent à nos demandes en faisant frapper ou écrire le pied d'une table, il m'est permis de croire qu'ils peuvent aussi parler?

— « Un esprit ne parle pas, » répondez-vous.

— « Qui vous l'a dit? »

— « Un esprit ne se voit pas, ajoutez-vous. mais il peut manifester sa présence par des effets sensibles. »

— « Très-bien ; l'effet est ici très-sensible, puisque la table lève le pied. Mais comment l'esprit fait-il lever le pied à la table? Est-ce avec ses bras, ses épaules, son souffle? Vous riez : c'est drôle, en effet. Mais rire n'est pas répondre. Si votre table lève le pied, soit par la pression de vos doigts, soit par la projection d'une force nerveuse émanant de votre volonté, rien de plus facile à comprendre. Vous niez que vos doigts et votre volonté soient la cause du mouvement en question, et vous l'attribuez à un esprit. Je commencerai donc par vous dire : *A bas les doigts*, puisqu'ils sont inutiles; ensuite, je vous ferai convenir avec moi qu'il est de toute nécessité que l'esprit mette en jeu une force quelconque pour faire soulever le pied de votre table ; or, cette force ne serait-elle qu'un souffle atomique, il faut que l'esprit ait un organe pour souffler ; et, s'il possède un organe soufflant, pourquoi ne posséderait-il pas un organe parlant !... Vous n'en savez pas plus que moi à cet égard ; car, dans l'impossibilité où vous êtes de voir ou d'entendre un esprit, vous ne pouvez savoir ce qu'il a ou ce qu'il n'a pas. Riez, riez encore, et vous avez raison, si vous riez de ceux qui ont cru à votre risible farce des esprits frappeurs, écrivains, hurleurs, musiciens, tapageurs, etc…

En vérité, les fables grecques sont moins absurdes que ces contes d'esprits logés dans nos meubles, et les anciens auraient eu cent fois plus raison de se moquer de vous, Messieurs les trapézomanes, que vous n'en avez de vous moquer d'eux. »

Mais toute mode n'a qu'un temps, toute supercherie finit par se découvrir. Le dénoûment de la comédie fantastique des esprits frappeurs a eu lieu devant les membres réunis de l'Institut de France, à la grande stupéfaction des croyants. Voyez le récit de cette curieuse séance dans les *Mystères du Magnétisme.*

Nous terminerons par cette réflexion : — Le reproche que des médiocrités ne cessent d'adresser à nos savants de l'Institut d'être hostiles à tout ce qui est nouveau, tombe de lui-même. Cette illustre compagnie se réunit, au contraire, avec empressement, toutes les fois qu'il s'agit d'examiner une question intéressante. Mais tous les inventeurs de merveilles, de prodiges, craignent l'examen de l'Académie des sciences comme chat échaudé craint l'eau chaude, et si, parfois, un de ces rêveurs en franchit le seuil et obtient une audition, c'est toujours pour y faire le plus complet naufrage.

CHAPITRE XXXVII.

DE L'ÉLECTRICITÉ EN GÉNÉRAL.

Comme cet ouvrage est destiné aux gens du monde, autant pour satisfaire leur curiosité que dans un but de distraction instructive, nous en consacrerons les dernières pages à l'explication rapide des phénomènes électriques les plus connus. Quelques lecteurs, frappés des rapports d'analogie, d'instantanéité, entre certains phénomènes dus à l'électricité proprement dite et ceux qu'offre *l'électro-sympathisme*, étrange faculté que nous avons signalée dans les *Mystères du Magnétisme*, ces lecteurs, dis-je, découvriront peut-être la chaîne mystérieuse dont chaque anneau représente la vie d'un être; chaîne immense où toutes les vies se touchent et semblent subordonnées les unes aux autres.

L'électricité, dont la source est inconnue, se manifeste à l'homme par des phénomènes de lumière et de chaleur. Plusieurs théories furent proposées, dès sa découverte, pour expliquer ses étonnants effets ; celle de Franklin, aussi simple qu'ingénieuse, réunit longtemps un grand nombre de suffrages ; mais elle est aujourd'hui généralement abandonnée pour l'hypothèse modifiée de Symmer.

D'après cette dernière théorie, tous les corps renferment en plus ou en moins un fluide particulier nommé fluide naturel ou neutre ; le sphéroïde terrestre en est le réservoir. Le fluide naturel, qui n'est que la combinaison de deux fluides, l'un positif ou vitré, l'autre négatif ou résineux, n'a aucune action par lui-même. Mais aussitôt que l'un des deux fluides se sépare de l'autre, les phénomènes électriques se manifestent.

L'électricité se développe dans les corps de différentes manières, par le frottement, la pression, la chaleur et le contact.

Par le frottement. — Il suffit de frotter une baguette de verre ou un gros bâton de cire pour leur communiquer des propriétés électriques très-sensibles. La baguette de verre frottée avec un tampon de papier gris, donnera, dans l'obscurité, une faible lumière ; en présentant le doigt à son extrémité, on peut en tirer de faibles étincelles ; le bâton de cire laisse plus difficilement échapper l'étincelle, mais si on l'approche du visage on éprouvera une sensation semblable à celle que produirait le contact d'une toile d'araignée. Le succin, *électron,* d'où dérive le mot électricité, le verre, la cire, la tourmaline et un grand nombre d'autres corps, après avoir été préalablement frottés, attireront les corps légers, puis les repousseront lorsqu'ils leur auront communiqué leur électricité, en vertu de cette loi, que les électricités de même nature se repoussent, tandis que les opposées s'attirent. Pour déterminer le genre d'électricité acquise par le corps soumis au frottement, il faut l'approcher d'un autre corps auquel on aura communiqué une électricité connue. Le frottement offre cela de particulier, que l'un des corps est électrisé positivement et l'autre négativement ; la machine électrique ordinaire nous en fournit un exemple : le plateau se constitue à l'état positif, les coussins à l'état négatif.

Par la pression. — Un disque de métal pressé contre un taffetas gommé et relevé ensuite avec un isoloir, donne des signes d'électricité. Divers minéraux, tels que la topaze, le mica, le quartz, le spath et une foule d'autres, pressés entre les doigts, présentent les mêmes phénomènes.

Par la chaleur. — Plusieurs substances minérales, la tourmaline surtout, et quelques hyacinthes, après avoir été légèrement chauffées, jouissent de la vertu électrique.

Par le contact. — Deux métaux appliqués l'un contre l'autre acquièrent des propriétés électriques. C'est sur ce principe qu'a été construite la pile de Volta. L'un des métaux dégage le fluide vitré, l'autre le fluide résineux ; l'extrémité de la pile, terminée par l'élément cuivre, se nomme pôle négatif, l'élément zinc constitue le pôle positif.

Les piles voltaïques servent à pratiquer une foule d'expériences de haut intérêt pour la science, telles que la décomposition de certains corps jusque-là réputés simples, l'incandescence et la fusion des métaux les plus réfractaires, et même leur vaporisation, etc.

On divise les corps de la nature en bons et mauvais conducteurs. Dans la première classe sont tous les métaux, le bois humide, le charbon végétal, l'eau, surtout l'eau acidulée ; les corps des animaux vivants, etc. Dans la seconde classe, se trouvent, au premier rang, les résines et les corps vitreux ; viennent ensuite la soie, la laine, les graisses, etc. On pourrait dire qu'il n'existe point de corps absolument non-conducteur ; ainsi l'air sec, reconnu pour être un mauvais conducteur, en devient un très-bon quand il se sature d'humidité.

Lorsqu'on désire accumuler de fortes charges électriques, on a recours à un appareil composé de plusieurs bouteilles de Leyde, nommé batterie électrique ; l'étincelle qui en jaillit, en détonant violemment, tue les oiseaux et les petits animaux ; la décharge d'une plus forte batterie pourrait foudroyer l'homme.

Au moyen des différents appareils électriques dont nous venons de parler, et de quelques autres, on pratique une foule d'expériences curieuses : la danse et le carillon électriques, le carreau fulminant, la canne et la lampe électriques, l'œuf philosophique, la combustion des métaux donnant de belles flammes de couleurs variées, des détonations violentes, etc. On sait aussi qu'une personne isolée sur un gâteau de résine ou un plateau de verre, peut être chargée d'électricité, soit avec la machine ordinaire, soit par la percussion réitérée d'une peau de chat bien sèche. Si l'on approche le doigt du corps de cette personne, on en tirera des étincelles accompagnées d'un crépitement et l'on éprouvera une légère commotion. Ces diverses expériences sont maintenant tombées dans le domaine de la physique amusante, qui s'en sert, avec succès, comme moyens récréatifs.

L'étonnante rapidité avec laquelle se propage le fluide électrique a été démontrée par plusieurs expériences : cent personnes, se tenant les unes les autres par la main, ressentent toutes au même instant la commotion électrique, et la dernière personne de la chaîne tressaille en même temps que la première.

L'admirable découverte des télégraphes électriques, au moyen desquels on peut, en quelques secondes, correspondre d'un bout du monde à l'autre, nous dispense de toute réflexion à ce sujet.

Ainsi, la vitesse du fluide électrique ne peut être comparée qu'à celle de la lumière.

Plusieurs espèces de raies, le silure, le tétrodon,

le gymnote surtout, possèdent des propriétés électriques dont ils se servent pour l'attaque et pour la défense. Le gymnote, espèce d'anguille de cinq à six pieds de long, peut produire quarante à cinquante décharges assez fortes pour étourdir et faire tomber un cheval. M. de Humboldt se ressentit toute une journée de la commotion que lui imprima un gymnote sur lequel il mit le pied par mégarde. L'appareil électrique, chez ces animaux, se compose d'un réseau musculeux dont les intervalles sont remplis de matières gélatineuses.

La lueur phosphorescente que projettent certains insectes et quelques plantes, semble appartenir à la lumière électrique. La lampyre ou ver-luisant d'Europe, que tout le monde a pu voir briller sur le gazon des prairies, doit sa propriété phosphorescente aux derniers anneaux de son abdomen. — Le taupin-cucujo, de l'Amérique méridionale, porte de chaque côté du corselet un phosphore assez éclairant pour permettre de lire pendant la nuit. Les Indiens s'attachent aux pieds plusieurs de ces insectes, et s'en servent comme de flambeaux, dans leur marche nocturne. —Beaucoup d'autres insectes ailés présentent, à un moindre degré, les mêmes phénomènes et, pendant les tièdes nuits d'été, tracent dans l'atmosphère des sillons étincelants. — La phosphorescence de la mer, à certaines époques de l'année, est due à des myriades d'infusoires ; c'est surtout dans les mouve-

ments d'ondulation, quand la vague s'agite et se re-
courbe, qu'on peut admirer à loisir les longues
traînées lumineuses qui se succèdent rapidement, se
pressent les unes contre les autres, et viennent, en
nappes enflammées, s'étendre sur le rivage. Regardée au microscope, la lueur que répandent ces infusoires a paru résulter de la réunion d'une multitude
de petites étincelles jaillissant de toutes les parties de
leur corps. On attribue également la phosphorescence du bois pourri et des matières organiques en
décomposition, à la présence d'insectes microscopi-
ques semblables. — Plusieurs plantes offrent des
phénomènes de lumière électrique : le bissus phos-
phorescent; l'agaric de l'olivier qui brille pendant les
premières nuits de sa croissance. La fleur de la ca-
pucine s'environne quelquefois, le soir, d'une pâle
lueur, auréole éphémère qui se dissipe à la moindre
agitation de l'air ou lorsqu'on s'en approche.

ÉLECTRICITÉ ATMOSPHÉRIQUE.

Aussitôt après l'invention de la machine électrique, l'étincelle qui en sortit fut comparée à la foudre;
l'analogie était frappante, il ne fallait qu'un génie
pour en prouver l'identité. Franklin fut le premier
qui eut la pensée hardie d'aller chercher, avec un
cerf-volant, l'électricité au milieu des nuages; son

expérience réussit. De Romas répéta, en France, cette expérience, et obtint, pendant un orage, des jets de feu de neuf à dix pieds de longueur, accompagnés d'un bruit semblable à la détonation d'un pistolet.

Les nuages orageux sont diversement chargés ; les uns contiennent l'électricité résineuse ; d'autres, l'électricité vitrée ; il en est aussi qui, recélant les deux fluides, se trouvent à l'état neutre. Si l'on observe au moment d'une tempête les mouvements, en sens divers, qui ont lieu parmi les nues amoncelées, on pensera, avec raison, que les vents n'en sont point les seuls moteurs, et que les attractions et répulsions électriques jouent un grand rôle dans ces déplacements rapides. C'est ordinairement au milieu de cette agitation générale que l'éclair scintille et que gronde le tonnerre.

Lorsque l'étincelle électrique part, il y a décomposition et recomposition subites du fluide naturel dans toutes les couches de vapeurs où l'éclair a flambé. On pourrait distinguer trois sortes d'éclairs : les premiers, brillants, rapides, en zigzags, parcourant au même instant une distance de plusieurs lieues ; c'est la foudre proprement dite, apportant avec elle l'incendie et la mort. — Les seconds occupent une plus large surface ; ils n'ont ni la rapidité, ni le vif éclat des premiers ; ils illuminent d'une clarté blanchâtre le contour des nuages et quelquefois des nuages entiers. — La troisième sorte d'éclairs, beaucoup plus rares, apparaissent sous la forme de globes de feu ; ils brillent lentement, et l'œil peut suivre leur trajet.

Le tonnerre.—Tantôt, c'est un déchirement subit, un éclat, un craquement épouvantable ; on croirait que la voûte des cieux s'écroule avec un horrible fracas ; tantôt, ce sont des coups terribles, de formidables explosions, qui bondissent d'écho en écho, roulent dans l'immense étendue, et vont sourdement se perdre en grondements lointains. Car, de même que les montagnes, collines et accidents de terrain peuvent réfléchir le son, les nuages ont aussi leurs échos.

Le bruit du tonnerre n'est autre chose que la vibration de l'air ébranlé ; on l'explique ainsi : le fluide électrique, en s'ouvrant un passage à travers l'atmosphère, a dû nécessairement former un vide ; les couches d'air environnantes se précipitent violemment dans ce vide et occasionnent la détonation. Le bruit causé par un étui, lorsqu'on l'ouvre brusquement, offre, en petit, un phénomène semblable.

Nous avons dit que l'éclair sillonnait instantanément un nuage de plusieurs lieues d'étendue ; le bruit du tonnerre se propage beaucoup plus lentement, il met une seconde à parcourir trois cent quarante mètres ; la longueur de l'éclair détermine la durée du bruit. Si la foudre flambe sur un seul point de la nue et près d'un observateur, celui-ci n'entendra qu'un seul coup ; si, au contraire, la foudre part loin de lui et fuit dans l'éloignement, le bruit lui arrivera longtemps après et durera autant de secondes que l'éclair parcourra de fois trois cent quarante mètres. Plus le coup de tonnerre est rapproché de l'éclair, plus la foudre tombe près de vous ; les personnes qui ont vu briller l'éclair n'ont plus rien à craindre ; celles qui sont foudroyées ne voient ni n'entendent rien.

Formation de la foudre. — **Deux** nuages chargés du même fluide se repoussent ; ils s'attirent lorsqu'ils contiennent les fluides contraires : alors la décharge se fait de l'un à l'autre. L'action d'un nuage sur un point de la terre est de décomposer l'électricité des corps en attirant à leur surface le fluide contraire à celui qu'il recèle ; si la tension est assez grande et la distance convenable, l'étincelle jaillit du nuage, la terre est foudroyée. Un exemple fera mieux comprendre ce phénomène :

Supposons un nuage chargé d'électricité vitrée, planant au-dessus d'une colline ; ce nuage décomposera l'électricité naturelle du terrain, refoulera le fluide vitré dans les profondeurs du sol et attirera le fluide résineux à sa surface ; selon que le terrain cachera des corps bons ou mauvais conducteurs, l'éclair partira plus ou moins tôt du nuage, et ses effets seront plus ou moins violents. On a vu des nuages orageux, passant au-dessus d'un sol qui recouvrait une couche métallique, se décharger subitement, la foudre percer la terre, aller fondre les métaux et vitrifier des pierres. Ce jet foudroyant a reçu le nom de *choc direct*, c'est le plus dangereux, le plus terrible, et celui dont les effets sont parfois incroyables. Cependant, les êtres vivants peuvent être foudroyés d'une autre manière, par le *choc en retour*. Exemple:

Un nuage a ses deux extrémités rapprochées du sol; la décharge électrique s'opère par l'extrémité droite, et un voyageur, qui se trouvait à l'extrémité opposée, tombe mort sans avoir été atteint par la foudre. En voici la raison : — Admettons le nuage chargé d'électricité positive, l'électricité naturelle du voyageur a été décomposée par l'influence du nuage; son électricité positive ayant été refoulée dans le sol, il s'est trouvé à l'état négatif. Aussitôt après l'explosion qui a eu lieu loin de lui, son électricité naturelle se recompose subitement, c'est-à-dire que le fluide positif, n'étant plus retenu dans le sol par l'action du nuage, repasse dans son corps pour se réunir au fluide négatif, et cette recomposition se fait avec une soudaineté, une violence telles que le voyageur tombe foudroyé, sans que rien, sur son cadavre, puisse indiquer la cause de sa mort.

On a remarqué généralement que la foudre atteignait de préférence les corps qui s'élèvent au-dessus du sol : les montagnes, les édifices, les clochers, les maisons à pignons, sont plus souvent frappés de la foudre que les constructions basses, à faîtage plat. Les grands arbres des forêts, les arbres isolés dans la plaine, sont des abris dangereux pendant l'orage, il faut s'en éloigner de vingt-cinq mètres au moins. Mille faits déplorables prouvent que si la foudre tombe sur un arbre, attirée par ses pointes, elle le quitte instantanément pour frapper l'homme qui s'y est abrité, parce que son corps est meilleur conducteur que le végétal.

Déjà la superstition qui, aux approches de l'orage, mettait les cloches en branle pour conjurer le feu du ciel, a disparu de la plupart de nos départements. Il serait à désirer que, dans les bourgs et villages où cette superstition existe encore, l'autorité s'opposât énergiquement à la pratique dangereuse d'un moyen réprouvé par l'expérience. L'action des pointes étant désormais démontrée, on doit présumer que la foudre tombera plutôt sur la flèche du clocher que sur les maisons avoisinantes; de la flèche, le fluide électrique se portera nécessairement sur les cloches, et, suivant la corde humide qui sert à les ébranler, ira foudroyer les sonneurs, puis, pénétrant dans l'église, y exercera ses ravages.

Le paratonnerre. — Le meilleur de tous les préservatifs, le préservatif par excellence, est le paratonnerre dressé selon les règles que la physique enseigne. Si ce moyen d'éviter les ravages de la foudre n'est pas généralement employé par les petits propriétaires, il faut l'attribuer soit à la cherté d'un appareil complet de paratonnerre et aux soins qu'exige son entretien, soit à leur ignorance et au doute qu'ils ont de sa vertu préservatrice ; cette erreur est également préjudiciable à la sûreté de leurs personnes et de leurs biens.

Le paratonnerre se compose tout simplement d'une tige en fer et d'un conducteur. La tige doit avoir huit mètres soixante centimètres, et se terminer par une pointe en platine, métal qui n'est point susceptible de s'oxyder. Le conducteur est une barre de fer ou bien une corde tressée en fil de fer, enduite d'une couche de vernis gras qui, partant du pied de la tige, suit le mur du bâtiment ; arrivée au niveau du sol, elle se divise en plusieurs branches, dont les extrémités vont s'enfoncer dans un puits ou toute autre masse d'eau. Si l'eau manquait, on jetterait dans le puits une certaine quantité de charbon calciné, de manière à bien entourer les branches du conducteur. La sphère d'activité d'un paratonnerre est de dix mètres en tous sens ; sur les constructions d'une grande étendue, ils doivent être placés à vingt mètres les uns des autres ; à une moindre distance, ils se nuiraient mutuellement.

Action du paratonnerre. — Lorsqu'un orage passe au-dessus d'un paratonnerre, le fluide qui se dégage de la pointe se répand dans l'air et arrive au nuage, dont il neutralise l'électricité contraire ; il s'établit ensuite entre eux deux un courant en sens inverse, dont le résultat est de décharger la nue de l'électricité qu'elle contient. On comprendra facilement, d'après cela, que la foudre ne peut tomber sur un paratonnerre bien dressé et en bon état, puisqu'en communiquant au nuage le fluide de nom contraire, il s'oppose à toute décomposition possible.

Les personnes qui se trouvent dans une maison dépourvue de paratonnerre, au moment où l'orage gronde et menace d'éclater sur leurs têtes, devront prendre, pour éviter le danger, quelques-unes des précautions suivantes : — Fermer soigneusement les portes et croisées, intercepter les courants d'air, s'éloigner des objets métalliques et surtout des cheminées, car c'est souvent par ces conduits, élevés en pointe sur la toiture, que la foudre pénètre dans les appartements ; se placer sur un corps isolant, tels que matelas, gâteau de résine, plateau de verre : ces derniers n'étant pas sous la main de tout le monde, on peut également les remplacer et s'isoler du sol en se plaçant sur un tabouret dont les pieds seront enfoncés dans des verres épais ou des culs de bouteille. Enfin, les personnes que le grondement du tonnerre saisit d'une frayeur invincible, devront s'envelopper, se cacher sous des étoffes de soie et se coucher sur des matelas pendant toute la durée de l'orage ; la soie et la laine étant mauvais conducteurs de l'électricité, elles n'auront rien à redouter de la foudre, et, sûres désormais d'être à l'abri du danger, la confiance et la tranquillité renaîtront dans leur âme timorée.

On sait qu'il est des effets de la foudre tellement extraordinaires, si prodigieux, qu'on serait tenté de les traiter de contes et de les nier comme impossibles. Et cependant, chaque jour, il en est constaté de nouveaux par une foule de personnes dignes de foi. De même que la raison humaine n'a pu, jusqu'ici, découvrir la cause de certains phénomènes offerts par le magnétisme et l'électro – sympathisme, de même aussi, une infinité de phénomènes électriques sont restés inexplicables. Il est à présumer que l'électricité joue un rôle plus étendu sur notre globe qu'on ne l'a cru jusqu'à ce jour. Dans la suite, peut-être, un de ces hommes semblables aux Newton, aux Képler, qui ont découvert la loi de la pesanteur, un de ces génies qui font la gloire d'un siècle, l'admiration et l'orgueil de l'humanité, découvrira-t-il la loi qui régit la matière intelligente.

FIN.

TABLE DES MATIÈRES

FIN DE LA TABLE.